遺伝子重複による進化

S. オオノ

遺伝子重複による進化

山岸秀夫 訳
梁　永弘 訳

岩波書店

EVOLUTION BY GENE DUPLICATION

by Susumu Ohno

© by Springer-Verlag New York Inc., 1970
All rights reserved.

This book is published in Japan by arrangement
with Springer-Verlag, Berlin and Heidelberg.

本書を亡き父 大野謙一と
亡き義父 青山敬二に捧げる

日本語版への序

　私は1952年の暮に日本を去り，私が現在所属している研究所におられた木下良順教授のもとでの研究に加わりましたので，現時点で正に後半生を英語圏ですごしたことになるのだということが突然心に浮びました．1959年に全米科学振興協会のシンポジウムの一つに招待講演者としてはじめて講演した時のこと，思いもかけず私の脳裏にひらめいたものを今思いだします．その時，その場で，基礎科学に携わる研究者で自尊心のある人ならば誰でもが望むように，次世代の生物学者の考え方に影響を与えたいと思うならば，実験データの単なる生産者であるという水準から抜きんでて，新しい概念を明確に提示する者とならねばならないということを実感したのであります．このことを実行するためには，たとえ母国語でなかったとしても，その言語を自由に駆使することが出来るようにならなければなりません．そういう訳で，逐語訳をさけ，この本に日本語で新たな精神を吹き込んで下さった訳者である山岸，梁両氏の努力に大変感謝しています．この翻訳が日本の次代を背負って立つ生物学者のうちの幾人かに新しい構想への意欲を燃えたたせるのに役立つならば大変喜ばしく思います．

S. オオノ

Duarteにて，1977年6月2日

序

"必要は発明の母である"といわれている．たしかに車輪も滑車も高潔な市民の不撓不屈の意志によって必要から発明されたものである．しかし，人類の歴史をながめるとき，"余暇は文化的進歩の母である"ということを付け加えねばならない．人間の精神が日常の仕事のわずらわしさから解き放されて，一見無用と思われる思考を楽しむことが許される時にはじめて，人間の創造的資質が花を咲かせたのである．

同様に，"自然淘汰は修正をしただけであるが，重複は創造を行なった"と進化に関していってよかろう．自然淘汰は既存の遺伝子座に生ずる突然変異を統制する上で非常に有効であった．自然淘汰によって，生物は変化する環境に適応することが出来るようになってきたし，適応放散によって多くの新しい種が共通の祖先種から生まれてきた．しかし，自然淘汰は効果的な警察官の役割を果たしており，その性質は非常に保守的である．もし進化が完全に自然淘汰だけに依存していたとすれば，バクテリアからは単に多様な型のバクテリアしか生じてこなかったであろう．さらに，単細胞生物から脊椎動物や最後に哺乳類といった後生動物の創生は，まったく不可能であったろう．なぜなら，進化におけるこのような大きな飛躍は，これまでに存在したことのない機能をもつ新しい遺伝子座の新生を必要としたからである．遺伝子は，冗長なコピーを備えているときにのみ，自然淘汰の無慈悲な圧力から逃避することができ，このような逃避の方途を獲得していてはじめて，遺伝子は，新しい遺伝子座として出現してくる可能性を秘めた，従来の禁制突然変異を蓄積しえたのである．

1970年5月

S. オオノ

謝　　辞

　まず第1に，私の同学，特にNiels B. Atkin, Willyおよび Maria Luisa Becak, Alfred Gropp, Ulrich Wolfに感謝したい．彼らは，私がここに書き記したことのすべてに同意しているわけではないが，私の議論がその根拠とした多くの証拠は，私たちの協同研究の結果として集積されてきたものである．

　私はまた，原稿を作製する段階での辛抱づよい助力に対してSharyl Bales嬢にも感謝したい．私の尊敬する同学Melvin CohnとErnest Beutlerは，たいへん親切にこの原稿の下書きに目を通して下さった．その助言と批評は，計り知れないくらい価値あるものであった．

　余暇に本を書くということは容易なことではない．この間，私の研究室の人達や研究所の同学や私の家族をしばしばいらだたせたにちがいない．ここで心からお詫びしたい．

　この労作の一部は，アメリカ合衆国公衆保健局・国立がん研究所の研究費 (CA 05138) によって行なわれたものである．

目 次

日本語版への序
序
謝　辞

緒　言 ………………………………………………………… 1

第Ⅰ部　プリン−ピリミジン塩基間に固有の相補性に基づく生命の創生

第1章　生殖細胞系列の永続性 ……………………………… 5
第2章　A−T, G−C の相補的塩基対合に基づく
　　　　核酸の複製と生命の起原 …………………………… 8
　1. 自己複製する核酸の"前生命"状態での存在 …………… 10
　2. tRNA の出現 ……………………………………………… 12
　3. DNA と RNA の分業 …………………………………… 19
　4. リボゾームの出現 ………………………………………… 20
第3章　真核性生物の染色体 ………………………………… 23
　1. 動 原 体 …………………………………………………… 25
　2. 核小体オルガナイザー …………………………………… 26
　3. 異質染色質領域 …………………………………………… 26
　4. 転写されない塩基配列が存在するもう一つの必要性 … 28
　5. 転写の非特異的レプレッサーとしてのヒストン ……… 29

第Ⅱ部　突然変異と自然淘汰の保守的な本性

第4章　DNA シストロンの塩基配列の
　　　　変化としての突然変異 ……………………………… 33
　1. 構造遺伝子の突然変異 …………………………………… 34
　　a) フレームシフト突然変異 ……………………………… 34

b) ナンセンス突然変異 ································· 35
　　　c) ミスセンス突然変異 ································· 35
　　　d) 同義突然変異 ······································· 36
　2. tRNA の突然変異 ·· 38
　　　a) サプレッサー突然変異 ······························· 38
　　　b) 解読をあいまいにする突然変異 ······················· 39

第5章　禁制突然変異 ·· 41
　1. tRNA シストロンに影響する禁制突然変異 ··················· 42
　2. 構造遺伝子の禁制突然変異 ································ 43
　3. 好ましい禁制突然変異 ···································· 47

第6章　寛容突然変異 ·· 51
　1. 中立突然変異 ·· 51
　2. 好ましい突然変異 ·· 55
　3. 収斂進化と反復突然変異 ·································· 59
　4. 先祖がえりと復帰突然変異 ································ 61

第7章　染色体進化の保守的な性質 ···························· 65
　1. 機能的に関連した遺伝子の密接な連関の不要性 ·············· 65
　2. 染色体内再配列としての逆位 ······························ 67
　3. Robertson 型融合――2本の末端動原体染色体の融合
　　 による中部動原体染色体の生成 ···························· 68
　4. 染色体変化による不稔性障壁の生成 ························ 71
　5. もとの連関群の保存 ······································ 73

第8章　自然突然変異率 ······································ 77
　1. 禁制突然変異 対 寛容突然変異 ····························· 78
　2. 突然変異率と遺伝子の大きさ ······························ 79
　3. 遺伝子内組換えと多型性の増幅 ···························· 81
　4. 生きた化石といわれる生物について ························ 85

第9章　進化速度，および隔離の重要性 ························ 88

1. 種分化の必要条件としての隔離 ………………………………… 90
   2. 集団の大きさと成功の代償 ……………………………………… 91
   3. 世代時間と進化の速度 …………………………………………… 92

第Ⅲ部　遺伝子重複の意義

第10章　重複による同一遺伝子座の生成 ……………………… 95
   1. rRNA 遺伝子 ……………………………………………………… 96
   2. tRNA 遺伝子 ……………………………………………………… 99
   3. 同一遺伝子の重複コピーの存在による不利性 ………………… 100

第11章　もと対立遺伝子であった二つをゲノムの
別座に組み込むことによる永続的なヘテロ
接合の有利性の獲得 ……………………………………… 105

第12章　もとの対立遺伝子の分別調節と
アイソザイム遺伝子への転換 …………………………… 108

第13章　既存の遺伝子の冗長なコピーからの
新遺伝子の創生 …………………………………………… 115
   1. トリプシンとキモトリプシンの場合 …………………………… 116
   2. 微小管のタンパク質と骨格筋のアクチン ……………………… 120
   3. ミオグロビンとヘモグロビン …………………………………… 122
   4. 免疫グロブリンのL鎖とH鎖 …………………………………… 124
   5. フレームシフト突然変異による新しい遺伝子の出現 ………… 128

第14章　調節遺伝子とレセプター部位の重複 ………………… 131
   1. 調節機構の階層 …………………………………………………… 133
   2. 遺伝子賦活化型の調節遺伝子の性質 …………………………… 135
   3. 第1次調節遺伝子と構造遺伝子の調和した重複 ……………… 137
   4. 重複した調節遺伝子の機能の多様化による形態変化 ………… 137
   5. 構造遺伝子に隣接したレセプター部位の重複 ………………… 139

第Ⅳ部　遺伝子重複の機構

第15章　遺伝子連関群の一部分の直列重複 …………………… 141

1. 同一染色体の染色分体間の不等交換 ………………………141
  2. 減数分裂過程での相同染色体間の不等交叉 ………………146
  3. DNA の部分的な繰返し複製 …………………………………147
  4. 部域的重複の長所と短所 ……………………………………148

第16章　倍数性——ゲノム全体の重複 ……………………………154
  1. 倍数性と確立された染色体性性決定機構との不適合性 ………155
  2. 同質倍数性 ……………………………………………………157
  3. 異質倍数性 ……………………………………………………160
  4. 4倍体の2倍体化 ……………………………………………161
  5. 2倍体化過程での染色体の放棄 ……………………………166
  6. 4倍体における調節遺伝子の量効果 ………………………167

第17章　遺伝子重複を達成するその他の機構 ……………………171
  1. 多染色体性 ……………………………………………………171
  2. 過剰染色体の組込み …………………………………………172
  3. 溶原化——ウイルスゲノムの組込み ………………………173
  4. ウイルスによる形質導入 ……………………………………174

第Ⅴ部　脊椎動物ゲノムの進化

第18章　地球に棲息している原始生物 ……………………………177
  1. 最初の脊椎動物の出現 ………………………………………178
  2. 陸棲動物になった魚類のタイプ ……………………………180
  3. 魚類から両棲類への進化 ……………………………………182
  4. 有羊膜卵の創生および爬虫類と鳥類の出現 ………………184
  5. 単弓類と哺乳類の出現 ………………………………………187
  6. 哺乳類全般 ……………………………………………………189
  7. 霊長類とヒト …………………………………………………191

第19章　被囊類様生物から魚類への進化における
　　　　 遺伝子重複に関する大自然の偉大な試み ………………195

1. 脊椎動物の祖先であった被嚢類様生物のゲノム量 ……………195
　　　2. 魚類でみられるゲノム量の極端な多様性 …………………… 196
　　　　　a) 直列重複だけによるゲノム量の変化 ………………………200
　　　　　b) 直列重複だけに頼ることの無意味さ ………………………202
　　　　　c) 機能的に多様化した重複遺伝子を獲得する方途
　　　　　　としての4倍体化の有効性 ……………………………………204
　　　　　d) 陸棲脊椎動物の多系統起原の可能性 ………………………205

第20章　両棲類から鳥類と哺乳類への進化ならびに
　　　　爬虫類段階での大自然の実験の突然の終結 ……………208

　　　1. カエル対サンショウウオ ………………………………………208
　　　2. 双弓類に属する爬虫類と鳥類 …………………………………211
　　　3. 爬虫類の単弓類系統 ……………………………………………215
　　　4. 哺　乳　類 ………………………………………………………218

第21章　ヒトはどこから由来したのか …………………………221

　　　1. ゲノム量の均一性と重複遺伝子座の数 ………………………221
　　　2. 有胎盤哺乳類の多様化は既存遺伝子座の突然変異
　　　　だけに依存していただろうか ……………………………………223
　　　3. 将来の必要性を先取した進化の機構 …………………………226

　　　訳者あとがき ……………………………………………………233
　　　索　　引 …………………………………………………………235

緒　言

　Charles Darwin(1872)は，自然淘汰による進化という革命的な考えを提唱した当時，遺伝機構を明確に把握していなかった．このことは彼の進化説以上に注目すべき事柄である．というのは，進化はゲノム内で遺伝的変化の連続的な蓄積が起こった結果にほかならないし，さらに，ある集団を構成しているそれぞれの個体がいつも遺伝的多様性を幾分かは保有していることに基づいて，自然淘汰が働くからである．

　遺伝の科学は，Mendel(1865)によって初めて基礎づけられたが，Morganと彼のグループがショウジョウバエ(*Drosophila*)を用いて体系的に研究を始めた今世紀初頭まで開花しなかった．Morganらは，遺伝子(gene, 遺伝単位)は細胞核にある個々の染色体に座をもち，線状に配列していることを明らかにした(Morgan, 1911; Sturtvant, 1913; Morgan *et al.*, 1923)．当時は，遺伝マーカーとして，可視的な形態形質しかもちいられなかった．形態上の遺伝形質によっては，ある生物種で観察される形質がほかの生物種での類似形質と遺伝的に相同であるかどうかが往々はっきりしない．この制約のために，進化の遺伝学的研究は，種内の自然淘汰，あるいはショウジョウバエ属のいろいろな種というような極めて近縁な種間の関係に，最近まで限られていたのである(Dobzhansky & Pavolovsky, 1958)．

　1950年代に，DNA(デオキシリボ核酸)の分子構造が最終的に解明された(Watson & Crick, 1953)．この結果，個々の遺伝子はDNAの分節，すなわちシストロンとして，また突然変異はシストロン(遺伝子)内の塩基置換として，理解しうるようになった．さらに，遺伝子の塩基配列は，その産物であるポリ

ペプチド鎖のアミノ酸と直線的に対応していることが明らかになった．このことから，ヒトとバクテリアまで含めた多種多様な生物において，相同遺伝子座を決めることが可能になった．いろいろな脊椎動物種における相同なペプチド鎖のアミノ酸配列の比較研究から，構造遺伝子の極めて保守的な性格がすぐさま明らかになった (Margoliash, 1963). すでに存在している遺伝子座での対立遺伝子型の突然変異によっては，進化の大きな変化は説明できないことがわかってきた．

ある生物の特定の機能が単一の遺伝子座の支配下におかれている間は，その遺伝子がつくるポリペプチド鎖の機能上必須な部位に影響する突然変異の存続を，自然淘汰は許容しない．したがって，遺伝子の定められている機能は，同じ座に起こった突然変異によって変わることはないのである．

そこで，遺伝子重複が進化の原動力であるという考えが新しい装いで現われた．遺伝子重複によって，冗長な遺伝子座が新生したときにのみ，それまでの禁制突然変異 (forbidden mutation) の蓄積が可能になり，従来知られていなかった機能をもつ新しい遺伝子が出現してくる．

私たちは遺伝子重複が脊椎動物の進化で果たした役割に力点をおいた2篇の短い総説を著わした (Ohno et al., 1968; Ohno, 1969). このテーマが，3億年前の原始魚類からヒトその他の哺乳類を生みだした進化の過程を再構成することによって，本書で敷衍されている．

今日のような，生物学の黄金時代には，書籍は出版以前に時世遅れになる危険に直面する．早々と無用の長物になるのを避けるために，書物を著わそうとする者は，数少ない手にしうる事実をもとにして，将来の発展を進取し，かつ一気呵成に書物を描きあげざるを得ないというのが，私の信条である．本書で，私はかなり自由闊達にこれを遂行した．

文　献

Darwin, C. R.: *The origin of species.* 6th Ed., The world's classics, London: Oxford

University Press 1872 (reprinted 1956).〔初版は1859年. 八杉竜一訳『種の起原』(岩波文庫)は初版の訳であるが, 6版までの訂正, 補筆, 削除の主なものが注でしめされている.〕

Dobzhansky, T., Pavolovsky, O.: Interracial hybridization and breakdown of co-adapted gene complexes in *Drosophila paulistorum* and *Drosophila willistoni*. Proc. Natl. Acad. Sci. US **44**, 622-629(1958).

Margoliash, E.: Primary structure and evolution of cytochrome C. Proc. Natl. Acad. Sci. US **50**, 672-679(1963).

Mendel, G.: Versuche über Pflanzen Hybriden. Verhandl. Naturforsch. Verein Brünn **4**, 3-47(1865).

Morgan, T. H.: An attempt to analyze the constitution of the chromosomes on the basis of sex-limited inheritance in *Drosophila*. J. Exptl. Zool. **11**, 365-413(1911).

—, Sturtvant, A. H., Muller, H., Bridges, C.: *Mechanisms of Mendelian Heredity*. 2nd Ed., New York: Holt 1922.

Ohno, S.: The role of gene duplication in vertebrate evolution. In: *The biological basis of medicine*, (Bittar, E. D., Bittar, N., Eds.) Vol. 4, Chapter 4, pp. 109-132. London: Academic Press 1969.

—, Wolf, U., Atkin, N. B.: Evolution from fish to mammals by gene duplication. Hereditas **59**, 169-187(1968).

Sturtvant, A. H.: The linear arrangement of six sex-linked factors in *Drosophila*, as shown by their mode of association. J. Exptl. Zool. **14**, 43-59(1913).

Watson, J. D., Crick, F. H. C.: Genetical implications of the structure of desoxyribose nucleic acid. Nature **17**, 964-966(1953).

第 I 部

プリン-ピリミジン塩基間に固有の相補性に基づく生命の創生

第 1 章
生殖細胞系列の永続性

　多細胞生物は死を免れえないものである．それ故に，2歳のマウスは正に年老いたネズミである．最高の医学的管理をほどこしても，マウスが5年も生存すると期待することはできない．ヒトの場合は，老化にともなうゆるやかな退化は30歳ぐらいで始まるようであり，100歳のヒトは2歳のマウスと同じくらい稀である．しかし厳密な意味では，からだを構成する体細胞のみが死すべき運命にあるのである．

　Hayflick と Moorhead (1961) は，ヒトの胎児から取りだした繊維芽細胞の寿命が有限であることを示した．繊維芽細胞は50回分裂したが，それ以上は分裂しなかった．老人から取りだした繊維芽細胞は，さけがたい老衰がはじまるまでに，数回しか分裂できない．

からだの体細胞は，ある意味では，からだ全体のために無報酬で機能を遂行するように強いられている奴隷である．たとえば，ヘモグロビンの産生は，からだを維持するために必須であるが，ヘモグロビン分子をつくっている骨髄の赤芽細胞にとっては，ヘモグロビン産生は非常な重荷である．このような奴隷制度は，個々の体細胞が有限の寿命を与えられている場合にのみ，機能するものである．そうでなければ，割り当てられた無報酬の機能を遂行することをやめた突然変異体が出現して，依然として従順な仲間の奴隷達をしのぐ直接の淘汰有利性を享受することになるだろう．もし正常な体細胞が不死性を備えているならば，新生細胞の繁殖による負担は，種の存続を危機におとすほどの度合に近づくだろう．新生細胞は，不死になろうとする試みに成功した手におえない突然変異体の例である (Cohn, 1968)．

　反対に今日地球上に棲むすべての生物の生殖細胞と同様，私たちの生殖細胞は数億年も生きながらえ，個々の生殖細胞は潜在的に不死なのである．

　時間スケールをさかのぼっていくと，各世代ごとに，先祖の数が倍化していることがわかる．私たち一人一人が生まれるには，両親だけがいればよいが，祖父母は4人，曾祖父母は8人生存していたことになる．20世代ほど前に生きていた50万 (2^{19}) というめまいのするほどの数の人々が，今日生存する1個人の形成に，それぞれの生殖細胞を捧げてきたことになる．しかし，種々の征服民族の勇士をのぞいて，15世紀以降，私たちの先祖は同じ場所にとどまって生活する傾向をもっていた．15世紀のあらゆる交配可能な単位が50万の大きさに近かったということは疑わしいことである．だから，私たち一人一人は，ある程度近親交配の産物であるということがわかる．進化においては，むしろ隔離によって強いられる強い近親交配が種分化の必要条件であった．

　ヒトは，本質的には，最後の大氷河期に出現した更新世期の動物である．したがって，200万年ほど前に，私たちの生殖細胞は，オーストラロピテクスに似た類人猿型の霊長類の中に疑いなく含まれていた．6000万年ほど前にはじまった始新世の間，キツネザル類型の生物が霊長目を代表する唯一つの種であった．ほぼ2億5000万年前に，杯竜類型の祖先種から生じたある爬虫類が，

すべての哺乳類の先祖になるべく運命づけられた．私たちの生殖細胞の先祖は，これらの中間生物をさかのぼって，2億8000万年ほど前に最初の両生類たらんとして水中から滑りでてきた特定の総鰭類の魚にまでたどることができる．

　地球上に生棲している，すべての生物は過去のある時期において類縁があったということは全く明らかなことである．ヒトとバクテリアですら共通の先祖をもっていたにちがいない．最初の生命形態が出現する10億年余り前のこの地球の初期の水圏に，単純なアミノ酸はもちろんのこと，核酸を構築するプリン塩基，ピリミジン塩基も，すでに豊富に存在していた．不正確だったとはいえ，ポリヌクレオチドの自己複製もまた生命の創生に先行して起こっていたと考えられる．RNAの場合，$5'$ と $5'$，あるいは $2'$ と $5'$ の結合すら存在するので，$3'$ と $5'$ の結合だけがモノヌクレオチドの重合に用いられなければならないという先験的な理由はない．今日のすべての生物が $3'$ と $5'$ の結合を利用しているという事実こそは，それらがたまたま $3'$ と $5'$ との結合で構成されたポリヌクレオチドのタイプを利用した最初の生命形態の子孫であることを示しているのである．したがって，進化は永劫のはるか昔に創生し，それ以後多様化しつづけてきた不滅の生殖細胞系列の歴史である．

文　献

Cohn, M.: What can *Escherichia coli* and the plasmacytoma contribute to understanding differentiation and immunology? Symp. int. Soc. Cell. Biol., Vol. 7, pp. 1-28. Warren, K. B., Ed. New York: Academic Press 1968.

Hayflick, L., Moorhead, P. S.: The serial cultivation of human diploid cell line. Exptl. Cell Research **25**, 585-621 (1961).

第2章
A-T, G-C の相補的塩基対合に基づく核酸の複製と生命の起原

　生殖細胞系列の不死性は，遺伝子(遺伝の主(ぬし))が担わなければならない厳密な分子論的な要請を，はっきりと規定している．突然変異による変更をこうむらないかぎり，個々の受け継がれた形質は，幾世代にもわたって個体に維持される．遺伝子である分子は，毎回細胞分裂が起こる前に自己の正確な写しを作りうるような，内在的な特性をもっていなければならない．

　デオキシリボ核酸(DNA)は，この役割を果たすすばらしい能力をもっている．19世紀に Miescher (1871) は，感染症患者から採ったうみ(白血球)の研究から，DNA が生物の構成成分であることをすでに観察していた．その後 Feulgen (1928) は，アルデヒド基含有化合物の検出に用いられる Schiff 試薬を細胞化学的に DNA の検出に用いられるように改良して，固定細胞の DNA を含む構造体の位置同定に適用できることを見出した．この Feulgen 染色法がいろいろな高等動物や植物の細胞に適用され，DNA はすべて染色体だけに含まれていることが明らかになった．こうして1930年代には，遺伝子と呼ばれているものの実体が DNA 分子であろうという考えがほとんど確実になってきた．

　DNA はモノヌクレオチドの重合体にすぎないものである．ヌクレオチドは一つのプリンまたはピリミジン塩基，一つのデオキシリボース，そして一つのリン酸から構築されている．普通には，プリン塩基であるアデニンとグアニン，ピリミジン塩基であるチミンとシトシンの4種の塩基が存在しているだけである．表面上，DNA はタンパク質より複雑なものだとは考えにくい．どのよう

第2章　A-T, G-C の相補的塩基対合に基づく核酸の複製

にして，このような単純な分子が自己複製し，さらに個体に含まれている膨大な種類の酵素や非酵素性タンパク質の正確なアミノ酸配列を決定しうるのだろうか．

この疑問への解答は，生物学の歴史における最も興奮に満ちた時期であった1950年代にもたらされはじめた．

"DNA" と "2重らせん" は今日よく知られている言葉であるが，DNA の自己複製のみならず，DNA 分子に暗号化されている遺伝メッセージの転写や翻訳も，アデニン (A) とチミン (T)，グアニン (G) とシトシン (C) の間に存在する相補性に依存しているという基本的な事実は十分に知られていない．Chargaff (1951) は，仔ウシの胸腺やサケの精子などいろいろな材料から抽出したDNA はアデニンとグアニンをいろいろな割合で含有しているが，アデニン分子の数はチミン分子の数に等しく，またグアニン分子の数はシトシン分子の数に等しいことを見出した．いいかえると，すべての DNA において，塩基比に A+G=T+C の関係が成立することを明らかにしたのである．

Watson と Crick (1953) が明らかにした DNA 分子の構造は次のようである．DNA は2本の相補的な鎖で構築されている．各鎖は $3'$-$5'$ 結合をしたヌクレオチドから構成されている．モノヌクレオチドはリン酸分子と隣り合っている二つのデオキシリボースのそれぞれの3位と5位の炭素原子の結合で連なっている．この糖-リン酸の骨格の糖分子の1位の炭素にプリンあるいはピリミジンが共有結合している．2本の相補的な鎖は，アデニンとチミン，グアニンとシトシン塩基対間の水素結合によって結ばれていて，2重らせんを形成している．逆平行の配置にある2本の鎖は，10ヌクレオチド対おきに回転する右巻のらせんを形成している．

複製が起こるさいに，2重らせんの両鎖がほどける．対合している塩基対の開裂後，各鎖は，もともと対合相手であった自己に相補的な鎖を新たに作る鋳型として働く．したがって，ほどけた片鎖の塩基配列が $^{5'}$A, G, G, C, A, T$^{3'}$ なら，新しく合成される鎖は $^{3'}$T, C, C, G, T, A$^{5'}$ の配列をもつ．$^{3'}$T, C, C, G, T, A$^{5'}$ の配列であるもう一つの鎖は，$^{5'}$A, G, G, C, A, T$^{3'}$ の配列をもつ新しく合成

される鎖と対合する．AとT，GとCの相補性に基づくこの複製機構が，何回分裂しようとも，細胞がDNA分子の正確なコピーを作ることを可能にしている．まさに，自己複製能によって，DNA分子は遺伝の主でありうる特性をそなえているのである(図1)．DNAポリメラーゼという酵素がDNAの新しい鎖を合成する実際の機構にたずさわり，基質としてはdATPのような，前もって活性化されている5′-デオキシリボヌクレオチド三リン酸になっている，モノヌクレオチドが使われる(Kornberg, 1961)．

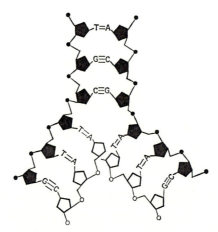

図1 DNA複製の模式図．複製が起こるには，2重らせんの両鎖が互いに開裂・分離しなければならない．五角形はデオキシリボースを，丸はリン酸分子を表わす．古い鎖は黒ぬりで，新しく合成された鎖は白ぬきで表わされている．

1. 自己複製する核酸の"前生命"状態での存在

アンモニア，青酸，メタン，二酸化炭素からのグリシン，アラニン，セリンのような単純なアミノ酸，ならびにプリン塩基とピリミジン塩基の合成が，最初の生命体の出現よりおよそ10億年前に，太陽からの紫外線，宇宙線や放射性無機物に触媒されながら，地球表面，おそらく原始気圏や原始海で起こったと考えられる(Calvin & Calvin, 1965)．

核酸の相補的な複製は塩基の分子構造に固有な特性をもちいているので，ポ

リヌクレオチドのかなり正確な自己複製が酵素の存在しない条件で起こりうることは疑う余地がないであろう．このことは，地球上に最初の生命体が出現するはるか以前に，ポリヌクレオチドの自己複製が原始スープ中で始まっていたことを意味している (Orgel, 1968)．これを示唆する証拠がいろいろな試験管内実験から得られている．アデニンの簡単な誘導体とウラシルを含む溶液とを混ぜると，水素結合した混合2量体を含む結晶がしばしば生ずる．グアニンとシトシンの混合溶液でも同じことが見出されている．しかし，他の対の塩基誘導体を含む混晶は知られていない (Katz *et al.*, 1965)．他の実験においては，ポリウリジル酸とアデノシン-5′-リン酸の組合せ，あるいはポリシチジル酸とグアニル酸の組合せの薄い混合溶液中で，安定な2重らせんの形成が見出されており，ポリヌクレオチドがいったん生成すると，モノヌクレオチドを配列させる鋳型として働きうることをこの観察は示している (Howard *et al.*, 1966)．さらに，アデノシン-5′-ホスホイミダゾライドは，ポリウリジル酸を鋳型として，著しく高い効率でヌクレオチド間のホスホジエステル結合反応を起こすことが見出されている (Weiman *et al.*, 1968)．したがって，塩基対合の特異性は塩基そのものに備わっていること，また核酸の自己複製が酵素の出現以前の"前生命"状態においても起こっていたであろうということを示唆する例証はすでに十分にあるといえる．

　地球上での生命の起源は，二つのプリン-ピリミジン塩基対間にある固有の相補性に依存したものであると考えられる．これに関連して，"前生命"状態での鋳型依存反応が3′-5′結合の優先的な形成を導くわけではないという興味ある点をつけ加えておこう．リボヌクレオチドがリボヌクレオシドと縮合すると，通常2′-5′結合の異性体が最も多く，5′-5′結合のものが2番目に多い．同じく，デオキシヌクレオチドの場合には，5′-5′結合が主要な縮合産物である．おそらく，最初の2本鎖ポリマーがRNAであったとすれば，2′-5′と3′-5′結合の両方を含んでいたであろう．2′-5′結合はおそらく生命の起源後，ポリメラーゼの進化に伴って淘汰されてしまったのであろう (Orgel, 1968)．

2. tRNA の出現

　自己複製する，単独に存在しているポリヌクレオチドから，最初の生命体への移行には，利用可能なアミノ酸からポリペプチド鎖の秩序だった合成をつかさどる機構の新生が不可欠であったと考えられる．ポリペプチド鎖は自己複製しえないが，生化学反応の触媒としては核酸よりはるかに多能であるからである．自己複製する核酸の塩基配列をポリペプチド鎖のアミノ酸配列に翻訳する機構が出現するやいなや，生命体の究極的な起源が確実なものとなった．この理由から，転移 RNA (transfer RNA, 略して tRNA) の進化が，この地球上での，生命の起源への青信号を点じたであろうと考えられる．

　tRNA のそれぞれの種は，核酸の特定の塩基配列を識別し，さらに，ある特定のアミノ酸を選んで結合しなければならなかった．このような担わねばならない特殊な要件にもかかわらず，現存の生物のすべての tRNA 種は約 80 塩基で構築されているだけでなく，次のような共通の特性をも分有している．

1. 3′末端は常に CCA の塩基配列をもっている．tRNA がアミノ酸を結合するとき，アミノ酸は末端のアデノシンのリボースの3位の炭素にアミノアシル結合をする．
2. tRNA は，転写された時点では，A, G, U, C という普通の四つの塩基からできている．しかし転写後，幾つかの塩基は修飾をうけ，いろいろな誘導体になる．たとえば，アデニンはヒポキサンチンに，ウラシルはジヒドロウラシルまたはプソイドウラシルに修飾される．普通，DNA にのみ用いられているチミンも，このクラスの RNA に見出される．
3. tRNA のある分節の塩基配列が同一分子内の他の分節の塩基配列と相補的であり，これらの相補的な塩基配列が水素結合を形成して塩基対合をするので，tRNA は"クローバー葉"型の構造をとると考えられている (Holley *et al*., 1965; Madison *et al*., 1966).

　分子量の小さいことや共通の特性がすべての tRNA 種にみられており，このことは tRNA が太古に起源を発したものであろうということを示唆している．生命が起こった当初には，個々の tRNA は連接した何個の塩基配列を識

別したのだろうか．核酸(後の進化した生命体ではメッセンジャー RNA (messenger RNA, 略して mRNA))は4種の塩基，すなわちアデニン (A) およびグアニン (G) のプリン塩基と，ウラシル (U) またはチミン (T) およびシトシン (C) のピリミジン塩基から構成されていたし，今も構成されている．もし，太古の個々の tRNA が核酸の塩基配列中の連接している二つの塩基を識別したとすると，核酸は $16\,(4^2)$ の異なる遺伝メッセージをもちうることになり，16種の tRNA が16の異なるアミノ酸を特異的に定めたはずである．太古の地球上の原始スープ中には，生命体の出現過程に利用できるアミノ酸として，おそらく，単純なものが10種前後あったにすぎなかったと考えられる．当時には，ダブレット (doublet, 2連塩基) 暗号系が疑いなく機能しえたであろう．しかし，現存のあらゆる生物が普遍的にトリプレット (triplet, 3連塩基) 暗号系をもちいているという決定的な事実は，tRNA が核酸の連接した三つの塩基セットを識別するように最初から進化してきたことを明らかにしている．生命がいったん誕生すると，コドン (codon, 遺伝メッセージの単位) の大きさの変化は，必然的に，それまでの遺伝メッセージのすべてを無駄なものにしてしまうに相違ない．したがって，このような変化はそれまでに存在していたすべての生命体を絶滅させてしまったであろう (Crick, 1968)．tRNA は出現以後，実質的に変化しなかったと考えられる．

　tRNA は，遺伝メッセージとして，連接している三つの塩基 (トリプレット暗号) を解読するので，核酸は $64\,(4^3)$ の異なるメッセージを生成し，この結果，遺伝メッセージに大きな冗長さがもたらされている．ある特定のアミノ酸を識別した tRNA は一つの特別なコドンを識別するだけでなく，複数のコドンを識別したに相違ない．ポリペプチド鎖合成に利用しうるアミノ酸の数は，その後，10種余りから20種 (表1) に増加しただけなので，コドンの冗長性は今日まで持続している．

　mRNA の遺伝メッセージ解読の実験方法が Nirenberg と Matthaei (1961) によって導入された．彼らは，ポリヌクレオチドホスホリラーゼという酵素をもちいて，塩基としてウラシルだけを含有する人工 RNA, すなわちポリウリジ

表1 ポリペプチド鎖の形成にもちいられる20種のアミノ酸．八つのグループに分類されている．

脂肪族アミノ酸：(Gly) グリシン，(Ala) アラニン，(Val) バリン*，(Leu) ロイシン*，(Ile) イソロイシン*

含硫アミノ酸：(Cys) システイン，(Met) メチオニン*

塩基性アミノ酸：(Lys) リジン*，(Arg) アルギニン

(Pro) プロリン

ル酸を合成した．この RNA をアミノ酸，および大腸菌から調製したリボゾームや tRNA などタンパク質合成に必須な因子と混ぜると，フェニルアラニンだけでできているポリペプチドが新たに (de novo) 合成される．この実験から，UUU コドンは芳香族アミノ酸のフェニルアラニンに特異的な tRNA によって識別されることが確かめられた．引き続いて，64 の可能なコドンの個々に保

表1（つづき）

(Asp) アスパラギン酸 酸性アミノ酸	(Glu) グルタミン酸	(Asn) アスパラギン アミド含有アミノ酸	(Gln) グルタミン		
(Ser) セリン OH基含有アミノ酸	(Thr) トレオニン*	(Phe) フェニルアラニン* 芳香族アミノ酸	(Tyr) チロシン	(Trp) トリプトファン*	(His) ヒスチジン 異環族アミノ酸

* 哺乳類の必須アミノ酸

持されている性質が解明された（表2）．この表から，コドンの冗長性は多くの場合，トリプレット暗号の第3番目の塩基にあることがみてとれるだろう．たとえばアラニンは，トリプレットの第1番目と第2番目の塩基がGCであるような四つのコドンのすべてによって決められる．第3番目の塩基はG, C, A, Uのどれでもよい．同様に，第1番目と第2番目の塩基としてGUをもつコドン

表2 遺伝コード.各アミノ酸がmRNAのトリプレット暗号と対応づけられている.Termin.は大腸菌でわかっている鎖停止コドンを示す.

第 1 塩基 (5'端)	第 2 塩基				第 3 塩基 (3'端)
	U	C	A	G	
U	Phe	Ser	Tyr	Cys	U
	Phe	Ser	Tyr	Cys	C
	Leu	Ser	Termin.	Termin.	A
	Leu	Ser	Termin.	Trp	G
C	Leu	Pro	His	Arg	U
	Leu	Pro	His	Arg	C
	Leu	Pro	Gln	Arg	A
	Leu	Pro	Gln	Arg	G
A	Ile	Thr	Asn	Ser	U
	Ile	Thr	Asn	Ser	C
	Ile	Thr	Lys	Arg	A
	Met	Thr	Lys	Arg	G
G	Val	Ala	Asp	Gly	U
	Val	Ala	Asp	Gly	C
	Val	Ala	Glu	Gly	A
	Val	Ala	Glu	Gly	G

のどれもがバリンを決めている.

　特異的なtRNAによるコドンの識別もやはり,二つの塩基対間に固有の相補性に基づいている.tRNAの中央部位にある連接した三つの塩基の組(アンチコドン,anticodon)が,翻訳される核酸のコドンと相補的な塩基対合をする.コドンとアンチコドン間の塩基対合に,ある度合の不忠実性がtRNA進化の初期段階に導入されなかったとしたら,64のアンチコドン,したがって64種のtRNAが核酸の塩基配列をポリペプチドのアミノ酸配列に翻訳するのに必要であったはずである.たとえば,$5'GCA3'$ コドンは $3'CGU5'$ アンチコドンをもつアラニンtRNAによってのみ識別されるとすれば,アラニンの四つのコドンをすべて翻訳するためには,さらに三つの異なるtRNA種を必要としたであろう.

　コドンとアンチコドン間の塩基対合様式にみられる,この不可避な不忠実性は,通常アンチコドンの第3番目(5'端)の塩基に,普通には核酸に存在しない塩基を導入することによってもたらされていると思われる.ヒポキサンチン

(HyX)はアデニン(A)の誘導体であるが，A と異なり，U のみならず，C や A とも対合しうる．したがって，$^{3'}$CGA$^{5'}$ アンチコドンをもつアラニン tRNA は $^{5'}$GCU$^{3'}$ コドンのみを識別するであろうが，$^{3'}$CGHyX$^{5'}$ アンチコドンをもつアラニン tRNA は，アラニンの四つのコドンのうち三つ(GCU, GCC, および GCA)を識別しうる．

さらに，表2で三つのコドン(UAA, UAG, UGA)が鎖停止コドン(terminating codon)と記されていることに注目しよう．このコドンはナンセンスコドン (nonsense codon)とも呼ばれている(Kaplan et al., 1965; Weigert et al., 1966; Garren, 1968). 大腸菌(桿状腸内細菌)のゲノムは，UAA, UAG, UGA の各コドンに対合する，機能をもった tRNA の生成を支配する遺伝子をもっていないらしい．したがって，少なくともこのバクテリアでは，mRNA の塩基配列のポリペプチド鎖のアミノ酸配列への翻訳は，ナンセンス言いかえれば鎖停止コドンのところで終止し，その一つ前のコドンで決められるアミノ酸がポリペプチド鎖のカルボキシル末端となる．鎖停止の信号は，長い核酸が一つの長いポリペプチド鎖に翻訳されるのではなく，二つ以上の独立なポリペプチド鎖に翻訳されるのに，明らかに有用である．現存の生物におけるこのような核酸は，ポリシストロン性 mRNA と呼ばれている(Attardi et al., 1963).

現存の生物がポリペプチド鎖の合成にもちいている 20 種のアミノ酸のうち，メチオニン(表1)はただ一つのコドン(AUG)で決められているという点でユニークなものである．大腸菌の無細胞(in vitro)系における人工 RNA のポリペプチド鎖への翻訳は，メチオニンのコドン AUG が 5' 末端にあるとき，著しく効率がよくなる．実際，大腸菌が合成するすべてのペプチド鎖ではないとしても，大部分のものは通常アミノ末端にホルミルメチオニン(アミノ基がブロックされているメチオニン)をもっている(Marcker & Sanger, 1964; Adams & Capecchi, 1966). この事実から，大腸菌では mRNA の AUG が鎖開始コドン(initiating codon)として働いていると推察される．生命体の誕生のごく初期から，メチオニン tRNA はこのユニークな特性を備えていたのであろう．逆に，鎖開始コドンは，ペプチド鎖合成機構の複雑化した装置として，後に進化したもので

あろうとも考えられる.

上に記したことから，自己複製する"前生命"核酸と最初の生命体とのギャップを橋渡しする中間生命体がどのようなものであったかという朧げな概念が得られる．中間生命体は多くの核酸(恐らく DNA よりは RNA の可能性が高い)を含んでいたに相違ない．その幾種かは始原 tRNA として働いたであろう．tRNA の存在によって，利用可能なアミノ酸からポリペプチド鎖の秩序だった合成が起こったに相違ない．これらのポリペプチド鎖の幾種かは酵素様の触媒として働いたであろうし，またある種のものは，前生命状態で合成されて原始スープ中に存在していたペプチド鎖と一緒になって，未完成な細胞膜を形成したであろう(図2).

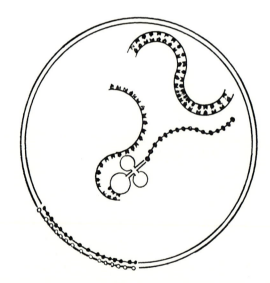

図2 自己複製する"前生命"核酸と最初の生命体との仮想中間体．球形は生命体である．自己複製する核酸は右上方に示されている．中央部には，核酸の塩基配列が始原 tRNA(クローバー様)になかだちされて，ポリペプチド鎖のアミノ酸配列(紐上の黒珠)へ翻訳されている過程が示されている．このように秩序ある配列をもったポリペプチド鎖は，前生命的に形成されたポリペプチド(紐上の白珠)と一緒になって，生命体と外界との境界として働く未完成な細胞膜を形成している．

3. DNAとRNAの分業

あらためて記すほどのことではないが，現存の生物の遺伝子は二つの働きをしている．遺伝子は受精卵に含まれていて，この卵に由来するからだを構成しているすべての細胞に伝達され，かつ生殖細胞を経て，次世代を構成するすべての子孫に伝達されねばならない．塩基間の相補性を基にした，正確なコピーをつくるDNA複製の機構が，遺伝子のこの第1の働きを可能にしている．この働きに加えて，DNA分子中に暗号化されている遺伝情報は，個体発生過程で，ポリペプチド鎖に解読され，形質発現されなければならない．この結果，個体は核内に存在する遺伝的プログラムに従って形成されるのである．しかし，DNAの塩基配列はポリペプチド鎖のアミノ酸配列に直接翻訳されるわけではない．塩基間に固有な相補性をもちいることによって，DNAの2本鎖の片側がまずRNA(mRNA, tRNA, およびリボゾームRNA(ribosomal RNA, 略してrRNA))に転写され，mRNAの塩基配列がtRNAによって解読されるのである．このように，DNAとRNAとに機能のはっきりした分業が起こっている．自己複製するDNAは遺伝メッセージの保存と子孫への伝達の働きをしており，RNAはDNAに含まれる遺伝メッセージを物質化するさいの中間体として働いている．

しかし，ごく初めの始源期には，未成熟な生命体の個々の核酸は，一方では自己複製し，他方ではその塩基配列が一つあるいは複数のポリペプチド鎖のアミノ酸配列に翻訳されるという，2重の働きをしていたにちがいない．自己複製は互いに相補的な二つの塩基配列をつくりつづけるので，これは避けることのできない不経済な過程である．両塩基配列がtRNAによって解読されると，まったく関連性のないアミノ酸配列をもった二つのポリペプチド鎖がつくられる．ポリペプチド鎖の片方が特定の機能に有用であるなら，他方のポリペプチド鎖がまったく関係のない機能にもちいられる可能性はないとはいえないが，恐らくそのような機会は完全に無に近いだろう．このような系は自然淘汰によって効率よく組立てを変更・調整しうるものではなかっただろう．したがって，DNAとRNAとの分業は，未成熟な生命体がたどらねばならなかった最も論

理的な過程であった．この分業が確立するや，DNAの片鎖の塩基配列だけがポリペプチド鎖の形で物質化されるようになった．このような過程を経て，原核性生物のDNA環，引き続いて真核性生物の染色体が進化したに違いない．

4. リボソームの出現

遺伝メッセージの翻訳機構が複雑さを増すに伴い，リボソームという細胞内顆粒が新生してきた．現存のすべての生物においては，tRNAによるメッセンジャーのコドンの解読はリボソーム上でしか起こらない．リボソームはそれぞれ直径10ないし20mμのリボ核タンパク複合体である．リボソームは，大きさの違う二つのサブユニットが結合した形で構成されている．真核性生物では，大きいサブユニットは60Sの大きさであり，小さいサブユニットは40Sである(なおバクテリアなどの原核性生物では，それぞれ50Sと30Sである)．40SサブユニットはmRNAを受けとり，付着させるが，60Sサブユニットは二つのtRNAが結合するくぼみを持っており，細胞質中の小胞体の膜部に定着している．

mRNAの5′末端近傍がリボソームと会合して，初めて，ポリペプチド鎖の合成が開始される．アミノ酸を結合したtRNAはくぼみに位置し，くぼみの頂にあたる40Sサブユニット上のmRNAのコドンを識別する．mRNAはテープレコーダーのヘッドを通過するように，リボソーム上を転移するにつれて読みとられ，ペプチド鎖の伸長が起こる．mRNAの5′末端は最初のリボソームから遊離すると，すぐに第2のリボソームと会合し，二つ目のポリペプチド鎖の合成が始まる．mRNAの鎖停止コドンがリボソーム上を通過すると，完成したポリペプチドの最初のコピーが遊離してくる．一つのmRNAからポリペプチド鎖の多くのコピーが連続的につくられるので，ある時点では，一つのmRNAはいくつものリボソームと会合している．糸(mRNA)上の粒子(リボソーム)からなるこの単位はポリゾーム(polysome)と呼ばれている．たとえば，600塩基から構築されているmRNAは，200アミノ酸残基からできているポリペプチド鎖を暗号化しており，およそ8個のリボソームと会合していろ．

第2章 A-T, G-C の相補的塩基対合に基づく核酸の複製

四つの異なる RNA 種が，リボゾームとして組織化されている構造の部分として存在している．脊椎動物では，四つの RNA の大きさは 5 S, 5.8 S, 18 S, 28 S である．5 S rRNA はほぼ 120 の塩基から構成されており，tRNA とのある種の類似性をそなえており，プソイドウラシルやチミンのような普通みられない塩基を含んでおり，さらに相補的なヌクレオチドの長い配列がある．5 S rRNA は，おそらく，tRNA 分子がとっているような立体配位をとっているであろう(Forget & Weisman, 1967)．18 S と 28 S rRNA は長すぎて，全体の塩基配列の解析はやっとその緒についたところである．5.8 S rRNA は，まだ以上の 3 種ほど解明されていないので，以下の議論ではこの種には触れない．

ある時期には，rRNA(18 S と 28 S rRNA. 5 S rRNA は必ずしも含まれない)を支配する遺伝子が染色体の核小体オルガナイザーに位置しているということに疑問がもたれていた．多くの植物や動物種の有糸分裂の中期に，核小体オルガナイザーは強く凝縮した染色体狭窄域として，はっきりと観察される．この狭窄域は DNA に特異的な Feulgen 染色法でほとんど染まらない．このため，SAT 域(チモ核酸(DNA)が存在しない，*Sine Acido Thimonucleico*)という名が与えられている．上述の疑問に決着をつけた決定的な事実は，アフリカツメガエル(*Xenopus laevis*)の欠失突然変異によってもたらされた．このカエルの2倍体染色体数は 36 で，通常 1 対の染色体に核小体オルガナイザーがある．したがって，野生型のカエルは二つの核小体をもっている．核小体オルガナイザーを欠失したヘテロ接合個体(heterozygote, 異型接合体)の 2 倍体核は 1 個の核小体しかもっておらず，ホモ接合(homozygous, 同型接合)の変異個体は核小体を一つももっていない(Elsdale *et al.*, 1968)．胚発生過程で致死的になるホモ接合の変異体は，rRNA の *de novo* 合成をまったくできないだけでなく，変異型ホモ接合個体から抽出した DNA は，野生型 rRNA とハイブリッド分子を形成することができない(Wallace & Birnstiel, 1966)．

DNA 溶液を加熱すると，安定な 2 重らせんを形成している二つの相補的な鎖が解離する．その溶液をゆっくりと冷却すると，二つの相補的な鎖は互いに

探り合って,2重らせんを再形成する.単鎖DNAは膜フィルターに吸着して,固着する性質をもっている.野生型ツメガエルから抽出したDNAを単鎖にして膜フィルターに固着させると,少なくともrRNA遺伝子の二つのコピーが膜フィルターについている.このフィルターをrRNA溶液につけると,rRNA遺伝子とそれから転写されたrRNAとは互いに探しあって,かなり正確な塩基間の相補性に基づいた強い対合をする.これがRNA-DNAハイブリッド分子形成法の手法である.

核小体オルガナイザー欠失のホモ接合のカエルから抽出したDNAはrRNAとハイブリッド分子を形成しないという事実は,変異体のゲノムに,このクラスのRNAの生成を支配する遺伝子が含まれていないことを明らかにしている.

文　献

Adams, J. M., Capecchi, M. R.: N-formylmethionyl-sRNA as the initiator of protein synthesis. Proc. Natl. Acad. Sci. US **55**, 147-155 (1966).
Attardi, G., Naono, S., Rouvière, J., Jacob, F., Gros, F.: Production of messenger RNA and regulation of protein synthesis. Cold Spring Harbor Symposia Quant. Biol. **28**, 363-372 (1963).
Calvin, M., Calvin, G. J.: Atom to Adam. Am. Scientist **52**, 163-186 (1964).
Chargaff, E.: Structure and function of nucleic acids as cell constituents. Federation Proc. **10**, 654-659 (1951).
Crick, F. H. C.: The origin of the genetic code. J. Mol. Biol. **38**, 367-379 (1968).
Elsdale, T. R., Fischberg, M., Smith, S.: A mutation that reduces nucleolar number in *Xenopus laevis*. Exptl. Cell Research **14**, 642-643 (1958).
Feulgen, R.: Histochemischer Nachweis von Aldehyden. Verhandl. deut. pathol. Ges. **28**, 159-200 (1928).
Forget, B. D., Weissman, S. M.: Nucleotide sequence of KB cell 5 S RNA. Science **158**, 1695-1699 (1967).
Garen, A.: Sense and nonsense in the genetic code. Science **160**, 149-159 (1968).
Holley, R. W., Apgar, J., Everett, G. A., Marqhisee, M., Merrill, S. H., Penswick, J. R., Zamir, A.: Structure of ribonucleic acid. Science **147**, 1462-1465 (1965).
Howard, F. B., Frazier, J., Singer, M. F., Miles, H. T.: Helix formation between polyribonucleotides and purines, purine nucleosides and nucleotides. J. Mol. Biol. **16**, 415-439 (1966).

Kaplan, S., Stretton, A. O. W., Brenner, S.: *Amber* suppressors: Efficiency of chain propagation and suppressor specific amino acids. J. Mol. Biol. **14**, 528-533(1965).

Katz, L., Tomita, K., Rich, A.: The molecular structure of the crystalline complex ethyladenine: Methyl-Bromouracil. J. Mol. Biol. **13**, 340-350(1965).

Kornberg, A.: *Enzymatic synthesis of DNA*. New York: John Wiley and Sons, Inc. 1961.

Madison, J. T., Everett, G. A., Kung, H.: Nucleotide sequence of yeast tyrosine transfer RNA. Science **153**, 531-534(1966).

Marcker, K., Sanger, F.: N-formyl-methionyl-S-RNA. J. Mol. Biol. **8**, 835-840 (1964).

Miescher, F.: Über die chemische Zusammensetzung der Eiterzellen. Hoppe-Seyler's Med. Chem. Unters. **4**, 441-460(1871).

Nirenberg, M. W., Matthaei, J. H.: The dependence of cell-free protein synthesis in *E. coli* upon naturally occurring or synthetic polyribonucleotides. Proc. Natl. Acad. Sci. US **47**, 1588-1602(1961).

Orgel, L. E.: Evolution of the genetic apparatus. J. Mol. Biol. **38**, 381-393(1968).

Penman, S.: Ribonucleic acid metabolism in mammalian cells. New Engl. J. Med. **276**, 502-511(1967).

Perry, R. P.: Cellular sites of synthesis of ribosomal and 4 S RNA. Proc. Natl. Acad. Sci. US **48**, 2179-2186(1962).

Wallace, H., Birnstiel, M. L.: Ribosomal cistrons and the nucleolar organizer. Biochim. et Biophys. Acta **114**, 296-310(1966).

Watson, J. D., Crick, F. H. C.: Genetical implications of the structure of desoxyribose nucleic acid. Nature **17**, 964-966(1953).

Weigert, M. G., Gallucci, E., Lanka, E., Garen, A.: Characteristics of the genetic code *in vivo*. Cold Spring Harbor Symposia Quant. Biol. **36**, 145-150(1966).

Weimann, B. J., Lohrmann, R., Orgel, L. E., Schneider-Bernloehr, H., Sulston, J. E.: Template-directed synthesis with adenosine-5'-phosphorimidazolide. Science **161**, 387 (1968).

第3章

真核性生物の染色体

バクテリアやその他の単細胞生物においては,遺伝物質全体が環状のDNAとして存在している.このような生物は典型的な半数体生物であって,細胞内

には核と細胞質との間の明確な区別が存在しない．このような生物は原核性生物とよばれている．

非常に対照的なことに，真核性生物は典型的な2倍体生物であり，その多くは多細胞生物（後生動物）である．二つの配偶子（半数体細胞）が融合して，生物個体の発生がはじまる．ゲノム（半数体核）では，遺伝物質は染色体とよばれる一定数の明確な構造体に分配されている．染色体は，細胞分裂期をのぞいて核膜の境界内にとどまっている．このように細胞内の核と細胞質との間には，明

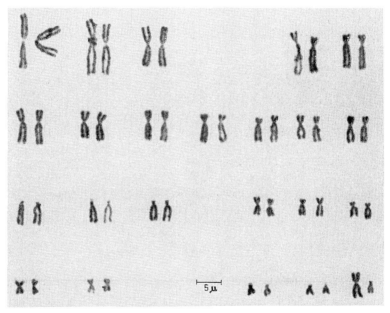

図3 正常なヒト雄の2倍体セットの46本の染色体．最上段左：第1番目から第3番目の群に属する3対の最大の中部動原体常染色体．最上段右：第4番目と第5番目の群に属する2対の次末端動原体常染色体．第2段：第6番目から第12番目の群に属する7対の中部動原体常染色体．第3段左：第13番目から第15番目の群に属する6本の末端動原体常染色体．これらの染色体はその短腕部に核小体オルガナイザーをもっているが，この写真では，実際には，核小体オルガナイザーは第14番目の対でみられるだけである．第3段右：第16番目から第18番目に属する中部動原体常染色体と次末端動原体常染色体．最下段左：第19番目と第20番目の群に属する4本の中部動原体常染色体．最下段中間：第21番目と第22番目の群．2対の末端動原体常染色体は，核小体オルガナイザーをその短腕部にもっているが，その第2次狭窄は実際には第21番目の対でみられるだけである．最下段右：大きい中部動原体X染色体と小さい末端動原体Y染色体．

確な区別が存在している.

　すべての脊椎動物は真核性生物であるので，染色体の問題をこの章で説明する．図3は，TjioとLevan(1956)によって最初に解明された，正常なヒトの雄個体の核型を示している．ヒトの雄個体の46本の染色体は，22対の相同常染色体(普通の染色体)と，1対の性染色体，すなわち大きいX染色体と小さいY染色体からなっているということをつけ加えておこう．雌個体の場合には2本のX染色体があり，Y染色体はないので，性染色体もまた相同対をなしていることとなる．図中の染色体は，有糸分裂中期に固定され染色されているので，それぞれの染色体は二つの娘染色分体からなっている．有糸分裂後期の終りに，各染色体の娘染色分体は紡錘糸のそれぞれ反対側の極に向けて移動する．この機構が，2個の娘細胞のそれぞれが遺伝物質の同一の2倍体セットを間違いなく受けとれるようにしているのである．大きい染色体の一つの娘染色分体は，1μ以上の太さになっているが，これまでの遺伝学的データにもとづくと，1本の染色分体が完全にひきのばされると，DNAの2重らせんからなる1本の連続した糸になると仮定しなければならない．細胞周期の有糸分裂期の間に，1本の糸が非常に強くおりたたまれて染色分体をつくり，紡錘糸によって娘細胞へはこばれることを容易にしているのである．

1. 動原体

　分裂中期の染色体は，それぞれ第1次狭窄によって，しるしづけられているが，狭窄部域では二つの娘染色分体の間の境界があまりはっきりしていない．このような狭窄は，ある染色体では，中部またはほぼ中部近辺にみられるが，他のものでは，一方の末端に非常に近接して存在している．第1次狭窄の位置は有用な目じるしであり，同じ大きさの染色体を別々の物として区別するのに役立っている．染色体は動原体をもち，そこに紡錘糸が付着しているので，それぞれの染色体は一つの第1次狭窄をもっていることになる．中部または中部近くに動原体をもつ染色体は中部動原体染色体とよばれ，染色体の一端近くに動原体をもつ染色体は次末端動原体染色体とよばれる．末端動原体染色体とい

う術語は，ほとんど末端に位置する動原体をもつ染色体をよぶのに用いられている．

それぞれの染色体は，ただ一つの動原体または動原体の1機能単位をもっている．一つの染色体が間隔をあけて存在する二つの動原体をもつ場合(2動原体染色体)には，後期に1本の染色分体が紡錘体の両極へ1対1の確率で引っ張られることとなる．このことは架橋形成をひきおこし，したがって染色体切断をひきおこすこととなる．いうまでもないが，自然淘汰は，2動原体染色体が長く存在するのを許さない．すべての動原体は，別々の染色体に存在していたとしても，相同体であるに違いない．なぜなら，1本の染色体の動原体が切り離されて他の染色体に付着したときでも，新しい位置で十分に同じ機能を果たしうるからである．私たちは，どのようなDNAの塩基順列が動原体としてのDNA鎖の分節を定めているかについては，何の考えも持ち合わせていない．

2. 核小体オルガナイザー

図3をみると，21〜22群の2対の小さい末端動原体常染色体の短腕同様，13〜15群の3対の末端動原体常染色体の短腕が，第2次狭窄によってしるしづけられていることが注目されるに違いない．第2次狭窄は，普通(そうでないときもあるが)核小体オルガナイザーを示しているものである(Heitz, 1933; Kaufmann, 1934; Deering, 1934)．ヒトの場合，末端動原体常染色体上のすべての第2次狭窄は核小体(仁)オルガナイザーを示すようである(Ferguson-Smith & Handmaker, 1961; Ohno et al., 1961)．核小体オルガナイザーが18Sと28SのrRNAの遺伝子をになっているという事実はすでに述べてきた．したがって，ヒトの五つの異なった常染色体がもっている第2次狭窄部分は互いに相同でなければならないことになる．

3. 異質染色質領域

第1次および第2次狭窄は，分裂中期の染色体にのみみられる顕著なしるしである．しかし，有糸分裂前期の間でも，染色体の特定の領域は先行する凝縮

によって残りの領域から区別される．分裂前期の染色体上のこれらの先行して凝縮している領域は，染色中心(DNA の凝縮体)として，その前の中間期の核の中ですでに目立っている．先立って凝縮しやすい染色体の領域は，異質染色質(ヘテロクロマチン)から成るといわれており(Heitz, 1933)，異質染色質領域は，中間期の S 期(DNA 合成期)に，真正染色質(ユークロマチン)から成るといわれている染色体の他の領域よりおくれて，自らの DNA を複製するという特徴をもっている(Taylor, 1960)．

ある場合には，異質染色質の状態は，染色体または染色体の一部分がとる一時的な不活性状態にすぎない．この最もよい例は，哺乳類の X 染色体の場合にみられる．哺乳類の雄個体の中間期の核には染色中心がないけれども，雌個体の体細胞の中間期の核にはその特徴として 1 個の顕著な染色中心が存在している(Barr & Bertram, 1949)．この染色中心は，2 本の X 染色体のうち，先立って凝縮した方の 1 本を示している(Ohno et al., 1959)．このようなやり方で，哺乳類の種は X 染色体に連関した遺伝子の量に関して，雄個体と雌個体との間に存在する不釣合を明らかに均一化している(Lyon, 1961; Beutler et al., 1962)．雌個体の二つの X 染色体のうちの一つは異質染色質化によって不活性にされているため，雌個体および雄個体のそれぞれの体細胞は，X 染色体に座をもつ遺伝子の半数体量を効果的に備えていることになる．雌個体の生殖細胞においては，2 本の X 染色体は共に真正染色質としてとどまっているので(Ohno et al., 1962)，雌体細胞の異質染色質の状態は明らかに X 染色体によってとられる一時的な機能状態である．

他の場合においては，異質染色質の状態は，ある染色体の分節に固有の性質を反映している．このような異質染色質領域は構造遺伝子を欠いている．したがって，それはいわば遺伝的に空白の領域である．この領域は転写されない無用な DNA 塩基配列の分節からなっているに違いない．ちょっとみたところ，自然淘汰は明らかに無用な染色体分節が恒存するのを許さないように考えられよう．しかしよく考えてみると，これとは反対に，個々の染色体の構造的統一性を保存するためには，染色体の特定の分節は無用な塩基配列からできていな

ければならないということがわかるのである．動原体をとりまく領域は異質染色質(動原体異質染色質)からなっているのが特徴である．Darlington(1935)によれば，動原体異質染色質部分が存在するほうが都合のよい進化学的理由がある．すなわち，種分化の過程で，動原体領域はかなりしばしば染色体間の転座にかかわっている．転座の結果，動原体の近くの染色体分節が失われる．動原体の近くの不必要な異質染色質は失われてもよいが，重要な構造遺伝子が動原体の近くに存在すると，種分化にともなう染色体変化は起こりにくい．

同様に，染色体の両端は異質染色質(末端小粒異質染色質)からできている傾向がある．Muller(1932)は，末端小粒はそれぞれの染色体が構造的統一性を保つためには欠くべからざるものであると考えた．染色体が放射線照射やその他の手段によって二つに切断されると，断片の切り口は他の断片の切り口と結合しないかぎり，存続しえなくなる．そこで，これが染色体切断の後で起こる転座や逆位や挿入や2動原体染色体の形成のもととなる．末端小粒異質染色質の保護がなければ，1本の染色体の末端もまた，もう一つの染色体の末端と結合することになるであろう．遅かれ早かれ，一つの巨大な環状染色体が形成されるまで，半数体組のすべての染色体は互いに端と端とでくっつき合っていくであろう．

4. 転写されない塩基配列が存在するもう一つの必要性

染色体の真正染色質領域は，転写され翻訳されていろいろの遺伝子産物がつくられる有用なDNA塩基配列だけから成っているのであろうか．そうとは考えられない．それぞれの遺伝子は別々の分子として存在しているのではなくて，むしろ連続したDNA鎖の一部分を表わしている．一つの遺伝子とその両隣りの遺伝子との間には，いかなる物理的な切れ目もなさそうである．それでは，それぞれの遺伝子が一般に別々のmRNAを転写するというのはどうしてであろうか．隣り合ったシストロン間の間隙が，一連の無意味な塩基配列によって占められているに違いない．おそらくRNAポリメラーゼが，そのような無意味な塩基配列を鋳型として利用することができないからである．DNA-DNA

ハイブリッド法を用いて，BrittenとKohne(1968)は，哺乳類のゲノムのほぼ10%が一つの特別な塩基配列または少数の類似した特別の塩基配列(サテライトDNA)の多くのコピーによって占められているということを示した．このクラスのDNAは，真正染色質領域の中の構造遺伝子の間隙だけではなく，完全に固有の異質染色質領域にも用いられている転写されない塩基順列を表わしているのかもしれない．

YasminehとYunis(1969)は最近，大半のサテライトDNAは，実際マウスのゲノム内で常染色体の異質染色質部分に集中しているということを示した．イモリ(*Triturus viridescens*)の染色体の核小体オルガナイザーがMillerとBeatty(1969)によって分離され，電子顕微鏡での観察によって，18Sと28S rRNAを含む前駆体分子の転写に活発にあずかっている遺伝子相互の間に，転写されないDNAの領域が存在するということが見出された．

5. 転写の非特異的レプレッサーとしてのヒストン

大腸菌のような原核性生物は単細胞生物である．一つの細胞が一つの全生物体を表わしているので，1本の環状DNAに含まれる遺伝子の多くは，ほとんど常に発現されていることになる．多分この理由から，原核性生物の環状DNAは裸の状態にあるといえる．したがって，特別の遺伝的制御機構によってそれぞれが抑制されない限り，ほとんどすべての構造遺伝子が転写されるのである．

他方，真核性生物は典型的な多細胞生物である．哺乳類のそれぞれの種のゲノム(半数体染色体の1組)はほぼ 3.5×10^{-9} mg のDNAを含んでいる．そこには無数の構造遺伝子をいれる余地がある．核内で，これらの遺伝子のすべてが同時に活発に転写され翻訳されるならば，その細胞は，過剰生産されたRNAタンパク質分子が密集して，文字通り張り裂けてしまうであろう．真核性生物においては，胚発生での体細胞分化過程で，各細胞タイプは特殊化し，核内のある遺伝子群だけを利用するようになる．確かに基本的な代謝経路に必須ないろいろの酵素や，細胞増殖に必要なタンパク質は，体細胞タイプの如何にかか

わらず，すべての細胞が必要とするものである．しかし，生活機能に必要なこれらの遺伝子は，脊椎動物のゲノムのほんのわずかの部分しか占めていない．構造遺伝子の大半は，それを造っている細胞にとって必要ではないが，個体全体にとって必要であるような生産物を特別に産生しているのである．たとえば，インシュリンや，その他のペプチドホルモンや，ヘモグロビンや，免疫グロブリンはその例である．自己に不必要な生産物を造っている，これらの遺伝子に関しては，体細胞タイプの間に，はっきりした分業がある．インシュリンホルモンの前駆体に対する遺伝子は，膵臓のLangerhans氏島細胞においてのみ働いており，ヘモグロビンペプチド鎖に対する遺伝子は，骨髄の造血細胞においてのみ働いている．からだの中のすべての体細胞タイプの間では，形質細胞のみが免疫グロブリンの生産者である．

まったく明らかなことではあるが，多細胞生物の場合，ほとんどの遺伝子を抑制された状態に保っておくことがより望ましいのである．特別の遺伝制御機構によって，それぞれ抑制が解除されない限り，後生動物ゲノムの構造遺伝子は眠ったままであるに違いない．

賦活化型制御機構は，真核性生物が，DNAと結合して転写活性を阻害する無差別のレプレッサー分子をそなえている場合にのみ，機能することができる．このようにして，レプレッサー分子が特異的に除去されるまでは，すべてのシストロンは眠ったままである．事実，真核性生物の染色体においては，DNAはヒストンと呼ばれる一群の塩基性タンパク質と緊密に結合しているのである．StedmanとStedman(1950)は，ヒストンが遺伝子活性のレプレッサーとして働くと考えた．HuangとBonner(1962)，Allfreyら(1963)は，その後，ヒストンと結合しているDNAシストロンは転写活性を現わすことが出来ないということを示した．

ヒストンは110または220のアミノ酸残基から成る，かなり小さい分子である．多くの脊椎動物は5種または6種のヒストンを産生しているようである．これらは，一つの非常にリジンに富むヒストン(f1)と，2種のややリジンに富むヒストン(f2a2とf2b)と，2種のアルギニンに富むヒストン(f2a1とf3)とで

ある(Johns, 1966)*. セリンに富むヒストン(f2c)として同定された第6番目のものは,鳥類またはその他の種の成熟した有核赤血球においてしか見出されない(Hnilica, 1966; Neelin et al., 1964). ヒストンのカルボキシル末端側の半分に多く存在する,リジンやアルギニンのような塩基性アミノ酸の遊離アミノ基は,どんなDNAシストロンのリン酸基とも無差別に結合する(Burst et al., 1969). その上,ヒストン中のセリンのOH基もまたDNAのリン酸基との結合に関与する.

真核性生物でゲノム中の特別の構造遺伝子領域を活性化するためには,制御遺伝子の産物である賦活化型の調節タンパク分子(アクチベーター)が,特別の構造遺伝子を選択的に識別し,その遺伝子からヒストンを除去しなければならない.

* 現在もちいられているヒストンの命名法を,本書でもちいられているものと対応させると次のようになる. H(ヒストン)1=f1, H2a=f2a2, H2b=f2b, H3=f3, H4=f2a1, H5=f2c.

文　献

Allfrey, V. G., Litau, V. C., Mirsky, A. E.: On the role of histones in regulating RNA synthesis in the cell nucleus. Proc. Natl. Acad. Sci. US **49**, 414-421(1963).

Barr, M. L., Bertram, L. F.: A morphological distinction between neurones of the male and female and the behavior of the nucleolar satellite during accelerated nucleoprotein synthesis. Nature **163**, 676-677(1949).

Beutler, E., Yeh, M., Fairbanks, V. F.: The normal human female as a mosaic of X chromosome activity: Studies using the gene for G-6-PD deficiency as a marker. Proc. Natl. Acad. Sci. US **48**, 9-16(1962).

Britten, R. J., Kohne, D. E.: Repeated sequences in DNA. Science **161**, 529-540(1968).

Bustin, M., Rall, S. C., Stellwagen, R. H., Cole, R. D.: Histone structure: Asymmetric distribution of lysine residues in lysine-rich histone. Science **163**, 391-393(1969).

Darlington, C. D.: *Recent advances in cytology*. London: J. and A. Churchill, Ltd. 1935.

Dearing, W. H., Jr.: The material continuity and individuality of the somatic chromosomes of *Ambystoma tigrinum*, with special reference to the nucleolus as a chromosomal component. J. Morphol. **56**, 157-179(1934).

Ferguson-Smith, M. A., Handmaker, S. D.: Observations on the satellited human chromosomes. Lancet **1961 I**, 638-640.

Heitz, E.: Die somatische Heteropyknose bei *Drosophila melanogaster* und ihre genetische Bedeutung. Z. Zellforsch. Abt. Histochem. **20**, 237-287 (1933).

Hnilica, L. S.: Studies on nuclear proteins. I. Observations on the tissue and species specificity of the moderately lysine-rich histone fraction 2b. Biochim. et Biophys. Acta **117**, 163-175 (1966).

Huang, R. C., Bonner, J.: Histone, a suppressor of chromosomal RNA synthesis. Proc. Natl. Acad. Sci. US **48**, 1216-1222 (1962).

Johns, E. W.: Metabolism and radiosensitivity. In: *The cell nucleus*, p. 116. London: Taylor and Francis, Ltd. 1966.

Kaufmann, B. P.: Somatic mitoses of *Drosophila melanogaster*. J. Morphol. **56**, 125-156 (1934).

Lyon, M. F.: Gene action in the X-chromosome of the mouse (*Mus musculus* L.). Nature **190**, 372-373 (1961).

Miller, O. L., Jr., Beatty, B. R.: Visualization of nucleolar genes. Science **164**, 955-957 (1969).

Muller, H. J.: Further studies on the nature and causes of gene mutations. Proc. VIth Int'l Congr. Genet. Ithaca, N. Y. **1**, 213-255 (1932).

Neelin, J. M., Callahan, P. X., Lamb, D. C., Murray, K.: The histones of chicken erythrocyte nuclei. Can. J. Biochem. and Physiol. **42**, 1743-1752 (1964).

Ohno, S., Kaplan, W. D., Kinosita, R.: Formation of the sex chromatin by a single X-chromosome in liver cells of *Rattus norvegicus*. Exptl. Cell Research **18**, 415-418 (1959).

—, Trujillo, J. M., Kaplan, W. D., Kinosita, R.: Nucleolus-organizers in the causation of chromosomal anomalies in man. Lancet **1961 II**, 123-125.

—, Klinger, H. P., Atkin, N. B.: Human oögenesis. Cytogenetics **1**, 42-51 (1962).

Stedman, E., Stedman, E.: Cell specificity of histones. Nature **166**, 780-781 (1950).

Taylor, J. H.: Asynchronous duplication of chromosomes in cultured cells of Chinese hamsters. J. Biophys. Biochem Cytol. **7**, 455-464 (1960).

Tjio, J. H., Levan, A.: The chromosome number of man. Hereditas **42**, 1-6 (1956).

Yasmineh, W. D., Yunis, J. J.: Satellite DNA in mouse autosomal heterochromatin. Biochem. Biophys. Res. Commun. **35**, 779-782 (1969).

第 III 部

突然変異と自然淘汰の保守的な本性

第 4 章
DNA シストロンの塩基配列の変化としての突然変異

　DNA は，二つの塩基間，すなわちアデニン-チミン間とグアニン-シトシン間に内在している相補性に基づいて，毎細胞分裂の前にそれ自身の正確な写しを作りうるというユニークな特性を備えている．しかし，DNA 複製機構が完全無欠で，誤りの生じる余地がないなら，共通の祖先からの多種多様な生物の生成は起こらなかったはずである．

　個々のシストロンの塩基配列変化は事実起こっており，このような変化が集団中の個体の多様性の原因になっている．自然淘汰はこの個体間の差異を選別し，そして進化が起こるのである．シストロンの塩基配列に生ずる遺伝的変化が，突然変異として定義されている．突然変異は普通，シストロン内の単一塩基対のみに変化をもたらすという観察は，DNA 複製機構がほぼ完全であり，

誤りは非常にまれにしか起こらないということの証左を与えている．しかし一方，DNA 複製機構がこのように正確であるおかげで，自然淘汰の作用に耐えた新しい変異が，新しい遺伝形質として存続しうるのである．

本章では，突然変異のいろいろ異なるタイプを定義し，さらに，ポリペプチド鎖の特異性を決める構造遺伝子に影響する突然変異と tRNA 遺伝子に影響する突然変異とを比較，考察することにしよう．

1. 構造遺伝子の突然変異
a) フレームシフト突然変異

構造遺伝子の定まった機能に最も大きく影響する突然変異のまれなタイプの一つが，フレームシフト突然変異(frame-shift mutation)である．このタイプの突然変異は，一つの塩基あるいは連接している二つの塩基の欠失または挿入によって生ずる．変異遺伝子から転写された mRNA が翻訳される場合，伸長過程にあるポリペプチド鎖は欠失あるいは挿入の起こった座位まで正常なアミノ酸配列をもっている．しかし，解読機構はトリプレットを単位にしているので，変異座位からカルボキシル末端側では，アミノ酸配列が完全に変わってしまって，野生型ペプチド鎖と変異型ポリペプチド鎖とに相同性がほとんどなくなるだろう．

単一塩基の欠失によるフレームシフト突然変異は，バクテリオファージのリゾチーム遺伝子座で実際に見出されている．野生型リゾチーム遺伝子から転写された mRNA の一部分は -AGU.CCA.UGA.CUU.AUU.- という塩基配列をもっていて，これは -Ser-Pro-Ser-Leu-Asn- というアミノ酸配列に翻訳される．遺伝子に欠失が生じて，最初の A が変異型 mRNA の対応する座位から失われると，メッセンジャーは -GUC.CAU.CAC.UUA.- と解読されるようになり，-Val-His-His-Leu- に翻訳される(Terzaghi *et al*., 1966)．構造遺伝子の欠失の場合，一つあるいは連接した二つの塩基の欠失は，三つの連接した塩基の欠失より顕著な効果をもたらすという興味ある点を付け加えておこう．トリプレットの欠失は遺伝子産物から一つのアミノ酸欠失を引き起こし，これ以

外の部分は正常な配列をしている．同じことが，トリプレットの挿入に対比して，一つあるいは連接した二つの塩基の挿入についても言える．

b) ナンセンス突然変異

突然変異は塩基の欠失や挿入としてよりも，より頻繁に塩基置換として起こっている．ナンセンス突然変異 (nonsense mutation) はペプチド鎖伸長の終止をもたらすので，塩基置換のうち最も著しい生物効果を示す変異の一種である．64 のコドンのうち，三つが鎖停止コドンとして区別されていたことを思い出していただきたい (表 2)．現存の生物ゲノムが産生するどの tRNA 種によっても，UGA, UAG, UAA の三つのコドンは識別されない．mRNA の翻訳は鎖停止コドンが占める位置で終止する．ナンセンス突然変異は，アミノ酸に対応しているコドンが鎖停止コドンに変わる塩基置換によるものである．

次のような構造遺伝子を想像してみよう．遺伝子は 145 個のアミノ酸残基からなるポリペプチド鎖の生成を支配していて，その mRNA の 20 番目のトリプレットは AAG と読まれる．すなわち，野生型ポリペプチド鎖のアミノ末端から 20 番目のアミノ酸はリジンが占めている．1 塩基置換によってこの AAG コドンがナンセンスコドンの UAG に変わると，変異型 mRNA の翻訳は 19 番目のトリプレットのところで終止し，変異遺伝子は 19 個のアミノ酸残基からなるポリペプチド鎖の生成を司るだけになる．

ポリシストロン性 mRNA として一まとまりに転写される強く連関した遺伝子群の場合には，停止コドンをアミノ酸に対応するコドンに変える塩基置換もまた顕著な強い効果をもたらすであろう．ポリシストロン性 mRNA は，それぞれ特定の機能をもつ二つの独立したポリペプチド鎖に翻訳されずに，一つの長いポリペプチド鎖に翻訳されてしまうことになる．

c) ミスセンス突然変異

構造遺伝子に変化をもたらす最も頻繁に起こっている塩基置換は，ポリペプチド鎖の特定の位置に，アミノ酸置換をもたらすものである．たとえば，GUU コドンの GUC コドンへの変化はバリンをアラニンに置きかえる．このような突然変異はミスセンス突然変異 (missense mutation) と定義されている．ある

タイプのアミノ酸置換は，他のタイプの置換に比べて，遺伝子の定まった機能に弱い効果しかもたらさない．たとえば，グリシンとアラニン，バリンとロイシン，あるいはフェニルアラニンとチロシンは，それぞれ同じクラスのアミノ酸であるので(表1)，これらのアミノ酸相互の置換は著しい効果をもたらさない．このような置換は保存的置換(conservative substitution)と定義されている．これときわめて対照的に，ロイシンとアルギニン，あるいはアスパラギン酸とバリンとの置換は著しい効果をもたらす．このタイプの置換はポリペプチド鎖の正味の電荷を変える．このため変異型ポリペプチド鎖は，電気泳動的に，野生型ポリペプチド鎖と区別できるようになる．

　システインというアミノ酸は-SH基をもっている点でユニークなものである．-SH基は酵素の活性に必須であることが多い．脱水素酵素類はこの例である．さらに，1対のシステインの-SH基は-SS-架橋を形成しうる．ポリペプチド鎖の高次構造の配置が同一鎖内の-SS-結合によって決まるだけでなく，多量体分子の形成も時によっては二つの異なるポリペプチド鎖間に形成される-SS-架橋によっている．したがって，システインが他のアミノ酸で置換されると，ポリペプチド鎖の機能的特性は常に顕著な影響をうける．

　セリンの-OH基もまたある種の酵素の活性中心として作用しているし，核酸のリン酸基とも結合しうる．したがって，セリンが他のアミノ酸で置換される場合にも，きわめて強い効果が生じる．後の章で明らかにされるように，ヒスチジンが他のアミノ酸で置換される場合も同じことがいえる．

d) 同義突然変異

　表2(第2章)からわかるように，メチオニンとトリプトファンを除くすべてのアミノ酸が二つ以上のコドンによって決められている．グリシン，アラニン，バリン，トレオニン，プロリンでは，コドンの第3の塩基は完全に冗長あるいは同義である．たとえば，グリシンのコドンの第1および第2塩基がGGと読みとられさえすれば，第3の塩基は四つの塩基のどれでもよい．他方，イソロイシン，フェニルアラニン，チロシン，アスパラギン酸，アスパラギン，グルタミン酸，グルタミン，システイン，ヒスチジンでは，コドンの第3塩基は部

分的にのみ冗長である．たとえば，UA がチロシンの第1および第2塩基として解読されるときには，第3塩基は U または C でもよいが，A または G ではありえない．これら冗長なコドンでの第3塩基の置換は，ポリペプチド鎖のアミノ酸配列に必ずしも変化をもたらさない．このタイプの塩基置換は同義突然変異(samesense mutation)として知られている．

表面上，同義突然変異は進化的意義をもたないと考えられよう．しかし，このタイプの突然変異が重要な意義をもっていることが，次のような考察から明らかになるであろう．(1) 同義突然変異はミスセンス変異への中間段階としての役割を担いうる．たとえば，野生型ポリペプチド鎖のある位置のイソロイシンが AUA コドンによって決められているとすると，イソロイシンのフェニルアラニン(UUU および UUC コドン)による置換は1段階では起こりえない．しかし AUA コドンが，同義突然変異によって，前もって AUU に変わっていると，このようなミスセンス突然変異が可能になる．(2) 同義突然変異が mRNA の翻訳速度に影響する可能性も考えられる．mRNA がポリペプチド鎖に翻訳される速さは，翻訳に利用しうる tRNA の数に部分的ではあるが依存するはずである．すでに述べたように，アラニンに対応する四つのコドンのうち，GCU, GCC, GCA コドンは $^{3'}$CGHyX$^{5'}$ アンチコドンをもつ同一の tRNA で識別される．しかし GCG コドンは，$^{3'}$CGC$^{5'}$ アンチコドンをもつ異なる tRNA によって識別されなければならない．

ある条件下の細胞が，2種のアラニン tRNA のうち，一つのアラニン tRNA 種を他の100倍もの量比でもっていて，前者が $^{3'}$CGHyX$^{5'}$ アンチコドンをもつタイプに相当する主要分子種で，後者が $^{3'}$CGC$^{5'}$ アンチコドンをもつ微量分子種であるという場合がありうるだろう．このような事態が起こっているなら，GCU コドンが GCG コドンに変わった同義突然変異体が生産するポリペプチド鎖は野生型と同じアミノ酸配列をもっているが，そのポリペプチド鎖の合成速度は著しく低下するであろう．

構造遺伝子の突然変異に関する本節のしめくくりとして，いろいろなタイプの塩基置換の出現確率について述べておこう．各アミノ酸のコドンの性質と数，

ならびに 64 のコドンのうちたった三つが停止コドンであることがわかっているので，塩基置換が遺伝子のどの塩基対にもランダムに生じるとすると，ナンセンス突然変異が一つ起こると 17 のミスセンス突然変異と六つの同義突然変異が起こっていると算定できる．この三つのタイプの突然変異の相対頻度は 1:17:6 であると予想される (Whitfield et al., 1966)．ある定まった構造遺伝子の同座変異体の産物を分別するのに電気泳動法が広く用いられてきており，すべての可能なミスセンス突然変異の 40% が，その遺伝子が支配するポリペプチド鎖の正味の電荷に変化をもたらす，という推測 (Fitch, 1966) を検証しうる見込も高くなりつつある．

フレームシフト突然変異は塩基対の欠失または挿入によるものである．この理由から，塩基置換に関係づけて，フレームシフト突然変異の期待頻度を算出する手立てはないことがわかる．

2. tRNA の突然変異

脊椎動物のゲノムは膨大な数の構造遺伝子をもっており，それぞれが特定の機能をもつユニークなポリペプチド鎖の生成を支配している．これらの遺伝子の一つに起こった突然変異は，数あるポリペプチド鎖の 1 種だけにアミノ酸配列の変化をもたらす．これときわめて対照的に，tRNA 遺伝子は種類としては少なく，生体が必要とするのは 30 余りの異なる tRNA 種にすぎない．しかし，ほとんどすべての mRNA 翻訳に tRNA の存在が不可欠であるので，数少ない tRNA 遺伝子のどれかに影響する突然変異は，非常に広範囲な効果をもたらすことになる．

a) サプレッサー突然変異

詳細な研究が行なわれてきた大腸菌や他の単細胞生物においては，UAG, UAA, UGA は鎖停止コドンとして働いており，多分これらの生物のゲノムはこの三つのコドンに対応するアンチコドンをもった活性 tRNA をもっていないと考えられる．チロシン tRNA に転写される DNA シストロンにおける塩基置換によって，アンチコドンの $^{3'}AUG^{5'}$ が $^{3'}AUC^{5'}$ へ変わると，どのような

ことが生じるだろうか．変異型チロシン tRNA は UAG を識別し，伸長過程にあるポリペプチド鎖にチロシンを付加するようになる．UAG はもはやナンセンスコドンとして機能しなくなる．ナンセンス変異によって機能を喪失していた構造遺伝子は，その変異型 mRNA の全塩基配列が再びポリペプチド鎖に翻訳されるようになり，にわかにその機能が回復することになる．大腸菌では，チロシン tRNA 遺伝子座に起こったこのような突然変異は，サプレッサー 3^+ ($su\ 3^+$) として知られている (Garen, 1968)．しかし，このような突然変異は両刃の剣である．サプレッサーは明らかにナンセンス変異によって機能を喪失している構造遺伝子の機能を回復させるが，これと交換に，あるポリシストロン性 mRNA が UGA を正常な鎖停止の信号としてもちいていれば，この mRNA に転写される連接した二つの遺伝子はきっとサプレッサー変異の影響をこうむるだろう．ポリシストロン性 mRNA は独立した二つのペプチド鎖ではなくて，単一の長いポリペプチド鎖に翻訳されることになる．

b) 解読をあいまいにする突然変異

正常には，mRNA 中の $^5{}'AAG^{3'}$ コドンは，$^{3'}UUC^{5'}$ アンチコドンをもつと考えられるリジン tRNA によって識別される．もしグルタミン tRNA 遺伝子座の突然変異によってアンチコドンが $^{3'}GUC^{5'}$ から $^{3'}UUC^{5'}$ に変わると，どのような事態が生じるだろうか．多種多様な mRNA にある AAG コドンはリジン tRNA だけでなく，変異型グルタミン tRNA によっても識別されるようになる．変異型グルタミン tRNA 遺伝子をもつゲノム中にある構造遺伝子の mRNA が AAG コドンをもっているとすると，その遺伝子は二つ以上の異なるポリペプチド鎖，すなわちリジンの位置にグルタミンをもっているという点でのみ差異のあるペプチド鎖をつくるようになり，解読にあいまいさ (ambiguity) が生じることになる．tRNA のアンチコドンに起こるこのような突然変異は，恐らく一つの特定の mRNA だけでなく，多くの異なった構造遺伝子から転写されたいろいろな mRNA の解読にもあいまいさをもたらすであろう．

ウマ (*Equus caballus*) は，α^I および $\alpha^\textit{II}$ という2種の異なるヘモグロビン α 鎖をつくっている．α^I と $\alpha^\textit{II}$ の唯一の差異は 60 番目の位置のアミノ酸にあっ

て，$α^I$ ではグルタミンであるが，$α^a$ ではリジンである．このペプチド鎖の24番目の位置でチロシンとフェニルアラニンの置換が関与している置換型の対立遺伝子の存在(第6章図6)が明らかにされるまでは，ウマのゲノムは，$α^I$ と $α^a$ に対して別々の遺伝子座をもっていると考えてもさしつかえなかった．あるウマ個体は24番目の位置にチロシンかフェニルアラニンのどちらかをもっているホモ接合であるが，ヘテロ接合のウマでは，24番目の位置のアミノ酸に関して2種類のα鎖を生産している．最も興味ある事実は，すべてのヘテロ接合個体は2種の $α^I$ のみならず，$α^a$ も2種類つくっていることである．それらは，-Phe-Gln-，-Phe-Lys-，-Tyr-Gln-，-Tyr-Lys- である(Kilmartin & Clegg, 1967)．

　上述の発見について考えられる説明の一つは，$α^I$ と $α^a$ の両方がウマのゲノム(半数体セット)の単一遺伝子座で決められており，そのmRNAのAAGコドンの解読にあいまいさがあって，60番目の位置にグルタミンまたはリジンのどちらかがとりこまれるとするものである．ウマのα鎖の7番目や11番目のような他の位置のリジンはグルタミンによって置き変わらないが，このことはmRNAのこれらの位置のリジンが他のコドン(AAA)で決められていると仮定すれば説明できる．種分化の過程で，現在のウマが実際に $^3{}'UUC^{5'}$ アンチコドンをもった変異型グルタミンtRNAのホモ接合体になったとするなら，ウマがつくるすべてのmRNAにあるAAGコドンの解読にあいまいさが現われるであろう．ヘモグロビン鎖だけでなく，酵素あるいは非酵素性タンパク質を構成する他のポリペプチド鎖にも，リジンとグルタミンのどちらかが互換的にとりこまれていることが観察されるに相違ない．tRNA遺伝子のこのような突然変異は多様なポリペプチド鎖に広範な破局をもたらすものであり，恐らく，生物の正常な発生と両立しないものであろう．ウマのヘモグロビンα鎖での発見のもう一つの説明は後章で与えられる．

　tRNA遺伝子の突然変異についての上述の議論から，遺伝コードの普遍性に対する私たちに愛着のある信念は，暗黙のうちに受けいれられている仮定にもとづいていることをはっきりと理解しなければならない．生物進化の歴史を通

じて，繰り返し起こったと考えられる tRNA 遺伝子座での上述のタイプの突然変異は，自然淘汰が非常に効果的に働いて，除去されたと考えねばならない．tRNA のアンチコドンに生じた突然変異形質が種分化の遷移過程に併存しえたなら，もともとリジンに対応していた AAG コドンが，あるタイプの生物では，グルタミンのコドンになったであろう．逆に，チロシン tRNA で 3' 末端にチロシンを特異的に結合する能力を喪失させるような突然変異が存続しうるようなことがあったとするなら，どのようなことが起こっただろうか．チロシンに対応していた UAC コドンが，ある生物では鎖停止のナンセンスコドンとして働いているという事態もありえたであろう．

文　献

Fitch, W. M.: An improved method of testing for evolutional homology. J. Mol. Biol. **16**, 9-16 (1966).

Garen, A.: Sense and nonsense in the genetic code. Science **160**, 149-159 (1968).

Kilmartin, J. V., Clegg, J. B.: Amino-acid replacements in horse hemoglobin. Nature **213**, 269-271 (1967).

Terzaghi, E., Okada, Y., Streisinger, G., Emrich, J., Inouye, M., Tsugita, A.: Change of a sequence of amino acids in phage T_4 lysozyme by acridine induced mutations. Proc. Natl. Acad. Sci. US **56**, 500-507 (1966).

Whitfield, H. J., Martin, R. G., Ames, B. N.: Classification of aminotransferase (C gene) mutants in the histidine operon. J. Mol. Biol. **21**, 335-355 (1966).

第 5 章
禁制突然変異

　ポリペプチド鎖の機能は，そのアミノ酸配列だけによって規定されている．

特定のアミノ酸配列をもつポリペプチド鎖は,免疫グロブリンのサブユニットとして役立ち,別のアミノ酸配列をもつもう一つのポリペプチド鎖は乳酸脱水素酵素のような酵素のサブユニットとして機能する.したがって,ポリペプチドのアミノ酸配列に変化が起これば,そのポリペプチド鎖は定められた機能を遂行することができなくなる.

ゲノム(半数体セット)が一つの生命機能に対して,単一の構造遺伝子座しかもっていなければ,自然淘汰はその遺伝子座に定められた機能を失わせるような突然変異が永続するのを許さない.このような突然変異は,種分化の過程に伴うことが禁じられているので,これを禁制突然変異(forbidden mutation)と定義しよう.たとえば,デヒドロオロターゼという酵素は,ピリミジン塩基の新たな(de novo)合成における中間段階を触媒する.ところが突然変異遺伝子によって支配される新しいポリペプチド鎖が,もはやデヒドロオロターゼとして機能しない場合には,この突然変異のホモ接合個体は十分な医学的配慮がなければ必ず死んでしまうので,この変異は正に禁制突然変異である.実際,ヒトの遺伝病を引き起こすすべての既知の突然変異は禁制突然変異である.

1. tRNA シストロンに影響する禁制突然変異

すでに述べたように,tRNA のアンチコドンやアミノ酸結合部位に変化が起こると,その影響は一つのポリペプチド鎖だけでなく非常に多種のポリペプチド鎖のアミノ酸配列にまで及ぶので,広範囲にわたって,大変化を引き起こすことになる.

すべての生物がそれぞれのアミノ酸を指定するのにコドンの同一のセットを利用しているということは,tRNA シストロンに影響するような突然変異は,生物が最初に出現したときから禁じられてきたということを暗示している.その上,tRNA の特定の分節における塩基配列は,特徴的な"クローバー葉"構造を保ちうるように,同一分子内の他の部分の塩基配列と相補的でなければならない.

tRNA シストロンの塩基配列に,ほとんど如何なる変化が起こっても,その

産物である tRNA に割り当てられている機能の遂行はさまたげられるに違いない．実際 tRNA は，大腸菌であれ，ヒトであれ，たとえどんな種から由来しようとも，すべて同じ特徴をもっている．自然淘汰によって禁制突然変異は有効に除去されるので，それぞれの tRNA シストロンの塩基配列は十数億年にわたって存在しているにもかかわらず，ほんのわずかしか変化してこなかった．自然淘汰の極端に保守的な性質を示すこれ以上の明らかな例はない．

2. 構造遺伝子の禁制突然変異

構造遺伝子の塩基配列のどのような種類の変化が禁制突然変異であろうか．考えうる最も有害なタイプは，フレームシフト突然変異やナンセンス突然変異である．このタイプの突然変異によって構造遺伝子の末端部付近に変化が起こり，ポリペプチド鎖のカルボキシル末端部位だけが影響をうけるような場合以外には，突然変異した構造遺伝子によって規定される変化したポリペプチド鎖が，依然としてその本来の機能を遂行する能力をもつということは期待できそうもない．つまり，フレームシフト突然変異とナンセンス突然変異はほぼ確実に有害であり，それ故に禁じられている．

他方，ミスセンス突然変異は，禁じられていることもあるが，許容されていることもある．一般に，アラニンとグリシンとの置換や，フェニルアラニンとチロシンとの置換のようなあまり大きな変化を伴わないアミノ酸の置換は，自然淘汰によって禁止されるものではない．しかし，特定のアミノ酸置換が自然淘汰によって許容されているかどうかは，置換が起こる座位に依存するのである．たとえば，ヒスチジンとチロシンとの間の置換は，多くのポリペプチド鎖の特定座位において許容されているが，哺乳類のヘモグロビン α 鎖の 58 番目と 87 番目で起きるこの種類の置換は禁止されている．ミオグロビンとヘモグロビンのペプチド鎖の場合，図4に示されるように，向い合った位置から出ている二つのヒスチジン残基がヘムを支持している．哺乳類 α 鎖の場合には，141 アミノ酸座位のうち，58 番目と 87 番目にあるヒスチジンが，ヘム基への付着点に相当している．ヒトにおいては，1 箇所以上のヒスチジン残基がチロシン

で置換されるという対立遺伝子突然変異は、メテモグロビネミアという遺伝病を引き起こす。ヘモグロビンは常にメテモグロビンに酸化され、通常メテモグロビンは容易にヘモグロビンに再還元される。しかし、ヒスチジンの代りに突然変異によって導入されたチロシン残基は、ヘム基の鉄イオンと非常に安定な複合体を形成するので、還元に抵抗するのである(Gerald & Scott, 1966). メテモグロビネミアを引き起こす突然変異は、恐らく種分化がうまく進行することとは両立しえないであろう。したがって、ヘム基への付着点に相当する1対のヒスチジン残基は、すべての脊椎動物のミオグロビンやヘモグロビンにおいて保存されてきたのである.

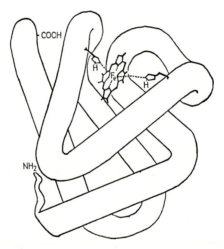

図4 ミオグロビンとヘモグロビンのポリペプチド鎖の3次元構造. 2個のヒスチジン残基が向い合った位置から出て、ヘムを支持している.

上に述べた1対のヒスチジンは、ポリペプチド鎖内での一つあるいは複数の活性部位という概念を導入するのに役立っている。機能のあるポリペプチド鎖はいずれも活性部位をその中にもっている。ヘム基を含むポリペプチド鎖の場合、ヘム基に付着する座位はもっとも重要な活性部位を表わしている。チトクロム c においては、活性部位は1対のシステインによって代表されているし、ヘモグロビンやミオグロビンでは1対のヒスチジンによって代表されている.

酵素分子のサブユニットとなっているペプチド鎖では，活性部位は基質を識別し，補酵素と結合する部分に相当することとなる．乳酸脱水素酵素(LDH)は乳酸とピルビン酸との相互変換を触媒するNAD依存性の酵素であり，135000の分子量をもっている．これは4量体であるので，LDH遺伝子によって合成が支配されているサブユニットは340程度のアミノ酸で構成されていることになる．哺乳類の種々の綱に属する動物のLDHを比較すると，アミノ酸組成における大きな違いが認められる．しかし，12個のアミノ酸からなる活性部位はそこなわれることなく一定している(Kaplan, 1965)．これらの12個のアミノ酸は，-Val-Ile-Ser-Gly-Gly-Cys-Asn-Leu-Asp-Thr-Ala-Arg-である．魚であろうとヒトであろうと，どんな脊椎動物から由来するかにかかわりなく，特定のポリペプチド鎖がLDHサブユニットとして作用する能力を定めているのは，中央にシスチンを有するこの12個のアミノ酸の配列である．あまり大きな変化を伴わないアミノ酸置換も含めて，活性部位のアミノ酸配列にどのような変化が起こっても，活性を失ったポリペプチド鎖や機能的に阻害されたポリペプチド鎖の形成をもたらすことは全く明らかなことである．だから，活性部位に影響を及ぼす突然変異は，3億年にもわたる脊椎動物の進化の歴史を通じて禁じられてきたのである．

トリプシンとキモトリプシンの二つのタンパク質分解酵素は，二つに分かれた活性部位をもつポリペプチド鎖の例である．これら二つの活性部位のアミノ酸配列は，哺乳類の進化の歴史を通じて保存されてきた．図5に模式的に示されているように，これらの分子はヒスチジン周辺に一つの活性部位をもち，セリンの周辺にもう一つの活性部位をもっているが，両者は100アミノ酸残基以上の距離によって互いにへだてられている．しかし，両分子のとる実際の3次元構造では，活性部位のヒスチジンとセリンとは互いに向きあっていると考えられている．これら両分子の3次元構造は，主としてシステイン残基の間で形成される5本あるいは6本のジスルフィド結合によって決められている(Keil et al., 1963; Kaufman, 1965)．だから，ポリペプチド鎖がとる3次元構造を決定するのに寄与するアミノ酸の配列は，また，ポリペプチド鎖が一定の機能を

維持するのにも非常に重要である．ジスルフィド結合に関与するシステインを他のアミノ酸で置換することは，間違いなく，禁制突然変異を意味する．

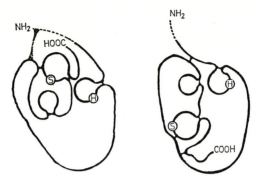

図5　キモトリプシノーゲン(左側)とトリプシノーゲン(右側)のジスルフィド結合の位置から定められる2次元分子模式図．キモトリプシノーゲンでは，1と122，42と58，136と201，168と182，191と220の位置のシステイン間で，5本のジスルフィド結合ができている．キモトリプシンでは，活性化されるときアミノ末端から15アミノ酸残基が除去されるので，1と122の結合はなくなる．42と58との結合はヒスチジン(H)環を形成しており，191と220の結合でつくられる環は活性基のセリン(S)を含んでいる．トリプシノーゲンでは6本のジスルフィド結合が，13と143，31と47，115と216，122と189，154と168，179と203の位置の間で形成されている．31と47との結合は，ヒスチジン(H)環を形成し，179と203との結合でつくられる環は活性基のセリン(S)を含んでいる．

X線回折の研究から，脊椎動物のミオグロビンポリペプチド鎖もヘモグロビンポリペプチド鎖も，ほぼ同じ方途でヘム基の周辺で折りたたまれていることが明らかになった．だから，図4に模式的に示された3次元構造は，どんな脊椎動物のミオグロビンポリペプチド鎖にも，ヘモグロビンポリペプチド鎖にも妥当するものである(Perutz *et al.*, 1960; Kendrew *et al.*, 1960)．これらの分子でみられる六つの屈曲は，ジスルフィド結合によって引き起こされているのではなくて，各屈曲部の両側に連なるアミノ酸配列の間に存在している，より巧みな親和力によって引き起こされているのである．ミオグロビンやヘモグロビンのポリペプチド鎖のこの屈曲部位に相当する両側の分節の一連のアミノ酸配列に関する限り，あまり大きな変化を伴わないアミノ酸置換のみが，種分化の過程に併存しえたのである．分子の正味の電荷を変えるという強い効果をもたらすアミノ酸置換は禁じられてきたのである．

新 Darwin 説の考え方はもちろん，その原形の Darwin 説の考え方もよく一般に受け入れられていて，望ましい形質や有利な遺伝子に対する自然淘汰という言葉を使わずに，進化について考えることは困難なほどである．だから Simpson (1964) は，"自然淘汰は遺伝情報の作曲者であり，一つの系における DNA, RNA, 酵素，その他の分子は，次々と作曲者の使者とされている"と述べたのである．

以上に示してきた議論によって明らかにされた自然淘汰の真の特性は，進化生物学者が大切にいだいている信念と相反するものである．一つの生命機能がゲノム中の単一遺伝子座で支配されている間は，自然淘汰は，その遺伝子座の塩基配列を保存させるための非常に有能な警察官として働くのであって，遺伝子の基本的特質が変化するのを許さないのである．

3. 好ましい禁制突然変異

以上に記載してきた突然変異のタイプは，その本性上，有害なものであるけれども，明らかな禁制突然変異が，自然淘汰によって好ましいものとして保存される，ある例外的な場合がある．多分これらの例外のために，現実には非常に保守的である自然淘汰の作用が，遺伝的変化を誘導したり，媒介したりするものであると間違って理解されてきたのであろう．

哺乳類の毛皮の色はカモフラージュや警戒信号として用いられるので，種の生存率に非常に影響する．毛の色は，ユーメラニン(黒)や，フェオメラニン(黄)の存在によるものである．これら2種のメラニン色素は，芳香族アミノ酸であるチロシンから誘導されるインドール-5,6-キノンの高分子体である．酵素チロシナーゼは上の反応を触媒し，哺乳類では，この遺伝子座はC座またはアルビノ座として知られている(Wolfe & Coleman, 1966)．C座(チロシナーゼ座)の突然変異は，その遺伝子産物であるチロシナーゼの活性を低下させ，効率の悪いものにし，毛皮の色をうすくする．チンチラ種やヒマラヤ種はこのような突然変異によるものの例であり，これらの変異は多くの哺乳類によって繰りかえし利用されてきたものである(Searle, 1968)．例をあげると，温度感

受性の変異型チロシナーゼは，この座の劣性対立遺伝子 c^h (ヒマラヤ)によって作られるものである．この変異型チロシナーゼは通常の哺乳類の体温(37°C)では，フェオメラニンやユーメラニンの合成を触媒することができないが，やや低温では，野生型チロシナーゼとまったく同じように働く．ホモ接合の突然変異体(c^h/c^h)は，薄色のからだと暗色の四肢をもつヒマラヤ表現型を示す．この表現型は，ネコはもちろん，マウスやウサギでもみられる．

　C座における有害な禁制突然変異が表面上許容される理由は，C座が多面効果を示さないという事実に見出される．もしC座が合成を支配しているチロシナーゼが，エピネフリンのようなホルモンの合成というような，身体のより重要な機能にも関与しているならば，チンチラ種やヒマラヤ種のような突然変異体は，自らを永続させることができなかったであろう．フェニルアラニンヒドロキシラーゼ座における機能欠損型の突然変異をC座における変異と対比すると，この点がはっきりする．フェニルアラニンヒドロキシラーゼの欠損は，過剰量のフェニルアラニンがチロシナーゼの活性を阻害するので，毛皮の色をうすめることになる．しかし，この突然変異は，フェニルケトン尿症という重大な病気を引き起こすという理由だけで，種分化の過程に併存しえなかったのである(Jervis, 1953)．

　コルヒチンのようなアルカロイドは，紡錘体の形成を阻害するので，細胞分裂の普遍的な毒物である．この阻害は，紡錘糸の構成物質である微小管タンパク質の2量体1分子とコルヒチン1分子との間の特異的な結合によるのである．微小管タンパク質については，第III部において，より詳しく議論したい．すべての真核性生物の微小管タンパク質が普遍的にコルヒチンに対する親和性を維持しているというまさにこの事実は，コルヒチンを識別し結合する微小管ポリペプチド鎖上の特定範囲のアミノ酸配列が，この分子の機能的に重要な部分を表わしているということを意味する．だから，この範囲のアミノ酸配列は，真核性生物の進化の歴史を通じて，自然淘汰によって保存されつづけてきたのである．しかし顕著な例が，コルヒチンに強い抵抗性を示すゴールデンハムスター(*Mesocricetus auratus*)でみられる．この種の齧歯類は自然の棲息地で，コ

ルヒチンに富む草を食用にしている．明らかにこの理由のために，この種は，微小管ポリペプチド鎖の機能的に重要な部分のアミノ酸配列を変化させた突然変異のホモ接合体になったと思われる．たとえゴールデンハムスターがこの抵抗性の獲得のために高価な代償を支払ったとしても驚くべきことではなかろう．この生物種の微小管タンパク質は，その定められた機能の遂行に当って多少効率が悪いかもしれない．

一つの遺伝子座での禁制突然変異の有害な影響が，別の遺伝子座における同程度の禁制突然変異によって打ち消されるという稀な場合を想定することができる．ガラクトセミアはヒトの重大な遺伝病で，変異遺伝子のホモ接合個体が，ガラクトースをグルコースに変換することができなくなることによるのである．その欠損は，ガラクトース-1-リン酸ウリジルトランスフェラーゼ酵素の遺伝子座にある(Isselbacher et al., 1958)．哺乳類では，ガラクトースの主な供給源は母乳のラクトースであり，小腸でラクトースを吸収するためには別の酵素（ラクターゼ）の存在が必要である．仮にこの種が，ラクターゼとガラクトース-1-リン酸ウリジルトランスフェラーゼの両酵素に対して同時に欠損のあるホモ接合個体になれば，ガラクトースを体内に吸収しなくなるので，ガラクトースが体内に蓄積するために生ずる悪い影響をもはや蒙らなくなる．このような1対の禁制突然変異は，他の一連の突然変異がガラクトースの代りに母乳中に含まれる炭水化物源として別のヘキソースを用いるのを可能にした場合のみ，自然淘汰によって許容されることになる．

カリフォルニア産アシカ(*Zalophus californianus*)のような，いくつかの海産哺乳類の母乳には，ほとんどラクトースが含まれていない．そして，この動物種のゲノムはラクターゼに対する機能的な遺伝子座を消失しているようである．しかし，ガラクトキナーゼとガラクトース-1-リン酸ウリジルトランスフェラーゼに対する1対の遺伝子座は依然として存在している(Mathai et al., 1966).

文　献

Gerald, P. S., Scott, E. M.: The hereditary methemoglobinemias. In: *The metabolic basis of inherited disease*, 2nd ed., pp. 1090-1099. Stanbury, J. B., Wyngaarden, J. B., Frederickson, D. S. Eds. New York: McGraw-Hill Book Co. 1966.

Isselbacher, K. J., Anderson, E. P., Kurahashi, K., Kalckar, H. M.: Congenital galactosemia, a single enzymatic block in galactose metabolism. Science **123**, 635-636 (1956).

Jervis, G. A.: Phenylpyruvic oligophrenia: Deficiency of phenylalanine oxydizing system. Proc. Soc. Exptl. Biol. Med. **82**, 514 (1953).

Kaplan, N. O.: Evolution of dehydrogenases. In: *Evolving genes and proteins*, Bryson, V., Vogel, J. H. Eds. New York: Academic Press 1965.

Kauffman, D. L.: The disulphide bridges of trypsin. J. Mol. Biol. **12**, 929-932 (1965).

Keil, B., Prusík, Z., Šorm, F.: Disulphide bridges and a suggested structure of chymotrypsinogen. Biochim. et Biophys. Acta **78**, 559-561 (1963).

Kendrew, J. C., Dickerson, R. E., Strandberg, B. E., Hart, R. G., Davies, D. R., Phillips, D. C., Shore, U. C.: Structure of myoglobin: A three-dimensional fourier synthesis at 2 Å resolution obtained by X-ray analysis. Nature **185**, 422-427 (1960).

Mathai, C. K., Pilson, M. E. Q., Beutler, E.: Galactose metabolism in the sea lion. Proc. Soc. Exptl. Biol. Med. **123**, 4-5 (1966).

Perutz, M. F., Rossmann, M. B., Cullis, A. F., Muirhead, H., Will, G., North, A. C. T.: Structure of hemoglobin: A three dimensional fourier synthesis at 5.5 Å resolution, obtained by X-ray analysis. Nature **185**, 416-422 (1960).

Searle, A.G.: *Comparative genetics of coat colour in mammals*. London: Logos Press, Ltd. 1968.

Simpson, G. G.: Organisms and molecules in evolution. Science **146**, 1535-1538 (1964).

Wolfe, H. G., Coleman, D. L.: Pigmentation. In: *Biology of the laboratory mouse*, 2nd ed. Green, E. L. Ed. New York: McGraw-Hill 1966.

第6章
寛容突然変異

　分子の活性必須部位は，進化の歴史過程であまり変わらなかったことを，前章で指摘した．これは分子の活性中心に変化をもたらす突然変異が，自然淘汰の作用によって効果的に除かれたことによるのである．にもかかわらず，いろいろな生物種の相同ポリペプチド鎖のアミノ酸配列を比べると，アミノ酸置換がいろいろな部位で起こっていることがわかる．種分化の遷移過程に併存しえたこれらの突然変異を寛容突然変異(tolerable mutation)と呼ぼう．自然淘汰に耐えた寛容突然変異の性質はどのようなものだろうか．ある突然変異は無害であったというだけで，種分化の過程に併存しえた．この種の突然変異が以下で中立突然変異(neutral mutation)と呼ばれるものである．ある突然変異は，野生型形質と比べて，はっきりと有利性をもち，自然淘汰によって積極的に選び出された．この変異を好ましい突然変異(favored mutation)と定義しよう．

1. 中立突然変異

　ほとんどの進化学者は，中立突然変異の考えが気に入らないようである．Simpson(1964)は次のように述べている．"完全に中立な遺伝子あるいは対立遺伝子は，たとえ存在しているとしても，非常にまれであるに違いないというのが一致した意見である．進化生物学者の一人として，私には，遺伝子によって恐らく完全に決定されているタンパク質が機能に関与しない部位をもっていたり，休眠状態にある遺伝子が幾世代も存続したり，分子が規則的ではあるが非適応的な方途で変化したりすることは，まったくありえないことのように思われる．"種分化の過程が，ゲノム中のすべての遺伝子座で有利性を示す変異

型遺伝子の選抜を必要とするなら，進化は数学的に不可能なものになってしまう．中立突然変異はたびたび起こったに相違ないし，これら中立突然変異のまったく偶発的な固定が種分化の過程に併存したと考えられる．後章で指摘するように，新しい種の起原には比較的小さい隔離集団での強い近親交配が必要である．したがって，中立突然変異の偶発的な固定は頻繁に起こったと考えられる．

ヒトとゴリラのヘモグロビン α 鎖の唯一の差異は，23番目の位置がヒトではグルタミン酸であるが，ゴリラではアスパラギン酸で置きかわっている点にある (Zuckerkandl & Schroeder, 1961)．この置換は二つの酸性アミノ酸間の置換であるので，二つの α 鎖の反応速度的性質に顕著な差があるとは考えられない．これが中立突然変異に相当することはほとんど疑問の余地がない．

図6はヒトとウマの野生型ヘモグロビン α 鎖のアミノ酸配列を比較したものである．二つの鎖とも141アミノ酸残基から構築されていて，141のうち17に差異があるだけであることがわかる (Braunitzer & Matsuda, 1963)．ヒト集団では，ヘモグロビン α 鎖遺伝子座での突然変異によるアミノ酸置換が15例知られており，ヒトのこれら変異型置換も図6に列挙されている．ヒトでのこの有害な変異型置換により代表されている禁制突然変異が，ウマとヒトとを分枝させた種分化の遷移過程に併存しなかったことは明らかである．58番目と87番目の位置のヒスチジンのような，機能に必須な部位では，ヒトとウマとに差異が見出せない．さらに，この2種を分けへだてている17の差異の多くはあまり大きな変化を伴わない置換である．例をあげると，グリシンとアラニンの置換が，19, 57, 65, 71番目の位置に起こっている．これらの置換は，ほぼ7億年前に，両種の共通の祖先種が別々に進化の道を歩みだした以後に蓄積されてきた中立突然変異に相当するものとみなしてよいであろう．

ポリペプチド鎖の機能に必須でない部位では，電荷を変える強い変化をもたらすアミノ酸置換も中立突然変異に相当することがありうる．このような例は，脊椎動物のフィブリノーゲン分子のアミノ末端部位にあるフィブリノペプチドAとBに見出される．血液の凝固時に，フィブリノーゲン分子のこの部分は，

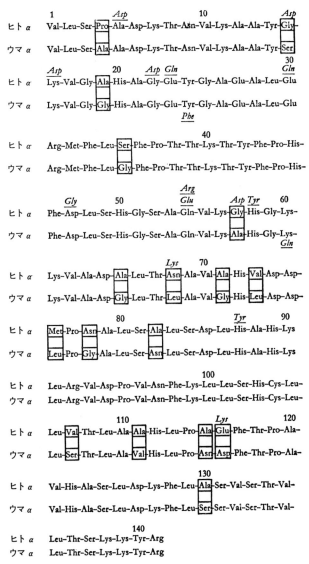

図6 ヒトのヘモグロビンα鎖の全アミノ酸配列がウマのヘモグロビンα鎖の配列と比較対比されている．ヒトのヘモグロビンα鎖の既知の変異による置換が野生型の配列の上にイタリックで示されている．ウマの対立遺伝子型置換と，α鎖遺伝子座の突然変異によらない，解読のあいまいさから生じた置換が，野生型の配列の下側にイタリックで示されている．

トロンビンのトリプシン様の作用によって，酵素的に分解され，取り除かれる．この切除によって，フィブリン分子が自発的に重合し，不溶性のフィブリノゲルを形成しうるようになる．フィブリノペプチドの機能は非特異的なものなので，シストロンのこの部位を変化させる多くのミスセンス変異やトリプレットの欠失は，自然淘汰の作用を受けずに，中立突然変異として種分化の過程に併存したと考えられる．すべての哺乳類のフィブリノペプチドは，トロンビンのトリプシン様の作用で開裂されるので，カルボキシル末端はアルギニンであるが，フィブリノペプチドAはヒトのもののようにたった17アミノ酸残基の長さの場合も，あるいはヒツジやヤギでのように19残基の長さの場合もありうる．そしてフィブリノペプチドBはヒトのもののようにたった15残基で構成されている場合も，あるいはトナカイのもののように21残基で構成されている場合もありうる．2種のかなり近縁種のフィブリノペプチドのアミノ酸配列が顕著な差異を示しうるものである．たとえば，ウマとロバのフィブリノペプチドAには，次に示すように，二つの置換と二つの挿入という差がある(Blomback et al., 1965)．

ウマ： Thr-Glu-Glu-Gly-Glu-Phe-Leu-His-Glu-Gly-Gly-Gly-Val-Arg
ロバ： Thr-Lys-Thr-Glu-Glu-Gly-Glu-Phe-Ile-Ser-Glu-Gly-Gly-Gly-Val-Arg

フィブリノペプチドで見出されている上述の事態と，ヒストン4で明らかになっていることとの比較は，自然淘汰の性質の理解に役立つものである．すでに触れたように，ヒストンの機能は，そのリジンとアルギニンの遊離アミノ基とセリン残基の-OH基によって，DNAのリン酸基と結合することである．この機能には，決まったアミノ酸配列の維持が必要である．ウシとエンドウの両種のヒストン4は101アミノ酸残基から構築されていて，2種のヒストンはたった二つのアミノ酸置換の差異があるだけである(de Lange & Fambrough, 1968)．この保守性は，動物と植物が少なくとも10億年間も互いに違った進化の道程を経てきたという事実からみて，非常に注目すべきものである．実際，変異が遺伝子の機能に必須でない部分に影響するときにのみ，自然淘汰はその

変異の蓄積を許容する．したがって，種分化の過程に併存した多くの突然変異は中立突然変異に相当するものであって，自然淘汰の作用を受けなかったのである．

いろいろなタイプの突然変異の中の一つのグループである同義突然変異は，あらゆる突然変異のうちで最も中立なものであるとみてよいであろう．というのは，構造遺伝子による同義突然変異の蓄積は，その産物のアミノ酸配列に変化をもたらさないからである．大腸菌 Treffer 株のミューテーター (mut T) 遺伝子 (mutator gene) は，欠陥をもつ DNA ポリメラーゼを産生し，正常でない対合をする塩基を DNA 複製過程でとりこむ傾向をもつと考えられており，したがって "mut T" 株の多くの構造遺伝子は塩基置換変化を受けると考えられている．Cox と Yanofsky(1967) は，繰り返し分培養し，生育能を維持している "mut T" 株を選別していくと，DNA の G-C 量が高くなる方向に変わる傾向があることを観察している．DNA の A-T 対の C-G 対による置換の大部分は冗長なコドンの同義な第3の塩基に起こった変化（同義突然変異）であると考えれば，大腸菌が生育能を保持していることと矛盾しないといえよう．たとえば，$3'CGA5'$ から $3'CGC5'$ への変化が DNA で生じると，mRNA のコドンは GCU から GCG へ変わるが，両方とも同じアミノ酸（アラニン）に対応する．

進化的な時間尺度では，ラットとマウスは密接な類縁関係がある．しかし Walker(1968) は，ヌクレオチド座位の 13% ほどがラットとマウスでは異なった塩基によって占められていると推定している．この差異は二つの生物種の相同なペプチド鎖のアミノ酸配列で観察されている差よりかなり大きいものであろう．このことから，DNA の進化的変化の大部分は同義突然変異に相当するものであるという結論が導きだせるであろう．

2. 好ましい突然変異

一つの生活機能がゲノム内の単一遺伝子座で決められている間は，その遺伝子座の基本的特性を変える突然変異の存続に対して，自然淘汰は寛容でない．したがって，地球上の全生物が絶滅するまで，ジヒドロオロターゼ遺伝子座は

永遠にジヒドロオロターゼ座のままであろう。一方，すべての寛容突然変異が実際上中立なら，進化は起こらなかったであろう．

例として，ある酵素遺伝子を考えよう．いま仮に，その酵素ポリペプチド鎖の機能にとりわけ必須といえないような座位に生じた寛容突然変異には，酵素の基質特異性やその他の性質を変えないが，至適 pH や至適温度や K_m (Michaelis 定数) に関して酵素の反応速度的特性を変えるものがいくらかあるとしよう．この寛容突然変異に関するかぎり，この変異型遺伝子産物が，生物集団のおかれている特定の環境が課す要求に最適であるなら，その遺伝子座の特定の変異型にとって好ましい機会が自然淘汰によって積極的にもたらされるであろう．

気温の幅広い変動が日周期ならびに年周期として起こるような，そういう河の主流に棲息している魚の一種を想像しよう．この種は，多くの酵素遺伝子座で多型 (polymorphic) となり，異なる至適温度をもついろいろな変化型酵素を支配する複対立遺伝子を保持するようになる．続いて，その集団の小数が，温泉が流れ込んで常に温暖な水温になっている溜りに移住するとしよう．この亜集団では，自然淘汰は，高い至適温度をもつ変化型酵素を作る特定の対立遺伝子を疑いなく有利にする．ついには，亜集団は多くの酵素遺伝子座でこの型の遺伝子に関してホモ接合になり，新しい種が出現する．これが特殊化による種分化の過程である．ここで，すでにある遺伝子座の好ましい突然変異の選抜によって特殊化した種の生成は，進化的にみて袋小路に入りこんだということをはっきりと理解しなければならない．いま述べた新種の魚は，溜りに流れ込んでいた温泉がかれてしまうと，すぐに絶滅してしまうであろう．

さらに度々みられるものとして，ある変異型遺伝子は，集団の各個体にヘテロ接合の有利性をもたらし，このために自然淘汰によって好ましいものとして選びだされるという場合がある．同じ生物種の個体は多くの共通な特性を保持しているが，1卵性双生児を例外として，ランダムに交配可能な集団のどの2個体をとっても，遺伝子構成が同じであることはない．個体のこの多様性は，多くの遺伝子座での複対立遺伝子の差異によるものである．ヒトの ABO 赤血

球抗原系の遺伝子についていえば，あるヒトはA型であり，他はOまたはBであり，さらに他のヒトはAB型である．個体の多様性についての伝統的な考えは，集団はある遺伝子座でヘテロ接合であることが有利性をもたらすときにのみ，その座での複対立遺伝子を保持する，というものであった．存続している複対立遺伝子は互いに中立突然変異によって違っているだけであるという多くの例証があるので，このような線にそった考えには疑いがもたれているが，他方，ヘテロ接合の有利性を示す十分確かな例もある．

ヒトのヘモグロビンの変異型 β^S 鎖は，野生型 β 鎖と一つの置換の差異があるだけである．つまり，正常 β 鎖の6番目の位置のグルタミン酸が β^S 鎖ではバリンで置換されている(Pauling et al., 1949; Ingram, 1956)．赤血球中の $\alpha_2\beta_2^S$ 分子は(酸素分圧が低くなると)相互作用して積み重なる性質をもち，これが赤血球が鎌型状になる原因になっている．この明らかに有害な変異遺伝子をもつ β/β^S ヘテロ接合個体は，熱帯性マラリアに比較的抵抗性をもつようになるので，異常 β^S 鎖がアフリカ人の諸集団で高い頻度(ある地域では40％にも達している)で維持されていると考えられている(Allison, 1954)．けれども，正常 β 鎖と異常 β^S 鎖が同一遺伝子の対立遺伝子として存続するかぎり，望むところのヘテロ接合個体の出生は，常に，ひどい鎌型貧血症に患わされる有害な β^S/β^S ホモ接合個体の出生を伴う．ある集団の高々50％だけがこのヘテロ接合の有利性を享受するが，一方同じ集団の25％は鎌型貧血症に苦しみ，十分な医療が受けられないと死にいたることになる．この考察から，ヘテロ接合の有利性に基づいて自然淘汰により好ましいものとして選び出される変異型遺伝子が，種分化の要因となりうることは決してないといえる．

したがって，ヘテロ接合の有利性に関して，役に立たない，無駄な状態が生じることもあると思われる．対立遺伝子性の多型が種分化を超越して，しばしば存続することがある．たとえば，ヒトの免疫グロブリン重鎖(H鎖)の γG1 クラスの遺伝子座には，Gm(a^+)とGm(a^-)という1対の対立遺伝子がある．この二つの差異は適当な血清を用いて検出できる．ヒトはさらにH鎖の γG3 クラス遺伝子座にもGm(b^+)とGm(b^-)の対立遺伝子を保持している(Kunkel *et al.*, 1964). 同じ染色体で強く連関したこの二つの遺伝子座に関して，チンパンジーも同じ対立遺伝子のセットをもっているらしい(Boyer & Young, 1961)という，とりわけ興味深い事実を付け加えておこう．ヒトのγG1座が支配するH鎖には，チンパンジーの対応する遺伝子座が支配するH鎖といくつかのアミノ酸置換による差異があると考えられているが，実は，H鎖のそれぞれのクラスでみられるこれらの差異の一つが，種の相違によるというよりは対立遺伝子性の差異であるといえるかという点は今後の課題として残されている．γG1クラスのH鎖の決まった単一あるいは複数座位で，ヒトとチンパンジーのGm(a^+)ポリペプチド鎖は同じアミノ酸をもっているにちがいない．同様に，ヒトのものかチンパンジーのものかには無関係に，Gm(a^-)ポリペプチド鎖の対応する単一あるいは複数座位は，Gm(a^+)ポリペプチド鎖で見出されるアミノ酸とは異なる，決まったアミノ酸によって占められているに相違ない．Gm(a^+)とGm(a^-)，およびGm(b^+)とGm(b^-)に関する遺伝子多型は，ヒトとチンパンジーの共通の祖先種(800～900万年前の鮮新世に棲息していたドリオピテクス)ですでに存在していたと考えられる．これらの対立遺伝子のセットは，ヒトとチンパンジーが分岐後，別々の進化経路をたどってきたにもかかわらず，両種で保持されてきたのであろう．

　ヒトX染色体に，赤血球の表面抗原を支配する遺伝子座がある．この座での遺伝子多型は抗X_g^a血清をもちいて確かめられている．X_g(a^+)型遺伝子をもつヒト個体の赤血球はこの抗血清で凝集するが，X_g(a^-)がホモ接合あるいはヘミ接合(hemizygous, 半接合)の個体の赤血球は凝集しない(Mann *et al.*, 1964)．テナガザル(*Hylobates lar lar*)は，ヒトの場合と同じようにX_g(a^+)あるいはX_g(a^-)にタイプ分けされるので，恐らくヒトと本質的に同じ対立遺伝子をX染色体の連関した対応する座に保持していると考えられる(Gavin *et al.*, 1964)．ヒトとテナガザルはかなり遠い過去(約2500万年前)に共通の祖先種をもっていたので，この遺伝子多型は，種分化の一連の遷移過程を超越して，維持されてきたものなのである．

　ヘテロ接合の有利性をもたらす好ましい突然変異は種分化の過程に併存し，

事実維持されているが,種分化の過程に併存しえた中立突然変異が種分化の要因になりえないというのと同じ理由で,このような好ましい突然変異も種分化の要因になりえないものであろう.好ましい突然変異は,ホモ接合状態がある状況下で淘汰の有利性をもたらすときにのみ,種分化の要因になりうるのである.

3. 収斂進化と反復突然変異

収斂現象は長い間,化石学がほろびるもとであるとみなされてきた.収斂には時には広範囲で,微細な点にわたる類似性が係わっているが,この類似性は決して祖先の類縁性を示す証拠ではない.たとえば,魚竜類の一種であるichthyosaur(ジュラ紀の絶滅した海棲の爬虫類)は,イルカ(現存の海棲哺乳類)に形態上著しく類似している.

三畳紀は,脊椎動物の進化過程において,真正の陸棲四脚動物のかなりの数が海中の生活にもどった最初の証拠を残している時代である.爬虫類の少なくとも三つの異なる系統が,三畳紀初期に,水中の生活に向けて進化をはじめた.多くの点で最も特殊化した海棲爬虫類である魚竜が,三畳紀中頃に,突如として,かつ劇的に出現し,ジュラ紀(1億3000万年〜1億6500万年前)に現在のイルカに著しく似た体形をもつようになった.この種は新生代(哺乳類の時代)の始まる頃までについに絶滅してしまった.

あらゆる有胎盤哺乳類のうち,クジラやイルカなどの鯨類(目)は間違いなく最も型はずれな哺乳類である.最初の鯨類は始新世中頃に現われた大型クジラであった.漸新世の後期(約3000万年前)になって,現在のイルカの祖先であるいくつかの小型の歯鯨類が現われた.絶滅した魚竜類と現在のイルカの棲息時期は少なくとも3000万年は隔たっているが,この2種間の類似性は魚に似た体形以外のものにもおよんでいる.

魚竜類は卵胎生であった.胎内で卵を孵化し,生まれた胎児を胎内で育てた.ドイツで発見された魚竜類のいくつかの化石には,成体の胎内で発育中の胎児を示しているものもある.一つの化石標本は,死が不意に母体を襲ったとき,

仔がまさに生まれようとしていた様子をとどめている．仔は尾を最初にして生まれようとしており，これは現存の海棲哺乳類がもちいる分娩様式と同じである．

外観上，収斂進化のこのような例は解き難いパズルと考えられよう．しかし，遺伝学的な観点からは，それらはわざわいのもとではなく，むしろ自然淘汰の極端に保存的な特性を理解する道を開いてくれるものである．似た環境が課す特別な要求に対処するため，相同な遺伝子座でのよく似た寛容突然変異は自然淘汰によって好ましいものとして選び出されることを，このような例が示唆している．

多種多様な脊椎動物の成体の体形は著しく違ったものになる傾向があるが，胚発生時の形態形成過程が明らかにしているように，基本的な体形の設計は本質的に同一のままである（個体発生は系統発生を繰り返す）．これはすでに述べた進化の事実，すなわち自然淘汰は全般にわたって個々の構造遺伝子の機能的に必須な部位の塩基配列を保存することと，一致している．したがって，多様な脊椎動物種は相同な遺伝子座を現実に維持しているのである．相同な遺伝子座があるかぎり，個々の座で相同な突然変異の反復が起こりうる．この結果，収斂進化が起こりうるのである．

哺乳類における反復突然変異の最もよい例は，毛皮の色の遺伝子座でみられるものであろう．毛皮の色パターンは多くの独立な遺伝子座の協調的作用で決まる．ある遺伝子は芳香族アミノ酸（チロシン）からメラニン色素の合成を触媒する酵素（チロシナーゼ）の生成を支配し，他の遺伝子は個々の毛でのユーメラニンとフェオメラニンの分布パターンを制御し，さらにある遺伝子は胚発生過程で神経冠（neural crest）から毛嚢芽細胞（hair follicle primordia）への黒色素芽細胞（melanoblast）の転移を制御する．収斂進化はこれらの遺伝子の一つの相同な突然変異の反復によるものであるということを示す，多くの例が哺乳類で見出されている．たとえば，チロシナーゼ座（C座）で，ヒマラヤ型の表現型を示す温度感受性変異遺伝子（C^h）が，すでに述べたように，マウス，ウサギ，ネコで繰り返し観察されている（Searle, 1968）．この3種の野生型チロシナー

第6章 寛容突然変異

ゼのアミノ酸組成はかなり違っているはずであるが，自然淘汰はこれらのポリペプチド鎖の機能的に必須な部位のアミノ酸配列をほぼ同じであるように保存してきたに相違ないと考えられる．自然淘汰のこの保存性によって，機能的に必須な類似した座位での突然変異によるアミノ酸置換が，これら3種の生物のそれぞれのチロシナーゼを温度感受性型に変えうるのである．

4. 先祖がえりと復帰突然変異

遺伝子は個体の外貌を変えるが，進化のこのようなあからさまな結果は，必ず構造遺伝子の産物であるタンパク質の相互作用によって，正確ではあるが間接的な方途で決まることは疑いの余地がない．不幸にも，今日まで，形態的様相を最終的に決定する遺伝子産物は一つも同定されていない．恐らく，このような遺伝子産物は胚形態形成時にしか見分けられないものであろう．この問題に対して無知，無能であるという挫折感から，形態的様相を制御する遺伝子は神秘的な性質をもっており，機能的に十分明らかなポリペプチド鎖の生成を支配する既知の構造遺伝子とは同じ性質のものではないと仮定されたことがたびたびあった．

ここで，簡単な問題を一つ出してみるのはかなり有益であろう．すなわち，これまでに知られている形態的様相の急激な進化的変化が起こるためには，互いに独立な，いくつの遺伝子座が突然変異による変化を蒙らなければならなかったか，という問題である．この問いへの部分的な解答は，いろいろな脊椎動物種で観察されている先祖がえり(atavism)突然変異に見出すことができよう．

ジュラ紀に棲息していた鳥類である始祖鳥(*Archaeopteryx lithographia*)は，爬虫類の祖竜類(Archosaurs)以上に進化したものではなかった．翼になった前肢の先端には，かぎ型爪のある最初の3本の指からなる手があった．現在の鳥類では，ホアチン(南米産ヒクイドリ *Opisthocomus*)のような例外もあるが，物を把握するのにもちいる手は翼になった前肢から退化してしまっている．しかし，家畜動物となったニワトリの翼に，このかぎ型爪をもった指を復帰させるには，常染色体遺伝をする遺伝子座で単一優性突然変異が起こるだけでよい

(Cole, 1967).

　ヒト(*Homo sapiens*)は裸のサルであるといわれている(Morris, 1967). 事実, 体表の無毛性はヒトを他の哺乳類から分けている最も顕著な特性である. けれども, 裸のサルが完全な体毛を再び備えるのに必要とするものは, 単一遺伝子座での優性突然変異にすぎないと考えられる. ウィーンに, Hofnagel(17世紀の芸術家)によって描かれた一家族の肖像画がある. この家族の父親 Petrus Gonzalus は(カナリア群島にある)Teneriffa 島で生まれ, 顔面全体と手は毛で被われていた. 彼の妻は正常な無毛の人であったが, 2人の娘たちは父親に似た形質をもっていた.

　上に述べた二つの画期的な形態変化が, それぞれの遺伝子座の機能を完全に喪失した変異遺伝子(null allele)への禁制突然変異で生じたにすぎないという可能性が考えられる. たとえ私たちの体表の無毛性が単一遺伝子座での機能喪失型の遺伝子のホモ接合状態によるものだとしても, 無毛性はヒトの安定な特性として存続しうるであろう. 復帰突然変異は最もまれな突然変異であるからである. フレームシフトやナンセンス突然変異は, 遺伝子のほとんどあらゆる塩基対を変化させ, 機能をもつ野生型遺伝子を機能喪失型のものに変える. しかし, 機能喪失型遺伝子から機能をもつ遺伝子への復帰突然変異は, 変化を蒙った塩基対の正確な回復を必要とする. たとえば, ある遺伝子の機能喪失型の変異が101番目の塩基対の欠失によるものだとすれば, 正確に101番目の位置での塩基対の挿入のみが復帰突然変異となる.

　けれども, 高等霊長類は, 本質上復帰突然変異とみなしうる先祖がえり突然変異によって, 3色型色覚を獲得したと考えられる. 多くの魚類, 両棲類, 爬虫類, 鳥類は, すぐれた3色型色覚を具えているが(Warner, 1931; Wojtusiak, 1933; Hamilton & Coleman, 1933), 高等霊長類以外の哺乳類の色覚についての数ある実験は, このグループのすべての動物種の色覚はよくても痕跡程度のものであることを示唆している(Parsons, 1924). 有胎盤哺乳類の共通の祖先である原食虫類(Protoinsectivore)は, 恐らく夜行性の生活をしていて, この理由から, 色覚を制御する遺伝子対で機能喪失型変異遺伝子がホモ接合になったと

考えられる．これは現存の哺乳類に広くみられる無色型(黒と白)色覚を説明するものである．

霊長類のうち，キツネザル亜目(Lemuroidea)に属する下等霊長類は明らかに無色型色覚を維持しているが(Bierens de Haan & Frima, 1930)，Grether (1939)は，原始的な新世界ザル(広鼻類 Platyrrhina)を代表するオマキザルが第1色盲(赤色盲)タイプの2色型色覚(赤色と緑色域の区別が弱い)を保持していることを見出している．一方，ヒヒやリーサスザルのような，より進歩した旧世界ザル(狭鼻類(目)Catarrhina)は，正常なヒトの色覚に相当する3色型色覚を具えている．事実，高等霊長類は，機能喪失型の変異遺伝子の機能が回復する復帰突然変異によって，3色型色覚をとり戻したと考えられる．

文　献

Allison, A. C.: The distribution of the sickle-cell trait in East Africa and elsewhere, and its apparent relationship to the incidence of subtertian malaria. Trans. Roy. Soc. Trop. Med. Hyg. **48**, 312-318(1954).

Bierens de Haan, J. A., Frima, M. J.: Versuche über den Farbensinn der Lemuren. Z. vergleich. Physiol. **12**, 603-631(1930).

Blomback, B., Blomback, M., Grondahl, N. J., Guthrie, C., Hinton, M.: Studies on fibrinopeptides from primates. Acta Chem. Scand. **19**, 1789-1791(1965).

Boyer, S. H., Young, W. J.: Gamma globulin (Gm group) heterogeniety in chimpanzees. Science **133**, 583-584(1961).

Braunitzer, G., Matsuda, G.: Primary structure of the α-chain from horse hemoglobin. J. Biochem. (Tokyo) **53**, 262-263(1963).

Cole, R. K.: Ametapodia, a dominant mutation in the fowl. J. Heredity **58**, 141-146(1967).

Cox, E. C., Yanofsky, C.: Altered base ratios in the DNA of an *Escherichia coli* mutator strain. Proc. Natl. Acad. Sci. US **58**, 1895-1902(1967).

de Lange, R. J., Fambrough, D. M.: Identical COOH-terminal sequences of an argininerich histone from calf and pea. Federation Proc. **27**, 392(1968).

Gavin, J., Noades, J., Tippett, P., Sanger, R., Race, R. R.: Blood group antigen X_g^a in Gibbons. Nature **204**, 1322-1323(1964).

Grether, W. E.: Color vision and color blindness in monkeys. Comp. Psychol. Monographs **15**, 76(1939).

Hamilton, W. F., Coleman, T. B.: Trichromatic vision in the pigeon as illustrated by the spectral hue discrimination curve. J. Comp. Psychol. **15**, 183-191 (1933).

Ingram, V. M.: A specific chemical difference between the globins of normal human and sickle-cell anemia hemoglobin. Nature **178**, 792-794 (1956).

Kunkel, H. G., Allen, J. C., Grey, H. M.: Genetic characters and the polypeptide chains of various types of gamma-globulin. Cold Spring Harbor Symposia Quant. Biol. **29**, 443-447 (1964).

Mann, J. D., Cahan, A., Gelb, A. G., Fisher, N., Hamper, J., Tippett, P., Sanger, R., Race, R. R.: A sex-linked blood group. Lancet **1962 I**, 8-10.

Morris, D.: *The naked ape*. London: The Trinity Press 1967. 〔日高敏隆訳『裸のサル—動物学的人間像』, 河出書房新社, 1969.〕

Parsons, J. H.: *An introduction to the study of color vision*. Cambridge (England): Cambridge University Press 1924.

Pauling, L., Itano, H. A., Singer, S. J., Wells, I. C.: Sickle cell anemia: A molecular disease. Science **109**, 443 (1949).

Searle, A. G.: *Comparative genetics of coat colour in mammals*. London: Logos Press, Ltd. 1968.

Simpson, G. G.: Organisms and molecules in evolution. Science **146**, 1535-1538 (1964).

Walker, P. M. B.: How different are the DNA's from related animals? Nature **219**, 228 (1968).

Warner, L. H.: The problem of color vision in fishes. Quart. Rev. Biol. **6**, 329-348 (1931).

Wojtusiak, R. J.: Über den Farbensinn der Schildkröten. Z. vergleich. Physiol. **18**, 393-436 (1933).

Zuckerkandl, E., Schroeder, W. A.: Amino acid composition of the polypeptide chains of gorilla hemoglobin. Nature **192**, 984-985 (1961).

第7章
染色体進化の保守的な性質

　これまでの議論で，自然淘汰の非常に保守的な性質，すなわち遺伝子の重要な部分は進化途上で決して変化せず，自然淘汰はほんのわずかな変化だけを許容するものであるということが明らかになった．

　このような見方からすると，有胎盤哺乳類において，2倍体染色体数が，クロサイにおける84という最高の値(Hungertord & Snyder, 1967)から，齧歯類の2種における17という最少の値(Matthey, 1953; Ohno et al., 1963)まで分布しているということは，染色体の変化というものが自然淘汰の厳密な監視のもとにおかれているのではないという証拠とされてよい．だから，染色体のランダムな再分配が，相ついで起こった一連の種分化になんの制限も受けずに併存しえたのである．しかし，これらの染色体変化は，実質よりもむしろ見掛け上のものである．後に示すように，もともとの連関群は，核型における明瞭な変化(2倍体染色体組の形態的変化)にもかかわらず，かなりの程度，保存されてきたようである．この連関群の保存は，機能的に関連した遺伝子が，近接した連関群に存在することが必要であるということによるのではなく，実はただ，染色体再配列のほとんどのタイプが，ヘテロ接合状態では，その個体を半不稔性にするということによっているのである．この半不稔性のために，多くのタイプの染色体変化は，新種に固有なものとして固定されないのである．

1. 機能的に関連した遺伝子の密接な連関の不要性

　原核性生物では，同じ代謝経路の反応を触媒する一連の酵素の合成を支配する遺伝子は，しばしば一群にあつまり単一のポリシストロン性mRNAに転写

されることによって協調的に発現する。このような一群はオペロンと定義されている(Jacob & Monod, 1961)。最もよく知られた例は，トランスアセチラーゼ，パーミアーゼ，β-ガラクトシダーゼの遺伝子を担っている大腸菌のラクトースオペロンである。これらの酵素は，ラクトースの代謝にかかわっている。

脊椎動物の場合には，機能的に関連した遺伝子の活性の協調した発現は，それらが互いに密接に連関していることに依存していないようである。同一の代謝経路の一連の酵素の合成を支配している遺伝子について，既知のすべての例で，2個以上の遺伝子が連関しないで，異なる染色体上に座をもつことが見出されている。たとえば，グルコース-6-リン酸脱水素酵素(G-6-PD)と，6-リン酸グルコン酸脱水素酵素(6-PGD)とは，炭水化物代謝のペントースリン酸経路の二つの継続した段階を触媒する。しかし哺乳類では，前者の遺伝子はX染色体にあるし(Childs et al., 1958; Kirkman & Hendrickson, 1963; Trujillo et al., 1965; Ohno et al., 1965; Mathai et al., 1966)，後者のものは，常染色体上にある(Parr, 1966; Shaw, 1966; Thuline et al., 1967)。脊椎動物において，機能的に関連した遺伝子がこのように連関していない理由は，遺伝子重複に見出すことができる(これは第Ⅲ部で議論される)。脊椎動物では，遺伝子重複の結果，同じ代謝経路に関与する各酵素は，たいてい二つ以上のアイソザイム遺伝子によって支配されている。肝臓や心臓のイソクエン酸脱水素酵素は，二つの別個の遺伝子座(アイソザイム遺伝子)によって合成が支配される一方，次の段階の酵素すなわちオキザロコハク酸脱水素酵素は，両器官ともに，同一の遺伝子座によって支配されているというような状況では，心臓はもちろんのこと，肝臓においても，2種類の酵素の活性の協調した発現は，遺伝子の連関以外の方途によらねばならない。事実，アイソザイム遺伝子自身は，互いに密接に連関していないらしい。ヒトでは，三つの連関していない遺伝子座が，ホスホグルコムターゼのアイソザイムの合成を支配している(Harris et al., 1967)。

この機能的に関連した遺伝子が連関していない例は，単一の複合重合分子を支配する1対の遺伝子にまで及んでいる。2本のα鎖と2本のβ鎖が，$\alpha_2\beta_2$で表わされうる単一のヘモグロビン分子を形成している。しかしヒトでは，α鎖

遺伝子はβ鎖遺伝子と連関していない(Cepellini, 1959). 同様に, 2本のL鎖と2本のH鎖が, 単一の7Sの免疫グロブリン分子をつくっている. しかし, ヒトにおいても, ウサギにおいても, L鎖の遺伝子座は一つの染色体上にあり, H鎖の一群の遺伝子座は別の染色体上に存在している(Kunkel *et al.*, 1964; Oudin, 1966).

逆説的ではあるが, 機能的に関連した遺伝子が脊椎動物ゲノム中で1箇所に集合しても, 機能的な活性は協調して発現しない. たとえば種々のクラスの免疫グロブリンH鎖を支配する遺伝子は, ヒト(Natvig *et al.*, 1967)やマウス(Herzenberg *et al.*, 1967)において互いに密接に連関して存在しているが, 形質細胞のそれぞれのクローン細胞中では, そのうちの一つの特定のH鎖の遺伝子座しか利用していない(Potter & Lieberman, 1967; Cohn, 1967).

脊椎動物が連関していない遺伝子の活性を協調させて発現させることが完全に可能である限り, 連関群のランダムな再分配に対する先験的な制約は存在しない. 制約は, 単に物理的な性質によるのである.

2. 染色体内再配列としての逆位

同一染色体内部での2箇所の切断によってつくられる染色体断片が, 180°転回した形で再挿入されたのが逆位(inversion)である. 逆位を起こした断片が動原体を含まなければ(すなわち動原体をはさんだ逆位でなければ), 逆位は分裂中期の染色体の全体像を変化させない. しかし, 動原体をはさんだ逆位によって, 2腕をもつ染色体(中部動原体染色体, または次末端動原体染色体)は1腕をもつ染色体(末端動原体染色体)へと変化するが, その逆もまた可能である.

逆位は, 新種と旧種との間に, 不稔性障壁をつくりだす非常に有用な手段である. したがって, この種類の染色体変化は, しばしば, 種分化の過程に伴って起こる. このような有効な不稔性障壁がなければ, 新種が旧種と交配可能な環境におかれると, 新しく生じた種の保全がおびやかされることになる. 逆位の存在によって異なっている二つの相同染色体が種間雑種の減数分裂中に対合すると, もとの分節と逆位を起こした分節との間におこる交叉は, 2動原体染

色体と無動原体染色体断片とを生じ，このようにして種間雑種の稔性を効率よく減少させているのである．

　Peromyscus 属のシカネズミは，マウスの属する Murinae 亜科よりはむしろ，ハムスターの属する Cricetinae 亜科に属している．北米大陸に棲む *Peromyscus* 属の多くの種または亜種は，すべて，2倍体染色体数が 48 本であるが，単腕染色体に対する両腕染色体の比は非常に異なっている．たとえば，サボテンネズミ (*P. eremiscus*) では 48 本のすべての染色体が両腕であるが，他方ヤブネズミ (*P. boylii*) では 48 本中 40 本が単腕である (Hsu & Arrighi, 1966)．この属では，種分化に伴う可視的な染色体変化はほとんど中央部付近を含む逆位であったということはほぼ間違いない．

　逆位は，逆位の起こった分節の両端のいずれか一方をはさんだ遺伝子間の連関を乱すが，全体の連関群はそこなわれていないということを理解しておかねばならない．

3. Robertson 型融合――2 本の末端動原体染色体の融合による中部動原体染色体の生成

　逆位は染色体内での変化であるが，染色体物質の交換は 2 本の非相同染色体の間でも生ずるものである．このような交換は，転座 (translocation) として知られている．種々のタイプの転座のうち，Robertson 型融合として知られている特別のタイプは，種分化の過程にしばしば伴っているものである．これは本質的には，2 本の末端動原体染色体の動原体の融合による 1 本の中部動原体染色体の生成である (Robertson, 1916)．

　ウシ科 (Bovidae) でみられる事態は，核型の進化学的変容に対して，Robertson 型融合が果たしてきた大きな寄与を例示している．ウシ科の中で 2 倍体染色体数が最大のものは，ヤギ，ウシ，バイソンにみられるように 60 本であり，中間の数はコンゴー産野牛やヒツジにみられるように 54 本であり，最少の 2 倍体染色体数はジャコウウシにみられるように 48 本である．60 本の染色体数をもつ種では，58 本の常染色体のすべては末端動原体染色体であるが，

第7章 染色体進化の保守的な性質

ジャコウウシでは，12本の中部動原体染色体と34本の末端動原体染色体が，総数46本の常染色体を構成している(Heck et al., 1968)．中部動原体染色体のそれぞれの腕を1本として数えるならば，この科のメンバーで現在まで調べられたすべてのものは，58本の常染色体の腕をもっている．Robertson型融合がウシ科の可視的な核型の進化の唯一の原因であることは，まったく明らかなことである．

Robertson型融合によって生じた染色体をもつヘテロ接合体の生殖細胞では，1本の中部動原体染色体は2本の末端動原体染色体と対合し，第1減数分裂の終りに，中部動原体染色体は一方の分裂極に向って移動し，2本の末端動原体染色体は他方の極へ移動する．このようにして平衡のとれた配偶子がつくられるので，ヘテロ接合体は半不稔性とはならない．このことが，自然淘汰の作用にもかかわらず，この特殊なタイプの染色体交換が種分化の過程に伴って起こりえた理由であると考えられる．Robertson型融合は，中立突然変異と等価値のものと考えてよいだろう．

次の2例は，Robertson型融合に対する自然淘汰の寛容性を示すものである．

(1) 家畜ウシ(*Bos taurus*, $2n=60$)においては，すでに述べたように，58本の常染色体は普通にはすべて末端動原体染色体であるが，スウェーデンのSRB品種の1匹の種ウシに生じた単一のRobertson型融合が，この品種内に広範にひろがった．事実，第1代のものから生じた4匹の種ウシはすべて，この融合に関してはホモ接合体となっていて，染色体対の中には中部動原体常染色体の相同対があった(Gustavsson, 1966)．

(2) スイスのPoschiavo渓谷に，タバコネズミ(*Mus poschiavinus*, $2n=26$)の小さな集団が棲息しており，その核型は普通のマウス(*Mus musculus*, $2n=40$)と違っている．マウスの40本の染色体はすべて末端動原体染色体であるが，タバコネズミは26本の染色体をもっていて，図7に示されているように，七つのRobertson型融合を行なった染色体のホモ接合体となっている．すなわち，14本の中部動原体染色体と12本の末端動原体染色体が，2倍体染色体組を構成している(Gropp & von Lehmann, 1969)．しかし，酵素はもちろんのこと，

毛皮色に関する多くの遺伝子座でも，タバコネズミはマウスで知られている対立遺伝子をもっていることが見出されている．一連の顕著な染色体変化が，むしろ，短い時間の間に生じてきたようにみえるので，遺伝学的には，タバコネズミはまだ普通のマウス種に属するものとされよう．

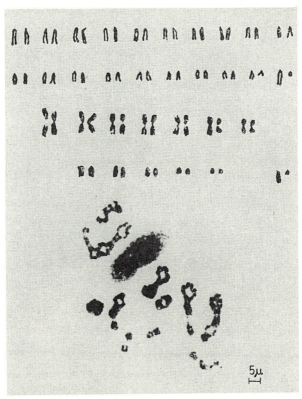

図7　上段2列に普通のマウス($Mus\ musculus$, $2n=40$)の雄個体の核型が，第3段と第4段にはタバコネズミ($Mus\ poschiavinus$, $2n=26$)の雄個体の核型が比較して示されている．両種のX，Y染色体はそれぞれの下段のいちばん右端にある．両種の種間雑種第1代の雄個体の第1減数分裂中期の像が最下段に示されている．7個の3価染色体がみられるが，それぞれはタバコネズミの1本の中部動原体染色体と，マウスの2本の末端動原体染色体からなっている．(Alfred Gropp 教授(Bonn, ドイツ)の好意による)

4. 染色体変化による不稔性障壁の生成

　第9章で明らかにされるように,隔離は種分化の必須条件である.しかし,地理的隔離は永遠に続くわけではない.はやかれ,おそかれ,新生種は再びもとの種と接触するようになる.地理的隔離のない状態では,新しく生じた種の保全を維持する他の手段が必要となる.いいかえれば,疑いもなく少数者である新種は,種間交配の結果,多数者に吸収されるであろう.地理的に隔離されている間に発達した,体臭や,求愛パターンやその他の行動の違いが,少数者と多数者との種間の性的誘引力の減退をもたらすであろう.したがって,これは行動上の隔離機構といえる.種間交配が存在しうる場合には,染色体の違いは,不稔性障壁をつくることによって,非常に効率のよい生殖上の隔離機構として働きうるのである.たとえば,ウマ($Equus\ caballus, 2n=64$)やロバ($Equus\ asinus, 2n=62$)は互いに平気でつがうが,F_1の種間雑種(ラバ,$2n=63$,雄のロバと雌のウマとの雑種が mule で,雌のロバと雄のウマの雑種が hinny というように区別されているが,日本語ではどちらもラバと呼ばれる)は,すべて不稔性であるというだけの理由で,両種の保全がおびやかされることはない.

　実際のところ,不稔性障壁をつくり出すということは,染色体全体の再配列が進化に対して果たしてきた唯一の明らかな貢献であると考えられる. Robertson 型融合を起こしたものと,起こしていないものとのヘテロ接合体は半不稔性を蒙らないというだけで,Robertson 型融合はしばしば種分化の過程に併存しえたのである.まさにこの理由のために,Robertson 型融合は不稔性障壁をつくり出すのになんら寄与しなかった.

　他方,新種が相互交換的転座を起こした染色体をもつホモ接合体になると,新種ともとの種との間の F_1 雑種は,稔性が50%におち,有効な不稔性障壁となる.しかし,この理由のために,相互交換的転座は,2倍体染色体組の進化的変化には,ほんの僅かな役割しか果たさなかったといえるのである.何らかの染色体間の交換が,まず,ある個体で起こると,必ずヘテロ接合体の状態が生ずる.染色体間の交換が種分化の過程に併存しうるためには,ヘテロ接合体である最初の個体が,十分な子孫をまず残さねばならない.この子孫のうち,

ある割合のものはヘテロ接合体であり，これらの交配からホモ接合体となった最初のグループが生み出されねばならない（最初のホモ接合体はヘテロ接合体間の交配からのみ生まれてくるものである）．相互交換的転座は，2本の非相同染色体間の切断された断片の交換である．ヘテロ接合体の生殖細胞が減数分裂に入ると，交換に関与した2本の染色体と，それらのもとの転座を起こさなかった2本の相同染色体との間に，4価染色体が形成される．この結果，4種類の配偶子が形成される．これらのうち2種類は，一方の染色体部分に関しては欠失しており，同時に他方の染色体部分に関しては重複しているので，遺伝子間の平衡が非常にくずれている．このようにして，もともとのヘテロ接合体からつくられる配偶子のうち50%だけが生存できる接合体をつくり，これらのうち更に半分だけが転座に関して再びヘテロ接合体となるのである．だから，半不稔性をもつヘテロ接合体は，新種の創始者として役立つわずかな機会しかもたないのである．

　不稔性障壁をつくるのに非常に重要な役割を果たしただろうと考えられるのが，逆位である．個体の遺伝的構成が，ある染色体部分での減数分裂期の交叉の頻度を決めていると考えられている．だからある集団が，交叉が稀にしか起こらない部分での逆位を許容すれば，新種は，すでに述べた *Peromyscus* 属のシカネズミにおいて示されたように，地理的隔離の間に多数の逆位に関して相同となることができる．しかし，新種ともとの種との間の雑種では，交叉が逆位を含む部分で生ずるかもしれない．この結果，2動原体染色体と無動原体断片とを生じ，種間雑種は完全な不稔性を示すということになる（もし1箇所の逆位についてのヘテロ接合が稔性を50%だけ減少させるならば，3〜4箇所の逆位はほぼ完全な不稔性を生ずることとなろう）．

　祖先型の核型から出発しても，Robertson型融合と動原体をはさんだ逆位（可視的な逆位）の組合せを行なうと，非常に広範囲の核型を生ずることができる．たとえば，96本の末端動原体染色体からなる仮想的な祖先型核型を想像してみよう．24回の逐次的なRobertson型融合は，2倍体の染色体数を48本に減ずることができる．48本の中部動原体染色体からなるこの核型は，24回

の逐次的な動原体をはさんだ逆位によって，48本の末端動原体染色体からなるものに次第に変えられる．これにひきつづいて起きるRobertson型融合は，さらに2倍体染色体数を24本程度に減ずることができる．実際，Robertson型融合と動原体をはさんだ逆位との組合せによって，さまざまな種類の有胎盤哺乳類で観察されている核型の相違の多くを説明することができる．

5. もとの連関群の保存

すでに述べたように，逆位はもとの連関群の染色体内再配列を生ずるだけであり，Robertson型融合は，2つの独立の連関群を合体させるだけである．そこで，もしRobertson型融合と逆位との組合せが，核型の進化的変化に対して主たる役割を果たしてきたとするならば，2倍体染色体組の様相の見掛け上の激しい変化にもかかわらず，種々の構造遺伝子間のもともとの連関関係は，共通の祖先型をもつ多くの子孫の間で，驚くべき程度まで保存されてきたに違いないということになる．連関関係の重大なみだれは，Robertson型融合にひきつづいて，動原体をはさんだ逆位が起こったときだけに生じたのであろう．連関関係に関するこれまでの知見は，上の仮定を証明していると考えられる．

連関群の保存に関する最も劇的な例は，有胎盤哺乳類のX染色体の連関群においてみられる．第3章で議論したように，雌の体細胞のX染色体2本のうちいずれか一つを失活化させることに基づいた，X染色体に連関した遺伝子群の特異的な遺伝子量補整機構は，1億年以上も前に，有袋類と有胎盤哺乳類との共通の祖先種で発展したと考えられる．いったんこの機構が確立されると，自然淘汰は疑いもなくX染色体に連関したすべての遺伝子群を保存するよう作用したのである．

大部分の有胎盤哺乳類のX染色体は，絶対的な大きさではほぼ同じである．すなわちゲノム量のほぼ5%を占めている(Ohno et al., 1964)．齧歯類または有蹄類の例外的な種でみられる異常に大きいX染色体の場合，ゲノムの5%という標準の量をこえる部分は，異質染色質化によって常に不活性にされたままである(Wolf et al., 1965; Fraccaro et al., 1968; Wurster et al., 1968)．有胎

盤哺乳類でのX染色体に連関した遺伝子の相同性に関する証拠がふえてきており，現在，七つの別個の遺伝子座が二つ以上の種においてX染色体上に連関していることが示されている(Ohno, 1969). たとえば，グルコース-6-リン酸脱水素酵素に対する遺伝子座は，ヒト(Childs et al., 1958; Boyer et al., 1962; Kirkman & Hendrickson, 1963)，ウマとロバ(Trujillo et al., 1965; Mathai et al., 1966)，ウサギ(Ohno et al., 1965)，マウス(Epstein, 1969)においてX染色体に連関していることが明らかにされている. 抗出血因子ⅧとⅨの合成を支配する二つの遺伝子は，イヌとヒトでX染色体に連関している(Graham et al., 1947; Hutt et al., 1948; Mustard et al., 1960).

常染色体遺伝子に関しても，もともと連関していた遺伝子群は，広範な種分化にもかかわらず，連関したまま保たれてきたようである. たとえば，いろいろな種類の免疫グロブリンH鎖の遺伝子はヒト(Natvig et al., 1967)だけでなく，マウス(Herzenberg et al., 1967)においても非常に密接な連関状態にある.

哺乳類と鳥類とは乳酸脱水素酵素に対する第3番目の遺伝子座をもっている(Goldberg, 1962; Blanco et al., 1964). 第3番目の座によって合成が支配されるCサブユニットは，種々の組織でみられるこの酵素のA, Bサブユニットとは異なり，性的に成熟した精巣にしかみられない. 鳥類では，Cサブユニットの遺伝子座はBサブユニットの遺伝子座と密接に連関していることが明らかにされている. 乳酸脱水素酵素のB, Cサブユニットに対するこれら二つの遺伝子座は，初期爬虫類の時代以来2億年以上にもわたって，恐らく密接な連関状態を保ったまま存在してきたのであろう(Zinkham & Isensee, 1969).

常染色体のかなり大きな分節が保存されているという証拠もまた存在する. たとえば，1対の毛皮色の遺伝子座である桃色眼・薄毛皮色(黒色色素粒基質タンパク質の遺伝子座)とアルビノ(チロシナーゼの遺伝子座)とは，マウスだけでなくラット(Robinson, 1960)やシカネズミ(Robinson, 1964)においても，およそ15組換え単位はなれて存在している.

文 献

Blanco, A., Zinkham, W. H., Kupchyk, L.: Genetic control and ontogeny of lactate dehydrogenase in pigeon testes. J. Exptl. Zool. **156**, 137-152 (1964).

Boyer, S. H., Porter, I. H., Weilboecher, R.: Electrophoretic heterogeneity of glucose-6-phosphate dehydrogenase and its relationship to enzyme deficiency in man. Proc. Natl. Acad. Sci. US **48**, 1868-1876 (1962).

Ceppellini, R.: *Biochemistry of human genetics* (Wolstenholme, G. E. W., O'Connor, C. M., Eds.), pp. 133-138. London: J. and A. Churchill, Ltd. 1959.

Childs, B., Zinkham, W. H., Browne, E. A., Kimbro, E. L., Torbert, J. V.: A genetic study of a defect in glutathione metabolism of the erythrocyte. Bull. Johns Hopkins Hosp. **102**, 21-37 (1958).

Cohn, M.: Natural history of the myeloma. Cold Spring Harbor Symposia Quant. Biol. **32**, 211-222 (1967).

Epstein, C. J.: Mammalian oocytes: X chromosome activity. Science **163**, 1078-1079 (1969).

Fraccaro, M., Gustavsson, I., Hulten, M., Lindsten, J., Tiepolo, L.: Chronology of DNA replication in the sex chromosomes of the reindeer (*Rangifer tarandus* L.). Cytogenetics **7**, 196-211 (1968).

Goldberg, E.: Lactic and malic dehydrogenase in human spermatozoa. Science **139**, 602-603 (1962).

Graham, J. B., Buckwalter, J. A., Hartley, L. J., Brinkhaus, K. M.: Canine hemophilia: Observations on the course, the clotting anomaly, and the effect of blood transfusion. J. Exptl. Med. **90**, 97-111 (1947).

Gropp, A., von Lehmann, E.: Chromosomenvariation vom Robertsonschen Typus bei der Tabakmaus, *M. poschiavinus*, und ihren Hybriden mit der Laboratoriumsmaus. Cytogenetics (in press).

Gustavsson, I.: Chromosome abnormality in cattle. Nature **209**, 865-866 (1966).

Harris, H., Hopkinson, D. A., Luffman, J. E., Rapley, S.: Electrophoretic variation in erythrocyte enzymes. In: *Hereditary disorders of erythrocyte metabolism* (Beutler, E., Ed.), City of Hope Sym. Series, Vol. 1, pp. 1-20. New York: Grune & Stratton 1967.

Heck, H., Wurster, D., Benirschke, K.: Chromosome study of members of the subfamilies *Caprinae* and *Bovinae*, family *Bovidae*; the musk ox, ibex, aoudad, Congo buffalo and gaur. Z. Säugetierkunde **33**, 172-179 (1968).

Herzenberg, L. A., Minna, J. D., Herzenberg, L. A.: The chromosome region for immunoglobulin heavy-chains in the mouse. Cold Spring Harbor Symposia Quant. Biol. **32**, 181-186 (1967).

Hsu, T. C., Arrighi, F. E.: Chromosomal evolution in the genus *Peromyscus* (*Cricetidae*,

Rodentia). Cytogenetics 5, 355-359 (1966).
Hungerford, D. A., Snyder, R. L.: Somatic chromosomes of a black rhinoceros (*Diceros bicornis* Gray, 1821). Amer. Nat. **101**, 357-358 (1967).
Hutt, F. B., Rickard, C. G., Field, R. A.: Sex-linked hemophilia in dogs. J. Heredity **39**, 2-9 (1948).
Jacob, F., Monod, J.: Genetic regulatory mechanism in the synthesis of proteins. J. Mol. Biol. **3**, 318-356 (1961).
Kirkman, H. N., Hendrickson, E. M.: Sex-linked electrophoretic difference in glucose-6-phosphate dehydrogenase. Am. J. Human Genet. **15**, 241-258 (1963).
Kunkel, H. G., Allen, J. C., Grey, H. M.: Genetic characters and the polypeptide chains of various types of gamma-globulin. Cold Spring Harbor Symposia Quant. Biol. **29**, 443-447 (1964).
Mathai, C. K., Ohno, S., Beutler, E.: Sex-linkage of the glucose-6-phosphate dehydrogenase gene in the family *Equidae*. Nature **210**, 115-116 (1966).
Matthey, R.: La formule chromosomique et le problème de la détermination sexuelle chez *Ellobius lutescens* Thomas. *Rodentia-Muridae-Microtinae*. Arch. Klaus-Stift. Vererb.-Forsch. **28**, 65-73 (1953).
Mustard, J. F., Roswell, H. C., Robinson, G. A., Hoeksema, T. D., Downie, H. G.: Canine hemophilia B. (Christmas disease). Brit. J. Haemat. **6**, 259-266 (1960).
Natvig, J. B., Kunkel, H. G., Litwin, S. P.: Genetic markers of the heavy-chain subgroups of human gamma G globulin. Cold Spring Harbor Symposia Quant. Biol. **32**, 173-180 (1967).
Ohno, S.: Evolution of sex chromosomes in mammals. In: *Annual review of genetics*, Vol. III (Roman, H. L., Ed.), pp. 495-524. Palo Alto: Annual Reviews, Inc. 1969.
—, Jainchill, J., Stenius, C.: The creeping vole (*Microtus oregoni*) as a gonosomic mosaic. I. The OY/XY constitution of the male. Cytogenetics **2**, 232-239 (1963).
—, Becak, W., Becak, M. L.: X-autosome ratio and the behavior pattern of individual X-chromosomes in placental mammals. Chromosoma **15**, 14-30 (1964).
—, Poole, J., Gustavsson, I.: Sex-linkage of erythrocyte glucose-6-phosphate dehydrogenase in two species of wild hares. Science **150**, 1737-1738 (1965).
Oudin, J.: Genetic regulation of immunoglobulin synthesis. J. Cell Physiol. **67**, 77-108 (1966).
Parr, C. W.: Erythrocyte phosphogluconate dehydrogenase polymorphism. Nature **210**, 487-489 (1966).
Potter, M., Lieberman, R.: Genetic studies of immunoglobulins in mice. Cold Spring Harbor Symposia Quant. Biol. **32**, 203-209 (1967).
Robertson, W. R. B.: Taxonomic relationship in the chromosomes of *Tettigidae* and *Agrididae*: V-shaped chromosomes and their significance in *Agrididae, Locustidae* and *Grylidae*: Chromosomes and variation. J. Morphol. **27**, 179-332 (1916).

Robinson, R.: A review of independent and linked segregation in the Norway rat. J. Genet. **57**, 173-192(1960).

—: Linkage in *Peromyscus*. Heredity **19**, 701-709(1964).

Shaw, C. R.: Electrophoretic variation in enzymes. Science **149**, 936-943(1965).

Thuline, H. C., Morrow, A. C., Norby, D. E., Motulsky, A. G.: Autosomal phosphogluconic dehydrogenase polymorphism in the cat (*Felis cattus* L.). Science **157**, 431-432 (1967).

Trujillo, J. M., Walden, B., O'Neil, P., Anstall, H. B.: Sex-linkage of glucose-6-phosphate dehydrogenase in the horse and donkey. Science **148**, 1603-1604(1965).

Wolf, U., Flinspach, G., Böhm, R., Ohno, S.: DNS-Reduplikationsmuster bei den Riesen-Geschlechtschromosomen von *Microtus agrestis*. Chromosoma **16**, 609-617(1965).

Wurster, D. H., Benirschke, K., Noelke, H.: Unusually large sex chromosomes in the sitatunga (*Tragelaphus spekei*) and the black buck (*Antilope cervicapra*). Chromosoma **23**, 317-323(1968).

Zinkham, W. H., Isensee, H.: Linkage of lactate dehydrogenase B and C loci in pigeons. Science **164**, 185-187(1969).

第8章
自然突然変異率

　遺伝的変化は本来ゲノム内の個々の遺伝子での突然変異によるので，自然突然変異の正確な見積りは進化を理解する上できわめて大切なことである．さらに，突然変異はあらゆる遺伝子の個々の塩基対をランダムに変えること，そして自然淘汰が突然変異の一部だけを種分化の過程に併存させうることを顧慮すれば，禁制突然変異と寛容突然変異との相対的な比率の見当をつけることができる．実際上，自然突然変異は座当り世代当り，または塩基対当り世代当りで表わすのが便利である．

1. 禁制突然変異 対 寛容突然変異

これまでに，いろいろな方法をもちいて，哺乳類ならびにショウジョウバエやバクテリアの種々の構造遺伝子座の自然突然変異率が測定されてきた．観察された突然変異率は驚くほど均一で，値は 10^{-5}/座/世代という桁である．突然変異率についての次の文献は，ヒト，その他の哺乳類を対象としたものである (Russell, 1951; Slatis, 1955; Stevenson, 1957; Lyon, 1959).

しかし，上で触れた突然変異率はどちらかといえば，進化に関与しないものである．というのは，測定された変異率は遺伝子の定まった機能を喪失させる突然変異を扱ったものだからである．たとえば，バクテリアのチミンキナーゼ座の機能喪失型変異体への突然変異率は，葉酸の拮抗物質であるアミノプテリンに対する抵抗性変異体を選別して，測定したものである．同様に，ヒトの新生児中のフェニルケトン尿症の発現率から，フェニルアラニンヒドロキシラーゼ座の機能喪失型変異体への自然突然変異率を算出している．

このような禁制突然変異のそれぞれは，シストロンの塩基配列の変化のうち，ポリペプチド鎖の活性中心部位のアミノ酸配列に変化をもたらす機能喪失型に相当するものである(第5章)．逆に寛容突然変異は，種分化がうまく進行するのと協調し，ポリペプチド鎖の機能に必須でない座位のアミノ酸置換によるミスセンス突然変異に相当するものである(第4章)．たしかに禁制突然変異の生成率は 10^{-5} の桁であるが，進化を解析するのに知りたいのは，寛容突然変異率である．大きな遺伝子に関するかぎり，座当りの寛容突然変異率が，禁制突然変異だけに適用しうる 10^{-5} (10万に一つ) という一般に受け入れられている値よりかなり大きいものであることはほぼ間違いない．

ある遺伝子座における寛容突然変異の自然生成率は，どのようにして算出しうるだろうか．次の方法は Ames と彼の共同研究者たちが開発したものである (Whitfield et al., 1966)．すでに述べたように，ナンセンスおよびミスセンス突然変異の理論上の期待比は $1:17$ である．ナンセンス突然変異が遺伝子のごく末端に起こる場合を除き，ポリペプチド鎖の鎖伸長を終止させるこの変異は，禁制突然変異に相当するものであろう．一方，ミスセンス突然変異は，アミノ

酸置換の性質(保存的なものか,電荷を変えるものか)と置換が起こった座によって,禁制突然変異にも寛容突然変異にもなりうる.この知見をもとにして,禁制突然変異に占めるナンセンス突然変異の割合がわかると,遺伝子座当りの寛容突然変異率を既知の禁制突然変異率から推定できる.Ames らは,ネズミチフス菌(*Salmonella typhimuriun*)のヒスチジンオペロンのアミノトランスフェラーゼ座(C 遺伝子)における機能喪失型の自然突然変異体を解析し,ナンセンスおよびミスセンス突然変異体がほぼ同じ割合で機能喪失型変異体(禁制突然変異体)に含まれていることを明らかにした.

上述の観察から,このバクテリアのアミノトランスフェラーゼ座で禁制突然変異が一つ生成すると,ポリペプチド鎖の機能に必須でない座位にアミノ酸置換をもたらす寛容突然変異が八つ生成しているだろうという結論が導かれる.したがって,機能にとりわけ必須でない座位を多くもつポリペプチド鎖の生成を支配する大きな遺伝子の場合,寛容突然変異の自然生成率は 10^{-4} の桁の値(禁制突然変異率より1桁高い値)になるといえる.ここでの議論では,同義突然変異は考慮されていない.

2. 突然変異率と遺伝子の大きさ

寛容突然変異率と禁制突然変異率間の差の大きさは個々の遺伝子で違うであろう.部分的には遺伝子の大きさの差異によっている.異なる遺伝子は異なった大きさをもっているので,突然変異率を表わす理想的な方途は座当りでなく,塩基対当りである.普遍的突然変異率として,1×10^{-7}/塩基対/世代という値(Kimura, 1968)をとりあえず仮定しよう.いくつかの遺伝子は極端に小さく,80余りの塩基対で構築されているものもある.tRNA の遺伝子がこの例である.tRNA 遺伝子座当りの起こりうるすべての変異の自然突然変異率は 8×10^{-6} にすぎないものであろう.第2章で議論したように,tRNA に課せられている分子構造的要請は非常に厳密なものである.tRNA 遺伝子の塩基配列のほとんどいかなる変更も禁制突然変異に相当するであろう.生物の歴史を通じて,tRNA の塩基配列が厳格に保存されてきたことは,自然淘汰によって禁

制突然変異が無慈悲に除去されたことによるだけでなく，遺伝子が小さいことにもよっている．遺伝子が小さいために，座当りの突然変異率は極端に低いのである．

一般に，脊椎動物のチトクロム c は104アミノ酸残基で構成されている．ポリペプチド鎖の各アミノ酸残基はmRNAのトリプレット塩基で決められているので，チトクロム c 遺伝子の大きさの最小値は312塩基対である．したがって，チトクロム c 座当りの真の突然変異率として 3×10^{-5} という値が得られる．この値は，禁制突然変異だけに適用しうる 1×10^{-5} という一般に受け入れられている値の範囲におさまっている．ポリペプチド鎖が短くなるにしたがって，機能に必須な座位，すなわちどのようなアミノ酸置換も禁制突然変異になるアミノ酸配列の部分が大きくなるのが普通である．小さい遺伝子に関しては，起こりうるすべての変異の真の突然変異率は，禁制突然変異だけに適用しうる，一般的な値とほとんど違わないものであろうと予想される．このような場合，座当りの低い突然変異率が無慈悲な自然淘汰圧に対する保護壁になっている．事実，チトクロム c のアミノ酸配列は，約3億年前に始まった脊椎動物の進化を通じて，広い範囲にわたって保存されている．ヒトとマグロのような遠縁の脊椎動物のチトクロム c でも，104座位のうち21が互いに異なっているだけである (Margoliash, 1966)．

また他方では，いくつかの酵素や非酵素性タンパク質のサブユニットになるポリペプチドは，600にも達するアミノ酸残基で構成されていることもある．したがって，このようなポリペプチド鎖のシストロンは1800塩基対の長さになる．この場合，座当りの全突然変異率は 2×10^{-4} になり，全突然変異と禁制突然変異の変異率の大きさには1桁の差異がみられる．この差は寛容突然変異に相当するものである．長いポリペプチド鎖では，アミノ酸置換で機能に影響を蒙らない座位が多くなるので，このような大きな差は予期されるものである．酵素サブユニットの場合，機能にとりわけ必須といえない座位でのアミノ酸置換は，至適pHや K_m などの反応速度的特性を変化させる．したがって特定の寛容突然変異が好ましいものとして保存される機会が自然淘汰によってもたら

されるであろう．

それぞれの生活機能がゲノム内の単一遺伝子に支配されている間は，機能にとりわけ必須でない座位を多くもつ大きな遺伝子のみが，急速かつ有意義な進化的変化を経るのである．大きい遺伝子に関しては，寛容突然変異の自然生成率が，禁制突然変異について受け入れられている 10^{-5} という値より約 10 倍高い，ということをはっきりさせておくことは無駄なことではない．

3. 遺伝子内組換えと多型性の増幅

電気泳動法による研究が始まるとともに，品種間交配をしている集団で保持されている複対立遺伝子系が，血液型や組織適合性遺伝子だけに固有なものでないことが徐々に明らかになってきた．ヒトや他の脊椎動物で研究された多くの酵素遺伝子座は，多くの対立遺伝子をもっていることが見出された(Harris, 1969; Salthe, 1969)．酵素の電気泳動での変化型を産出する対立遺伝子は，アミノ酸置換でポリペプチド鎖の正味の電荷が変わるタイプのミスセンス突然変異に相当するものである．すなわち，この変異は一つのアミノ酸を電荷の違うアミノ酸と交換させるのである．アラニンとグルタミン酸との置換がこの例である．あらゆる可能なミスセンス突然変異の 40% は，変異型遺伝子がつくるポリペプチド鎖の正味の電荷を変化させると考えられている(Fitch, 1966)．電気泳動で変化するポリペプチド鎖をつくるミスセンス突然変異は，ほとんどの例においてヘテロ接合の有利性を示さないし，また集団内での対立遺伝子頻度が Hardy-Weinberg 理論から期待される値を示すので，自然淘汰に中立な寛容突然変異に相当するものであると考えられる．

しかし，自然淘汰に中立な変異型遺伝子について，Kimura と Crow (1964) は一つの集団で維持されうる対立遺伝子の数に厳密な制限があることを明らかにした．彼らは $n=4N\mu+1$ という式を導き出した．ここで，n は中立な複対立遺伝子の有効な数，N は交配可能な成体の数で表わした集団の大きさ，μ は座当り世代当りで表わした自然突然変異率である．自然寛容突然変異率として，一般に 1×10^{-4} という値を採ってよいだろうから，ある集団が単一遺伝子座で

四つの中立な複対立遺伝子を維持するためには，その集団が 7500 の交配可能な成体から構成されている必要がある．集団をその成員相互間で交配可能な単位と定義すると，ほとんどの生物種の個々の集団が上の例で考えたような大きさになることはめったにない．

はたして寛容突然変異の自然生成だけが，複対立遺伝子の確立と維持のための唯一の要因であろうか．遺伝子多型を生成し，維持する他の機構があるのだろうか．

多様な脊椎動物種について同じ酵素遺伝子座を調べてみると，ある種はその座に多くの対立遺伝子を保持しているが，他の種は対応する座に多型のきざしを示さないという事実が見出される．たとえば，常染色体遺伝性の酵素である 6-リン酸グルコン酸脱水素酵素の遺伝子座では，電気泳動での変化型を支配する複対立遺伝子系がヒト (Parr, 1966)，ラット (Parr, 1966)，シカネズミ (Shaw, 1965)，ネコ (Thuline et al., 1967)，ウズラ (Barker & Manwell, 1967; Ohno et al., 1968)，金魚，その他の魚 (Bender & Ohno, 1968) で見出されている．しかし，マウスやニジマスの場合には，私たちはそれぞれについてすでに 1000 個体近くを調べたが，今までにこの酵素の電気泳動での変化型をつくる個体を一つ見出しただけである．しかし自然突然変異は，種の違いには関係なく，同じ大きさの相同な遺伝子には同じ頻度で変化をもたらすはずのものである．

"多型はさらに多型を生成する"と表わしうる原則があるのだろうと考えられる．この原則の意味するところは，突然変異類似の事象は，ホモ接合よりもヘテロ接合の生殖細胞で恐らく高い頻度で生成する，ということである．このような原則があるならば，寛容突然変異によって生成した新しい対立遺伝子の頻度が遺伝的浮動などの方途で有意な割合まで増加しないならば，遺伝子の塩基配列は集団中でかなり安定に保存されると考えられる．しかし，多型がいったん確立してしまうと，ヘテロ接合個体でしばしば起こる突然変異類似の事象は，小さい集団内ででも多型を存続させるだろう．ヘテロ接合個体でのみ起こるこのような突然変異類似の事象は，遺伝子内組換えの結果だろうと考えられる．相同遺伝子間の組換えはホモ接合体か，あるいは互いに 1 塩基置換の違いしか

ない普通のヘテロ接合体で起こっても，何らの結果も認められない．組換えをする二つの対立遺伝子が互いに二つ以上の隣接していない塩基置換の差異をもつときにのみ，それまで存在していた二つの対立遺伝子のいずれとも異なった，新しい構成をもった遺伝子が，組換えによって生じるのである．

遺伝子内組換えはどのくらいの頻度で起きるのだろうか．いくつかの血液型遺伝子座は多くの対立遺伝子をもっていることで際立っており，これらの座でホモ接合であるよりはヘテロ接合である個体のほうが頻度が高くなっている．Stormont(1965)によれば，ウシのB系の血液型を制御する遺伝子座では，抗血清を組み合わせて検出した突然変異類似の事象の自然生成率は 2×10^{-3}, すなわち500個体に一つである．この値は，自然寛容突然変異率の1万に一つ (1×10^{-4}) という値と比べると，驚くほど高いものである．

WrightとAthertonは，カワマスの彼らの保存品種中に，乳酸脱水素酵素Bサブユニット遺伝子座の三つの対立遺伝子をもつ系統を保有している．すなわち一つの野生型遺伝子(B)と二つの変異型(B′とB″)である．彼らの抄録 (Wright & Atherton, 1968)によると，B′とB″の組換えによって，表現型として野生型B遺伝子の特性を示す復帰突然変異が驚くほど高い頻度で起こっており，B/B♀×B′/B″♂間の交配から生まれた子孫100個体当り二つがこのようなタイプである．

マウスの同系交配品種の2個体間の F_1 雑種は，ほぼ20ある組織適合性遺伝子座のすべてにおいて，両親から受け継いだ遺伝子のヘテロ接合であろう．したがって，F_1 間の相互交換的な皮膚移植は生着すると考えられる．拒絶反応が起こるとすれば，F_1 マウスの体細胞あるいは両親の生殖細胞のどちらかで起こった突然変異類似の事象を反映したものに相違ない．Bailey(1966)は 13.5×10^{-3}, すなわち大雑把にいって100の移植に一つの拒絶反応を見出した．それぞれの同系交配品種では，組織適合性遺伝子座が極めて安定に維持されているので，この観察された突然変異類似の事象は，F_1 雑種の体細胞で起こった遺伝子内組換えを反映したものであるというのが最も理にかなった説明であろう．

6-リン酸グルコン酸脱水素酵素 (6-PGD) という NADP 依存酵素は，約 120,000 の分子量をもつ 2 量体である．この酵素のサブユニットは約 600 のアミノ酸残基から構築されているといえる．したがって，6-PGD 遺伝子座は 1800 余りの塩基対からなるかなり大きなものである．ウズラ (*Coturnix c. japonica*) では，この遺伝子座は常染色体遺伝性であり，この座の電気泳動での変化型 A, B, C, D を支配する四つの対立遺伝子が私たちのウズラ保存種中に維持されている (Ohno et al., 1968)．これらの保存種をもちいて，一つの対立遺伝子のホモ接合個体と他の二つの対立遺伝子のヘテロ接合個体との交配，たとえば A/D×B/B のような多くの交配実験を企てることができる．このような交配から生まれる子孫はすべて，A/B と B/D の両方の構成をもつヘテロ接合個体であり，染色した電気泳動ゲル平板上で，6-PGD の三つの染色帯を示すであろう．子孫中に生じる他の表現型は，片親の生殖細胞で起こった突然変異類似

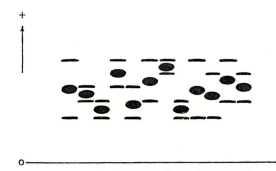

図8 ウズラの 6-PGD の表現型を示すデン粉ゲル平板写真の透写図 (電気泳動後，染色)．B/C ヘテロ接合の雌親で生じた D′(mu) サブユニットを支配する新しい組換え型変異遺伝子の伝達が示されている．矢印は陽極側を表わす．A, B, C, D サブユニットは保存品種に保有されている既存の対立遺伝子に支配されている．A₂ 同質二量体のバンドは原点にいちばん近い位置にあり，D₂ 同質二量体は易動度が最も高く陽極側に位置している．それぞれのヘテロ接合個体が示す三つのバンドのうち，中間にあるものが雑種分子 (異質二量体) のバンドである．1 から 7 列はそれぞれ雄親，雌親，五つの子孫型である．五つのうち，四つの子孫型は予想されるタイプであるが，一つは新しい組換え型変異対立遺伝子である．A/D 雄親 (1 列目)，B/C 雌親 (2 列目)．A/B (3 列目)，C/D (4 列目)，A/C (5 列目)，B/D (6 列目) は予期される子孫型表現型である．一つの子孫 (7 列目) は雄親から D を受け継いでいるが，雌親から B または C の代りに，予期されない組換え型 D′(mu) を受けついでいる．8 から 12 列は，D/D′(mu) 雄親と A/B 雌親 (8 列目) との交配から生まれた子孫の表現型．予想される四つの表現型が子孫中にみられる．A/D (9 列目)，A/D′(mu) (10 列目)，B/D (11 列目)，B/D′(mu) (12 列目)．

の事象を反映したものであろう．26のこのような交配実験から，合計1011子孫個体を分析し，ヘテロ接合の親で起こった六つの突然変異類似の事象を検出した．このうち，三つの組換えは復帰変異型の対立遺伝子を作りだし（すなわちA/Dの親からBに似た電気泳動での変化型をもつ子孫が生れる），ほかの三つは，保存種中にはみられなかった新しい二つのタイプの電気泳動での変化型を生みだした（図8）(Ohno et al., 1968).

上の諸例から，比較的大きな遺伝子座での遺伝子内組換えは10^{-2}から10^{-3}の間の頻度で起こりうるものであるという結論が導き出せるだろう．自然寛容突然変異および対立遺伝子間の組換えは，複対立遺伝子系の生成と維持に相補的に働いている．野生型遺伝子の違った座位でミスセンス突然変異が起こって，二つの対立遺伝子がいったん生じると，この二つの対立遺伝子間の組換えは，次に示すように，新しい第3の対立遺伝子を生みだす．

野生型	-Pro-Arg-
変異型1	-His-Arg-
変異型2	-Pro-Met-
1と2の組換え体	-His-Met-

さらに，組換えによる復帰型変異も，小さい集団での複対立遺伝子系の維持に役立っているであろう．突然変異はランダムな事象であるので，ある集団が自然淘汰の采配に委ねる寛容突然変異型の対立遺伝子の数が多くなればなるほど，その集団の進化の速度は早くなるであろう．

4. 生きた化石といわれる生物について

古生物学者が進化の速度の差異に触れるとき，脊椎動物のあるグループは割合短期のうちに数多くのタイプに分岐しているのに，他のグループは幾百万年もの間本質的な変化をしないまま生き残っているようにみえる，という観察事実に論及するのが普通である．現存の生物のうち，その正確な引きうつしが大古の化石資料に見出されているものが普通"生きた化石"と呼ばれている．

有袋哺乳類のうち，北米産オポッサム(*Didelphis virginiana*)は生きた化石

の好例である．1億3000万年前に始まり，新生代の始まりと交替に幕を閉じた白亜紀には，有袋類が地球上の全域に広く分布していた．オーストラリアや南米大陸の現代化した型の有袋類は，競合する有胎盤哺乳類から隔離されていて，広範な適応放散を享受してきたが，白亜紀の有袋類は一般化型であったと考えられ，北米産オポッサムはこれら祖先型有袋類の本質的な特性をすべて維持しているようにみえる．北米産オポッサムは1億年もの間変化しなかったといえる．

現存のオーストラリア産肺魚(*Neoceratodus*)は生きた化石のもう一つの例である．現存の肺魚は葉状の鰭(lobe-finned)をもった魚類の一系統の生き残りであり，その祖先種はデボン紀中期まで溯ることができる．この祖先型から出発して，肺魚類進化の一つの中心的系統から *Ceratodus* が出現した．この属は中生代の三畳紀とそれ以後の時期に広く分布するようになった．*Neoceratodus* は *Ceratodus* の直系の子孫であり，およそ2億年の期間が経ているにもかかわらず，その中生代の先輩のタイプからほとんど変わっていない．他方，南米に現存する肺魚(*Lepidosiren*)やアフリカに現存している肺魚(*Protopterus*)は現代化されている．

次章で述べるように，進化の速度は集団の大きさ，世代時間，その他の要因に大きく影響される．にもかかわらず，脊椎動物のあるグループは1億年以上も本質的に変わらないで生き残っているのに，他のグループは，同じ期間に，適応放散の相継いで押し寄せてくる浪を経て進化したという事実は，突然変異がすべての動物の相同な遺伝子座をほぼ同じ率で変化させるという考えと，矛盾しているように思われる．小さい遺伝子で，その産物のアミノ酸配列が厳格に保存されねばならない場合，生きた化石とより進化した類縁種は，中立突然変異を実際にはある一定期間にほぼ同じ数だけ集積しているであろう．要するに，現在のオポッサムとカンガルーのチトクロムcのアミノ酸配列を相互に比較するだけでなく，白亜紀の祖先型有袋類のチトクロムcとも比較しうるなら，二つの現存種は共通の祖先の時代以後おおよそ同数の中立アミノ酸置換を集積していることがわかるだろう．

遺伝子多型はさらに多型を生成するという原則をもとにして,生きた化石の可能な説明を見出すことができる.大きな遺伝子は,非常に多様な,機能のある対立遺伝子を生みだす可能性をそなえており,自然淘汰はまずこのような遺伝子に作用する.これらの遺伝子座で寛容突然変異の集積に伴って,しきい値がいったん越えられると,いろいろな対立遺伝子が遺伝子内組換えで矢継ぎ早に新生しうるようになる.しきい値を越えたこれらの種は,急速な適応放散を経て,進化することができたであろう.これに対して,しきい値を越えられなかった種では,進化の速度は非常にゆっくりとしたままであったろう.この結果が生きた化石なのである.

文　献

Bailey, D. W.: Heritable histocompatibility changes: Lysogeny in mice? Transplantation **4**, 482-488(1966).

Baker, C. M. A., Manwell, C.: Molecular genetics of avian proteins. VIII. Egg white proteins of the migratory quail, *Coturnix coturnix*. New concepts of "hybrid vigour". Comp. Biochem. Physiol. **23**, 21-42(1967).

Bender, K., Ohno, S.: Duplication of the autosomally inherited 6-phosphogluconate dehydrogenase gene locus in tetraploid species of Cyprinid fish. Biochem. Genet. **2**, 101-107(1968).

Fitch, W. M.: An improved method of testing for evolutional homology. J. Mol. Biol. **16**, 9-16(1966).

Harris, H.: Enzyme and protein polymorphism. Brit. Med. Bull. **25**, 5-13(1969).

Kimura, M.: Evolutionary rate at the molecular level. Nature **217**, 624-626(1968).

—, Crow, J. F.: The number of alleles that can be maintained in a finite population. Genetics **49**, 725-738(1964).

Lyon, M. F.: Some evidence concerning the "mutational load" in inbred strains of mice. Heredity **13**, 334-352(1959).

Margoliash, E.: Sequence and structure of Cytochrome C. Advances in Protein Chem. **21**, 113-286(1966).

Ohno, S., Stenius, C., Christian, L. C., Harris, C.: Synchronous activation of both parental alleles at the 6-PGD locus of Japanese quail embryos. Biochem. Genet. **2**, 197-204 (1968).

—, —, —, Schipmann, G.: *De novo* mutation-like events observed at the 6-PGD locus of the Japanese quail, and the principle of polymorphism breeding more polymorphism. Biochem. Genet. **3**, 417-428 (1969).

Parr, C. W.: Erythrocyte phosphogluconate dehydrogenase polymorphism. Nature **201**, 487-489 (1966).

Russell, W. L.: X-ray induced mutations in mice. Cold Spring Harbor Symposia Quant. Biol. **16**, 327-336 (1951).

Salthe, S. N.: Geographic variation of the lactate dehydrogenases of *Rana pipiens* and *Rana palustris*. Biochem. Genet. **2**, 271-304 (1969).

Shaw, C. R.: Electrophoretic variation in enzymes. Science **149**, 936-943 (1965).

Slatis, H. M.: Comments on the rate of mutation to chondrodystrophy in man. Am. J. Human Genet. **7**, 76-79 (1955).

Stevenson, A. C.: Comparisons of mutation rates at single loci in man. In: *Effect of radiation on human heredity*, pp. 125-137. Geneva: World Health Organization 1957.

Stormont, C.: Mammalian immunogenetics. In: *Genetics today* (Geerts, S. J., Ed.), Vol. 3, Chapter 19, pp. 716-722. New York: Pergamon Press 1965.

Thuline, H. C., Morrow, A. C., Norby, D. E., Motulsky, A. G.: Autosomal phosphogluconic dehydrogenase polymorphism in the cat (*Felis cattus* L.). Science **157**, 431-432 (1967).

Whitfield, H. J., Martin, R. G., Ames, B. N.: Classification of aminotransferase (C gene) mutants in the histidine operon. J. Mol. Biol. **21**, 335-355 (1966).

Wright, J. E., Atherton, L.: Genetic control of interallelic recombination at the LDH B locus in brook trout. Genetics **60**, 240 (1968).

第 9 章

進化速度，および隔離の重要性

大きいスケールで進化を議論するとき，よく訓練された Mendel 遺伝学者ですら，Lamarck の幻影にしばしば屈服することがあるということは奇妙な事実である．すなわち，なぜヒトは体毛をもたないかという質問に対して，次のような答えが返ってくる．"森に住み，枝から枝へ腕渡りするブラキエーター動物であった私たちの先祖のヒトニザル（類人猿）が，開かれた土地に出てきた

とき，彼らは背中に重荷を背負って遠い道程を歩まねばならなかった．この行動は毛で覆われた体を過熱し易くした．だから体毛がなくなったのであろう．"
このような説明は，自然淘汰の指令にしたがって，突然，集団の意志決定を行なって，喘ぎ，汗をかきながら歩みつづけるヒトニザルの一群の絵画を心に活き活きと描かせる．この幻影的なものの意味することは，体毛のあるヒトニザルの一群のすべての成員が無毛のヒトニザルに変換したということである．このような無意識に培われた幻想は，互いに肩を並べて前進し，だんだんより高度な状態となり，ついには新種にまで変身するのに成功した種の成員として進化の過程をみるように私たちを誘うのである．だから，種分化の過程は，以前の種に生じた遺伝的変化の蓄積の単なる延長としてみられ，突然変異の頻度が進化の速度であると勝手に翻訳されている．

旧種から新種への一様な変換は，種分化にあずかる遺伝的諸形質がウイルスゲノムによって運ばれるときにだけ生ずる．宿主ゲノムへのウイルスゲノムの広範な感染と，それにひきつづく組込みだけが，旧種の大部分を形質変換させて，新種の構成員にさせることができる．事実，Lamarck の幻影を抱いている進化論者は，ウイルス感染による進化を宣伝していることになるのである．

染色体に担われている遺伝子の遺伝的変化が進化の要因である限り，親の種の少数者集団で行なわれる強い近親交配の結果としてのみ，新種が生ずるのである．無毛性という形質は，ほんの100万年ほど前に，猿人(オーストラロピテクス)か原人(ピテカントロプス, *Homo erectus*)のどちらかで突然変異として生じた，おそらく劣性形質であることは疑う余地がない．突然変異はランダムな事象であるので，特定の突然変異は一般に集団中の特定の個体中の二つの相同遺伝子の一方だけにしか影響しない．だから，毛のあるヒトニザルの1集団中の1個体だけが，無毛という性質を潜在的に獲得したにちがいない．無毛のヒトニザルは，強い近親交配の結果として，無毛性に関してホモ接合の状態を確立した特定の突然変異体の子孫から生じたにちがいない．だから，種分化の過程は普通，多数者集団からの少数者集団の生殖的隔離を必要とすることになる．

1. 種分化の必要条件としての隔離

Charles Darwin(Darwin, 1888)は，隔離の重要性を，種分化の必要条件として十分に把握していなかったようである．Wagner(1889)は隔離の必要性を洞察した最初の人であるように思われる．彼は"Darwinが発端種と考えている真の変種の形成は，ある生物種集団の棲息地域の境となっている障壁をのりこえて，少数の個体が，長期間同じ種の他のメンバーから自らを空間的に隔離することができるときにはじめて，自然界で成功するのである."と述べている．

ヒトでも，5対の末端動原体常染色体間のRobertson型融合が時折，ともかく検出可能な頻度で起こっている(Hamerton, 1968)．しかし，隔離がないので，ヘテロ接合体どうしが対合する機会は非常に低い．したがって，46本の染色体の代りに44本の染色体をもつ，Robertson型転座がホモ接合になった個体は，決して見出されないのである．

しかし，タバコネズミの場合，スイスのPoschiavo渓谷の廃棄されたタバコ工場に隔離されたらしい少数者集団が，強い近親交配によって7種の独立のRobertson型転座のホモ接合体となり，発端種として出現したのである(第7章)．

理論的には，隔離による種分化は，地理的隔離なしでも起こりうる．実際人間は，家畜の新品種をえるために，近親交配を用いてきた．たとえば，ダックスフントのような短足種のイヌは，軟骨性萎縮をひきおこす突然変異遺伝子のホモ接合体となったものである．血統のよいウシでは，優れた表現型を示すわずかな雄だけが種ウシとして保存され，それぞれの種ウシが数百数千の仔をうませるのである．このようなことを行なうと，かなり強い近親交配が起こることになり，その結果，スウェーデンの1匹の種ウシに生じたRobertson型転座がその品種の中で広く拡散し，60本の代りに58本の染色体をもった，たくさんのホモ接合体が見出されることになった(第7章)．

少数者集団が地理的障壁の恩恵なしに，自然界で多数者集団から自らを隔離しうるかどうかということは，長い間，議論の主題となっていた．Mayr(1963)は，種分化の過程は必ず地理的隔離を必要とするということを示す証左，すなわち種分化の異所性(allopatric)モデルを支持する多くの証拠を集積した．一

つの種のうちの生物学的あるいは生態学的品種が，一つの地域に地理的に共存し，しだいに遺伝的に多様化していって，明確な種を形成するようになるという同所的(sympatric)種分化の仮説は，今やあまり信用されなくなった．同所的種分化が存在することを確立しようとして初期に主張された例は，こまかく検討してみると，ほとんどの場合，異所性種分化によって完全種の段階まですでに多様化していたものであることが明らかとなった．最近，種分化の定着場所性(stasipatric)モデルが提出された(White, 1968)．しかし，定着場所性モデルと同所性モデルの基本的な違いが私には見出せない．

　少数者集団が，共存する多数者集団から隔離されるためには，両集団の間の近親交配を妨げる有効な障壁が存在してはじめて可能である．求愛行動や，体色や，染色体構成における違いなどは，第7章で述べたように，有効な障壁として働いているとはいえ，このような差異は一夜にして形成されるものではない．長い間の地理的隔離によってはじめて，少数者集団が，十分に独特な自らの特徴を集積することができるのである．同じ地理的場所を共有する発端種とそのもとの種との間に存在する生殖的障壁を同所的種分化の証拠と思い誤ってはならない．それというのも，そのような障壁自身，それ以前の地理的隔離によって生じたものであるからである．

2. 集団の大きさと成功の代償

　突然変異はかなり稀な事象であるので，1組の新たに獲得した遺伝的形質の固定，すなわちホモ接合状態は，近親交配が行なわれる非常に小さい集団においてしか生じない．新種は必ず，非常に小さい集団から生ずるので，多くの中立突然変異の偶然的な固定もまたこの過程で生ずるに相違ない．実際，第6章で指摘したように，うまく進行した種分化の過程に伴うことのできたアミノ酸置換の多くは中立突然変異に相当するものであると考えられる．

　進化速度は集団の大きさに逆比例しているという理由だけでも，地理的隔離は進化の必要条件である．それ故に，多数者集団の絶滅もまた，地理的隔離に等しい状態をつくり出すことになる．突然の，急激な環境変化によって，繁栄

している種の中の多くの個体が死滅すると，その種は全体として非常に小さい集団に縮小する．その種の多数者集団の遺伝子型はすでに変化した環境に打ち克つのに適していないことが明らかであるので，今や絶滅しかけているこの種の生き残りは，そのまま滅びるか，新しい1組の遺伝形質をホモ接合状態にすることによって新種として登場するかの二者択一に直面する．したがって，種分化に対する最大の好機会が，急激な環境変化の時代に存在することとなる．事実，私たち自身の属(ヒト属)の進化は，4回の氷河期の存在した更新世の100万年の間に起こったのである．私たちに近縁のネアンデルタール人 (*Homo neanderthalensis*) はもちろん，私たちのすぐ先祖にあたるピテカントロプス (*Homo erectus*) も，初期の間氷期に栄え，氷河期に絶滅した．私たち自身の属する種が急速に形成されたのは，私たちの直接の先祖が周期的に絶滅を繰り返したことによっていると考えられる．

種を構成している個体数は，進化において成功したことを示すよい指標である．私たち自身の種は個体数が数億という数に達し，世界のすべての地域に住み，疑いもなく成功の頂点に達している．しかし，この理由で，少なくとも現在は，さらに進化する機会を喪失しているのである．巨大な集団が寛容突然変異を絶えず蓄積して，だんだんと多型的になってきたが，獲得された新しい遺伝形質のいかなるものも，新種の特徴として固定される機会を実際上ほとんど失っている．このようなことが成功の代償である．

3. 世代時間と進化の速度

進化の速度はまた，他のことが同等であるならば，種の世代時間と反比例する．ここでいう世代時間は種の個々の成員が生殖能力をえるのに必要とする時間の長さとして定義されている．だから，個体の寿命とは異なっている．

小型齧歯類は生後1ヵ月そこそこで性的に成熟する．100万年の間には，1200万世代程度を経ることになる．他方，大型の有蹄動物は性的に成熟した年齢に達するには，出生後5年以上を要する．100万年では，わずか20万世代しか経ないことになる．だから同じ時間の間でも，齧歯類は，大型有蹄類には

第9章 進化速度,および隔離の重要性

及びもつかないほどの適応放散を行なう機会に出会うことになる.

進化的に成功したということの基準はさまざまである.私たちは自らをすべての哺乳類の中で最も成功したものと考え易い.しかし私たちは,ほんの一つの種にすぎないのであって,私たちが現在享受している優越性は,ほんのここ数千年の間に発達してきたものである.哺乳類の一つの目(もく)としての霊長類は決して成功したものではない.極めて対照的に,齧歯類は,哺乳類の時代である新生代のほとんどにわたって,すばらしい成功をおさめたといえる.適応放散の範囲,種の数,種内の個体数などが進化における成功の基準であるならば,齧歯類は他の哺乳類のすべてをはるかに凌駕している.齧歯類が成功したのは,その短い世代時間にかなり負っているということには疑いの余地がない.これと対照的に,かなり長い世代時間をもつ動物は,しばしば,あたかも100～200万年もの間,静止していたかのようにみえる.

進化速度に対する世代時間の影響は,齧歯類のハタネズミ亜科(Microtinae)と有蹄類のラクダ科(Camelidae)とを比較することによって例示することができる.ハタネズミ亜科の最も初期のものとして知られている化石の記録は,更新世の $Mimomys$ であって,ヨーロッパやアジアで発見されている.この亜科の多様化は更新世に,100万年間にわたって起こったと考えられる.ハタネズミ亜科の地理的分布は,北米大陸の大部分から,さらに南下してガテマラまでと,ユーラシア大陸の北側2/3程度にわたっている.この亜科には,およそ50の現存種がある.

ラクダ科の現存する種は,およそ100万年前に米大陸に住んでいた共通の祖先種から由来したものである.しかし,たった6種類しか現存種は存在しない.すなわち,旧大陸のフタコブラクダ($Camellus\ bactrianus$)とヒトコブラクダ($C.\ dromedarius$),南米大陸に棲む3種類のラマとビキュニアである.さらに,ハタネズミ亜科でみられる多様化の程度は,ラクダ科でみられるよりも,はるかに大きい.たとえば,ハタネズミ亜科の2倍体染色体数は, $Microtus\ chrotorrhinus$ (Meylan, 1967)での最高数60からハイハタネズミ($M.\ oregonii$)(Ohno et al., 1963)での最低数17までにわたっている.極めて対照的に,ラクダ科の

6種すべては,ラクダであろうとラマであろうと,74本の染色体から構成される,外観上区別できない,2倍体染色体組をもっている(Benirschke, 1967; Taylor et al., 1968).

文　献

Benirschke, K.: Sterility and fertility of interspecific mammalian hybrids. In: *Comparative aspects of reproductive failure* (Benirschke, K., Ed.). Berlin-Heidelberg-New Yokr: Springer 1967.

Darwin, F.: *The life and letters of Charles Darwin*. London: John Murray 1888.

Hamerton, J. L.: Robertsonian translocations in man: Evidence for pre-zygotic selection. Cytogenetics **7**, 260-276 (1968).

Mayr, E.: *Animal species and evolution*. Cambridge (Massachusetts): Harvard Univ. Press 1963.

Meylan, A.: *Microtus chrotorrhinus*, another species with giant sex chromosomes. Mammalian Chromosome Newsletter **8**, 280-281 (1967).

Ohno, S., Jainchill, J., Stenius, C.: The creeping vole (*Microtus oregoni*) as a gonosomic mosaic. I. The OY/XY constitution of the male. Cytogenetics **2**, 232-239 (1963).

Taylor, K. M., Hungerford, D. A., Snyder, R. L., Ulmer, F. A., Jr.: Uniformity of karyotypes in the *Camelidae*. Cytogenetics **7**, 8-15 (1968).

Wagner, M.: *Die Entstehung der Arten durch räumliche Sonderung*. Gesammelte Aufsätze. Basel: Benno Schwabe 1889.

White, M. J. D.: Models of speciation. Science **159**, 1065-1070 (1968).

第III部

遺伝子重複の意義

第10章
重複による同一遺伝子座の生成

　自然淘汰の真の特性が第II部での考察で明らかになった．自然淘汰は遺伝的変化を誘導するものでも媒介するものでもなく，むしろゲノム内の個々の遺伝子の生活機能に必須な座位における塩基配列を保存するのを非常に効率よく統御しているのである．自然淘汰は分子の活性中心に変化をもたらす突然変異の持続を不可能にする．酵素遺伝子の場合，寛容突然変異は酵素の至適pHやMichaelis定数などの反応速度的性質に変化をもたらすことはできるが，基本的な特性を決して変えることができない．したがって，ジヒドロオロターゼ座は未来永劫ジヒドロオロターゼ座のままであろうし，β-ガラクトシダーゼ座はβ-ガラクトシダーゼ座のままであろう．

　すでに存在している遺伝子座で起こる同座の遺伝的変化は，種内の品種分化と直前の先祖からの適応放散には十分であろうが，進化にみられる大きな変化

を説明できないことはきわめて明白になってきている．というのは，進化の大変化は，以前になかった機能をもつ新しい遺伝子座の獲得によって可能になるからである．活性中心部位に起こる禁制突然変異の蓄積があってはじめて，遺伝子座はその基本的性質を変えうるのであり，また新しい遺伝子座となるのである．絶え間ない自然淘汰の圧力から逃れる手段は，遺伝子重複の機構によってもたらされる．遺伝子重複によって，遺伝子座の冗長なコピーが新生する．自然淘汰はこのような冗長コピーの存在を往々にして無視するし，無視されている間に，冗長な遺伝子コピーは，それまで不可能であった禁制突然変異を蓄積し，以前にはなかった機能をもつ遺伝子座に生まれ変わる．このようにして，遺伝子重複が進化の主要動因として登場してくるのである．

分子生物学の黎明以前でさえ，Haldane(1932)のような，先見の明をそなえた多くの遺伝学者は，進化において遺伝子重複が果たす役割の重要さを熟知していた．しかし，遺伝暗号の解読機構が解明され，遺伝子の直接産物に反映されている進化的変化を説明しうるようになるまで，重複がいかに大切であるかを正当に評価することは不可能であった．

重複機構の役割としては，冗長性をもたらすことによって新しい遺伝子を創造することが最も重要なものであるが，このほかにも生物が重複機構からこうむる利益がある．ある生物が物質代謝に必要な特定の遺伝子産物を多量に入用とするとき，ゲノムがその遺伝子座の複数コピーをとりこむことでその要求を満たすことが多々ある．したがって，これは同じ遺伝子産物を多くつくるという役割を果たすタイプの遺伝子重複である．

1. rRNA 遺伝子

第2章で述べたように，真核性生物はたった4種の rRNA，すなわち 5S, 5.8 S, 18 S, 28 S rRNA を必要とするだけである．rRNA は種としては少ないが，多量に生産されねばならない．一つの mRNA の翻訳は数個のリボゾームと会合して起こるのが普通であり，一つの細胞はそれぞれ異なる mRNA 分子種について，恐らく幾百ものコピーをつくっているからである．普通の体細胞

から抽出した全 RNA 量の 85% が rRNA である．

　ゲノムが 4 種の rRNA のそれぞれにたった一つの DNA シストロンしかもっていないとするなら，個々の体細胞は個体発生を支えるのに十分な rRNA を合成できないことがきわめて明白であろう．すでに第 2 章で述べた DNA-RNA ハイブリッド分子形成法をもちいて，Ritossa と Spiegelman (1965) は，キイロショウジョウバエ (*Drosophila melanogaster*) の個々の核小体オルガナイザーは 18 S と 28 S rRNA の遺伝子対の 100 コピーが直列型に重複しているものであることを明らかにした．この遺伝子対は単一の 2 シストロン性 RNA に転写され，その後 18 S と 28 S rRNA に開裂される．ショウジョウバエでは，核小体オルガナイザーは X と Y 染色体に座をもっている．

　アフリカツメガエル (*Xenopus laevis*) では，核小体オルガナイザーは 1 対の相同常染色体に担われている．この脊椎動物の核小体オルガナイザーは，最小に見積って，18 S と 28 S rRNA の遺伝子の直列型に重複している 450 のコピーをもっていることが示唆されている (Brown & Dawid, 1968)．しかし，*Xenopus laevis* のゲノムの大きさ (半数体 DNA 量) が *Drosophila melanogaster* のゲノムの大きさの 30 倍から 40 倍であることを考慮すると，ゲノムの大きさに比べて，*Drosophila* は 2 つのクラスの rRNA 遺伝子を多くもっていることになる．*Xenopus* のゲノムの大きさは哺乳類のものより少し小さいだけである．しかし，哺乳類では，核小体オルガナイザーは一つではなく，多数の染色体対に担われている傾向がみられる．たとえばヒトの 46 の染色体のうち，五つの異なった末端動原体染色体対が核小体オルガナイザーを担っている (第 3 章図 3)．変温動物から恒温動物への進化は，rRNA 遺伝子の重複度の増加を伴ったのだろうか．恐らく，物質代謝速度が早くなるのに伴い，細胞内でより多数のリボゾームが必要となったであろう．

　rRNA の第 3 のクラス (5 S) の遺伝子は，ショウジョウバエでも，ツメガエルでも，染色体の核小体オルガナイザー域に含まれていないことが明らかになっている．しかし，ゲノムに 5 S DNA の非常に大きい冗長性があるようである．ツメガエルのゲノムは 5 S rRNA 遺伝子の 20,000 もの重複したコピーを

もっているというのが最新の推定である(Brown & Dawin, 1968). 第4のクラスのrRNA，すなわち5.8S rRNAは，まだよく解明されていない．

上述の四つのクラスのrRNAのほかに，リボゾームはタンパク質をも含んでいる．リボゾームが絶え間なく形成されるためには，細胞がrRNAと同じく，リボゾームタンパク質を多量に合成しなければならないことは疑問の余地がない．自然淘汰が，リボゾームタンパク質のそれぞれの構造遺伝子の直列重複による増幅をやはり好ましいものとして選び出したかどうか，を明らかにすることは非常に興味のあることである．哺乳類の細胞の細胞質にあるリボゾームはほぼ60種のタンパク質でできており，それらの分子量は8000から58000の範囲にあることが示されている(Howard et al., 1975)．

両棲類と棘皮類における卵形成過程で，18Sと28S rRNA遺伝子の増幅がさらに起こっているようである．すでに触れたように，ツメガエルの核小体オルガナイザーを欠失したホモ接合個体は，18Sと28S rRNAを完全に合成できない．けれども，ヘテロ接合の親の交配から生まれたこのような欠失型のホモ接合個体は，遊泳性のオタマジャクシの段階まで発生しうる(Elsdale et al., 1958)．ヘテロ接合の母親によって卵細胞質中に貯えられたrRNAは，この進んだ発生段階まで，ホモ接合個体の成長を支えるのに十分な量である．450のrRNA遺伝子コピーをもつ核小体オルガナイザーだけで，このような莫大な量の18Sと28S rRNAを，卵形成過程でつくりえないことは明らかであろう．第1減数分裂前期の多糸期に達している卵母細胞が大きくなりはじめると，染色体の核小体オルガナイザー域は染色体から離れたコピーを核液中に分散させ，この結果，卵母細胞の核は，最終的に，染色体から離れた核小体オルガナイザーの1000以上ものコピーをもつようになり，増幅されたコピーは核小体に編制されると考えられている．個々の核小体オルガナイザーは18Sと28S rRNA遺伝子対の450もの直列重複コピーをすでにもっているので，成長中の卵母細胞が利用しうる二つのクラスのrRNA遺伝子数は450×1000という驚嘆すべき数になる．18Sと28S rRNAとはきわめて対照的に，5S RNA遺伝子は，卵形成過程で増幅されて，染色体外に分散されるようなことはないよう

である．染色体はすでにこの遺伝子の2万もの重複コピーをもっているので，それ以上の増幅は必要としないのであろう(Brown & Dawin, 1968)．

爬虫類や鳥類や哺乳類の有羊膜卵の場合には，卵形成過程で核小体オルガナイザーのコピーが染色体外に分散するようなことは，たとえ起こっているとしても，恐らくもっと小さい規模でしか起こっていないだろう．にもかかわらず，染色体のある分節は繰り返し DNA を複製し，そのコピーを染色体外に分散させるが，一方，残りの部分は DNA を複製しないという事実は，広い含蓄ある意味をもっているものである．

2. tRNA 遺伝子

tRNA も種類は少ない．生物のゲノムは，tRNA に転写されるたった30余りの遺伝子を必要とするだけである(第2章)．しかし平均的な長さの mRNA が1回ポリペプチドへ翻訳されるためには，200～300 の tRNA が必要であるので，細胞は個々の tRNA 種をかなり多量に生産しなければならない．事実，成長している胚から抽出した全 RNA の 15% 程度は tRNA である．tRNA の場合にも，自然淘汰はそれぞれの tRNA 遺伝子の直列重複を好ましいものとして選び出したと考えられる．Ritossa, Atwood, Spiegelman (1966(1)) は，DNA-RNA ハイブリッド法を用いて，もし60種の tRNA 遺伝子があるなら，キイロショウジョウバエのゲノムは個々の遺伝子の重複した13コピーをもっているだろうという結論に達した．同じ方法を用いて，アフリカツメガエルでは，半数体ゲノムはほぼ8700コピーの tRNA 遺伝子をもっており，基本的な tRNA 種のそれぞれに平均200コピーの遺伝子があると推定されている(Clarkson *et al.*, 1973)．

このような方法で得た tRNA 遺伝子の表面上の冗長性が，そのまま直ちに，ゲノムがそれぞれの tRNA 遺伝子の複数コピーをもっているという証左にはならないが，ツメガエルで個々の tRNA 種の遺伝子数が DNA-RNA ハイブリッド法で調べられた結果，バリン tRNA ($tRNA^{Val}$) は約240の遺伝子コピーをもち，2種あるメチオニン tRNA のうち，$tRNA_I^{Met}$ は約310コピー，$tRNA_{II}^{Met}$

は約170コピーあると結論されている(Clarkson et al., 1973). 2種のメチオニンtRNAが細胞中にほぼ等量存在しているので,tRNA濃度が遺伝子の重複度のみに依存するのかどうかという問題は未解決である.

3. 同一遺伝子の重複コピーの存在による不利性

表面上,生物が莫大な量の特定の遺伝子産物を保持する必要が生じると,この要求はいつも同じ遺伝子の多くのコピーをゲノムにとりこむことによって容易に充足されうるだろうと考えられる.しかし,多くのコピーをとりこむことは必然的に不利性を伴うというのが自然淘汰と遺伝機構の本性なのである.

両棲類無尾目のアフリカツメガエルから単離したrRNAは,メキシコ産サンショウウオ(*Axolotl mexicanum*)やアカエライモリ(*Necturus maculosus*)などのサンショウウオ類から抽出した核小体オルガナイザーDNAと非常によくハイブリッド分子を形成するが,この事実は,自然淘汰が18Sと28SrRNAの遺伝子対の塩基配列を厳密に保存したことを明らかにしている(Brown & Dawid, 1968). 無尾類とサンショウウオ類は2億8000万年もの間(石炭紀初期に最初の両棲類が地球上に出現した以後),別々の進化の道程を経てきた.もし,この遺伝子の多くの座位での塩基配列が寛容なものであったなら,約3億年もの時間経過は,無尾類とサンショウウオ類の核小体オルガナイザーの間に塩基配列の著しい差異を生みだしたであろう.この考えによると,無尾類のrRNAはサンショウウオ類の核小体オルガナイザーDNAとハイブリッド分子を効率よくつくらないことになる.

自然淘汰の働きは,ゲノムが個々の遺伝子の一つのコピーしかもっていない場合,禁制突然変異を除去し,DNAシストロンの塩基配列を効率よく統御しうるのである.端的に,ゲノムが同じ遺伝子のコピーを三つもっていると仮定しよう.三つのコピーのうち一つが禁制突然変異によって機能を失っても,これは寛容なものだろう.欠損型のホモ接合個体はまだ四つの機能のある遺伝子を備えているからである.第2のコピーを働きのないものにする禁制突然変異もまた寛容なものである.2重欠損型のホモ接合個体さえも健全な遺伝子を二

つもっているからである．このようにして，比較的短期間に，三つの重複した遺伝子のうち二つが"廃物DNA"の状態になってしまって，最終的に，ゲノムにただ一つの機能のある遺伝子が残る．したがって，核小体オルガナイザーに幾百もの直列配列した重複コピーをもっていることは，表面上考えられるほど理想的な状態ではない．というのは，重複している遺伝子は，突然変異によって，ゆっくりとではあるが，確実に無用な遺伝子になるであろうからである．理想的な状態は，配偶体が18Sと28SrRNAのそれぞれに一つの遺伝子をもっているだけで，受精後にこの遺伝子の直列配列の重複が起こる場合であろう．この方途では，ある個体に含まれているrRNA遺伝子の多重コピーのすべてが，欠陥型かあるいは正常型かのどちらかになる．自然淘汰は欠陥型のリボゾーム遺伝子を受け継いだ個体を不適合なものとして除去してしまう．リボゾーム遺伝子を統御するのに，この理想的な方途をもちいている生物がまったく知られていないことは驚くべきことであろう．

　Callan(1967)は，生物が遺伝子の重複コピーをゲノムに保持することによる危険から逃れる非常に巧妙な機構を提唱した．直列重複遺伝子に階層構造があって，一端にある一つの遺伝子が主遺伝子であって，残りは従遺伝子であるという，主・従説(master-slave theory)を彼は仮定している．毎細胞分裂前にDNAが倍化するとき，従遺伝子でなくて，主遺伝子だけがDNA複製の鋳型として働く．主遺伝子-従遺伝子系の正味の効果は，リボゾーム遺伝子を一つだけもっている配偶子と同じである．個体に含まれるリボゾーム遺伝子がすべて欠陥型か正常型かのどちらかになるからである．もし，主遺伝子に禁制突然変異が起こると，次世代の細胞の従遺伝子のすべてが同じ欠陥を受け継ぐことになる．

　無尾類とサンショウウオ類は450もの直列配列したrRNA遺伝子をゲノムにもっているにもかかわらず，この遺伝子の塩基配列を厳密に保存することができているのは，この主遺伝子-従遺伝子系によっているのであろうか．

　生物が同じ遺伝子の重複コピーを保持しているために蒙るもう一つの難事は，直列重複コピーで構成されている染色体域で起こる欠失や重複の繰返しである．

遺伝組換えは二つの相同染色体間の正確な遺伝子間の対合によって起こるので，減数分裂過程で普通に起こる相同染色体間の交叉は，原則として，問題を生じない．しかし，遺伝子重複のある染色体域では，相同な対合はきわめて不正確になる．たとえば，一つの染色体の核小体オルガナイザー域の先端にある1番目のrRNA遺伝子が，相同染色体の核小体オルガナイザー域の中央部にある250番目のrRNA遺伝子と対合することもあろう．このような位置のずれた対合の結果として"不等交叉"が起こる．両方の染色体がrRNAの450のコピーからなる核小体オルガナイザーをもっている場合，図9に示されているように，一つの染色体は200コピーしか受けとらない（欠失）し，もう一方の染色体は700コピーをもつ（重複の繰返し）ようになる．もし相同な対合がほぼ同一塩基配列をもつDNA間に存在する親和性に正確に基づいているなら，このような位置のずれた対合から起こる不等交叉は，体細胞において同じ染色体の二つ

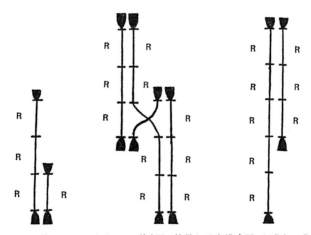

図9 遺伝子重複をしている部位での不等交叉の結果を示す模式図．18Sと28SrRNAの遺伝子対が直列配列型に重複した三つのコピーをもつ核小体オルガナイザーについて例示してある．中央: 第1減数分裂前期．重複部位での相同対合がずれて起こる．このような対合から，左側の染色体の第3遺伝子と右側の相同染色体の第1遺伝子との間にキアズマが形成される．左と右: 第2減数分裂後の2つの娘細胞．左: 二つの染色分体のうち一つは欠失型の核小体オルガナイザー（一つのRしかもたない）を受け継ぐ．右: 二つのうち一つの染色分体はさらに遺伝子重複が起こった核小体オルガナイザーを受け継ぐ（五つのRをもつ）．交叉は対合した相同染色体の四つの染色分体のうち二つの間で起こるので，減数分裂後生じる四つの配偶子のうち二つの配偶子が影響される．

の染色分体間ででも起こりうるであろう．キイロショウジョウバエでは，このような不等交叉は絶えず起こっている．双方の親からかなり欠失した核小体オルガナイザーを受け継いだ個体は，著しい成長遅延を示すので，最後には識別されうるようになる(Ritossa *et al.*, 1966(2))．この変化を蒙ったハエは *bobbed* 変異体として知られている(Stern, 1927)．欠失型核小体オルガナイザー間で不等交叉がさらに起こると，時たま正常な核小体オルガナイザーが再生するので，*bobbed* 変異体の系統から正常なハエが往々にして出現する．不等交叉の相互交換的組換えの結果つくりだされるのは，rRNA 遺伝子の正常な重複度より多いコピーをもつ，異常に大きい核小体オルガナイザーである．しかし，可能性として予想されることに反して，このような大きな核小体オルガナイザーを受け継いだハエは超ハエにはならない．

　さらに，ショウジョウバエには，一般的な成長遅延をもたらすもう一つのクラスの突然変異がある．*minute* と呼ばれているものであって，ホモ接合で致死になる優性変異である．*minute* は表現型としては均一なクラスをなしているが，ゲノムに広く分散した50もの遺伝子座のどれに変異が起こっても，*minute* の形質が表われる．Atwood(Ritossa *et al.*, 1966(1)に引用)は，個々の *minute* も特定の tRNA の平均13の重複コピーからなるクラスターで起こった不等交叉による欠失であろうと仮定している．

　このような不等交叉の有害な結果は，同じ遺伝子の直列重複している染色体分節が担わねばならない定めなのである．しかし，配偶子が遺伝子を一つだけもっていて受精後に遺伝子重複が起こる系と，主遺伝子-従遺伝子系という，これら二つの理想的な系を生物が採用していないので，みたところ有害な欠失は，長い目でみると，あるいは有益なものかもしれない．すなわち，欠失の結果，核小体オルガナイザーは，突然変異の蓄積で機能のなくなった退化した重複遺伝子を整理することができる．その後に，部分的に欠失した核小体オルガナイザー間の不等交叉によって，今度は大部分正常なコピーからなるもとと同じ重複度をもつものが回復されうるわけである．

　哺乳類は核小体オルガナイザーをいくつかの染色体上にもっているので，非

相同染色体の分節間で核小体オルガナイザーの均一性を保つというもう一つの問題がでてくる．これらすべての核小体オルガナイザー域が遺伝物質の相互交換的組換えに関与しないなら，あるものは18Sと28SrRNAの生産に貢献しない退化した，役に立たない，コピーの集まりになってしまうであろう．

ヒトの2倍体核の46染色体のうち，核小体オルガナイザーは3対の中間の大きさの末端動原体染色体(13,14,15番目の対)と2対の最小の末端動原体染色体(21,22番目の対)に位置している(第3章図3)．ヒトの体細胞では，これらの末端動原体染色体は，往々にして，核小体オルガナイザー部位で互いに非常に密な会合をしている(Ferguson-Smith & Handmaker, 1961; Ohno et al., 1961)．これは，非相同染色体に担われている相同性を維持するのに，哺乳類がもちいている方途であると考えられる．

文　献

Brown, D. D., Dawid, I. B.: Specific gene amplification in oöcytes. Science **160**, 272-280 (1968).
Callan, H. G.: The organization of genetic units in chromosomes. J. Cell Sci. **2**, 1-7 (1967).
Clarkson, S. G., Birnstiel, M. L., Serra, V.: Reiterated transfer RNA genes of *Xenopus laevis*. J. Mol. Biol. **79**, 391-410 (1973).
Elsdale, T. R., Fischberg, M., Smith, S.: A mutation that reduces nucleolar number in *Xenopus laevis*. Exptl. Cell Res. **14**, 642-643 (1958).
Ferguson-Smith, M. A., Handmaker, S. D.: Observations on the satellited human chromosomes. Lancet **1961 I**, 638-640.
Haldane, J. B. S.: *The causes of evolution*. New York: Harper and Bros. 1932.
Howard, G. A., Traugh, J. A., Crosser, E. A., Traut, R. R.: Ribosomal proteins from rabbit reticulocytes: Number and molecular weight of proteins from ribosomal subunits. J. Mol. Biol. **93**, 391-404 (1975).
Ohno, S., Trujillo, J. M., Kaplan, W. D., Kinosita, R.: Nucleolus-organizers in the causation of chromosomal anomalies in man. Lancet **1961 II**, 123-125.
Ritossa, F. M., Spiegelman, S.: Localization of DNA complementary to ribosomal RNA in the nucleolus organizer region of *Drosophila melanogaster*. Proc. Natl. Acad. Sci. US **53**, 737-745 (1965).
—, Atwood, K. C., Spiegelman, S.: (1) On the redundancy of DNA complementary to

amino acid transfer RNA and its absence from the nucleolar organizing region of *Drosophila melanogaster*. Genetics **54**, 663-676 (1966).

—, —, —: (2) A molecular explanation of the *bobbed* mutants of *Drosophila* as partial deficiencies of "ribosomal" DNA. Genetics **54**, 819-834 (1966).

Stern, C.: Ein genetischer und zytologischer Beweis für Vererbung in Y-chromosome von *Drosophila melanogaster*. Z. Induktive Abstammungs- u. Vererbungslehre **44**, 187-231 (1927).

第11章
もと対立遺伝子であった二つをゲノムの別座に組み込むことによる永続的なヘテロ接合の有利性の獲得

　集団のほんの特定の成員だけを利しているヘテロ接合の有利性は，関与している二つの対立遺伝子が二つの別個の遺伝子座としてゲノムにとりこまれるならば，新種の特徴として固定されうる．このようにして，種のすべての成員は，環境に適合しないかもしれないホモ接合体を全然つくり出さずに，ヘテロ接合の有利性をずっと享受するようになるだろう．

　長い川に棲むある仮想上の魚の一種を想像してみよう．この川は最北部の山々に発し，南部の沙漠地帯をぬけて，大洋に注いでいる．さらに，この種は，ある酵素，たとえばエステラーゼ(Es)の遺伝子座に，二つの対立遺伝子を保有していると想定しよう．一つの対立遺伝子によって定められるEsのA変化型は5°Cという最適温度をもっているが，もう一つの対立遺伝子によって定められるEsのB変化型は20°Cで最も効率よく働く．最北部の山岳地帯に棲む亜集団では，自然淘汰は無条件にA変化型を利するので，全体としてその亜集団はA/Aの型のホモ接合体となっている．反対に，B変化型は最南部の沙漠地

帯に棲む別の亜集団にとって都合のよいものとなっていて，B 変化型はその亜集団の野生型対立遺伝子となっているであろう．この川の中流地帯での水温は四季と共に幅広く変動する．冬は非常に冷く，夏はかなり熱い．中流地帯に棲む亜集団の成員にとっては，疑いもなくヘテロ接合の有利性が存在する．A/B 型のヘテロ接合体は，冬の低温にも夏の高温にも打ち克つことができる．しかし，A, B 変異性が同じ遺伝子座の二つの対立遺伝子によって定められる限り，中流地帯における亜集団のたった50％しかヘテロ接合になれない．接合体のうち25％はA/A型で，夏に不向きであり，残り25％はB/B型であって冬の数ヵ月間生存上の困難に遭遇するであろう．このような状況下では，自然淘汰の作用は，中流地帯の亜集団で Es 座が重複したものを好ましいものとして生き残らせるであろうと考えてよい．A, B 両変化型の二つの対立因子が二つの別個の遺伝子座としてゲノムに組み込まれると，亜集団のすべての成員は AB/AB 型となり，望ましくないホモ接合体を一切つくることなしに，永続的なヘテロ接合の有利さを享受することになる．この仮説的状況に非常によく似たことは，コロラド川の支流に棲む魚 *Catostomus clarki* の集団で起こったらしい (Koehn & Rasmussen, 1967)．

　自然淘汰がホモ接合体を強く選別除去するよう作用するときはいつでも，集団のすべての成員にヘテロ接合の有利性をもたらす重複が，好ましいものとされるにちがいない．しかし，もと対立遺伝子だったもの二つを同一ゲノムに組み込むと，困ったことになることがある．すなわち，どんな遺伝子も単独では働かず，むしろ一群の遺伝子が相関した機能を果たすからである．たとえば，グルコース-6-リン酸脱水素酵素(G-6-PD)と6-リン酸グルコン酸脱水素酵素(6-PGD)は，炭水化物代謝のペントースリン酸経路の二つの継続した段階を触媒する．いったん，ある種のこれら二つの酵素の活性が1対1 (2倍体の体細胞では2対2)の遺伝子量比にもとづいて同等に発現している場合には，6-PGD 座だけで重複し，G-6-PD 座で重複しないならば，困ったことになる．だから，6-PGD 座のホモ接合体を選別除去する強い自然淘汰があるとしても，二つの 6-PGD 対立遺伝子は1ゲノムに組み込まれることができないのである．なぜ

なら，G-6-PDに対する確定された遺伝子量比を破壊することによる不利さは，重複によってえられる有利さよりも重いだろうからである．ヘモグロビンの α 鎖と β 鎖は二つの連関していない遺伝子によって支配されている．しかし，2本の α 鎖と2本の β 鎖とが集まって単一のヘモグロビン分子を形成している．一つのゲノムに正常な β 鎖遺伝子と突然変異した β^s 鎖遺伝子とを含むような重複は，その強いヘテロ接合の有利性にもかかわらず，アフリカ人の集団中で起こっていない．この事実は，β 鎖遺伝子を2倍量もつが，α 鎖遺伝子を単位量しかもたないということは，正常な個体発生に適合しないことを示唆しているのであろう．2倍体生物では，遺伝子量は最も重要なことであると考えられる．そうでなければ哺乳類は，第3章で述べたような，X染色体の連関遺伝子に対する精巧な遺伝子量補整機構を発達させなかったであろう．

永続的なヘテロ接合の有利性を獲得するという明白な恩恵にもかかわらず，この種の重複は必ずしも生体にとって都合のよいものではない．一つのゲノムの異なった染色体上に散在する互いに関連した機能を果たすすべての遺伝子の協調的重複は，4倍体になることによってしか達成されない．これが，まさに，倍数体が高等植物の進化において果たしたのと同様に，脊椎動物の進化においても重要な役割を果たしたと私たちが信ずる理由なのである．この点は第Ⅳ部で詳細に議論される．

文　献

Koehn, R. K., Rasmussen, D. I.: Polymorphic and monomorphic serum esterase heterogeniety in Catostomid fish populations. Biochem Genet. **1**, 131-144(1967).

第12章
もとの対立遺伝子の分別調節とアイソザイム遺伝子への転換

　一群の機能的に互いに関連した遺伝子のうち単一座だけの不均衡な遺伝子重複は，その座の二つのもとの対立遺伝子が同一ゲノムに組み込まれたのちすぐに分別遺伝調節機構が発達した場合に可能になる．この遺伝調節機構は，対立遺伝子であった片方だけを個体のあるタイプの細胞で転写されうるようにするので，ある単一座に起こった不調和な重複にもかかわらず，機能的に関連したすべての遺伝子間に，もとの1対1対応の量的関係が効果的に回復する．

　生物が同じ酵素の重複した遺伝子をそれぞれ区別し，個体発生過程で分別利用できるようになるや，生物がこのタイプの遺伝子重複から利益を導きだす道が究極的に開かれる．この分別的な遺伝子の利用によって，重複した遺伝子は異なる自然淘汰の圧力にさらされることになる．二つの重複した遺伝子は違った種類の突然変異を蓄積し，多様化し，最終的に酵素は同じ基質に作用し，同じ補酵素をもちいながらも，相互に著しく異なった反応速度的特性を獲得するようになる．このような方途で，アイソザイムといわれているものの遺伝子群が生まれてきたと考えられる．

　大部分の脊椎動物は，乳酸脱水素酵素(LDH)のA, Bサブユニットに対して，別座にある少なくとも二つの遺伝子をそなえている．この異なるサブユニットは同一分子種とも，異なる分子種とも会合しうる．したがって，二つの異種サブユニットの重合によって，五つの4量体アイソザイムが形成される．すなわち，$A_4, A_3B, A_2B_2, AB_3, B_4$である(Markert, 1964)．二つの別な遺伝子座の産物がそれぞれ制限をうけない親和性を維持しているという事実は，二つが共通の

祖先型遺伝子の重複によって生じたことを示唆している．自然淘汰が二つのサブユニット間のすでに存続していた親和性を維持することは容易であったろうが，もともと親和性をもたなかった別の遺伝子産物間に親和性を新生することは非常に困難なことであったろう．

同様に，哺乳類や他の脊椎動物は，フルクトース二リン酸アルドラーゼのA, B, C というサブユニットに対して，別個に三つの遺伝子座をそなえている．この酵素の場合，同じサブユニットが同じ組織でつくられることはめったにない．たとえば，筋細胞はAサブユニットだけをつくり，肝細胞はBサブユニットだけを生産している．しかし，AとBのサブユニットを $in\ vitro$ で混合すると，互いにランダムに重合し，LDH のA, B サブユニットの重合と同じ様式で五つの4量体アイソザイムを形成する(Penhoet et al., 1966)．生物はアルドラーゼのA, B サブユニットにある高い親和性をほとんど利用していないのであるが，この親和性は，アルドラーゼの三つの別座の遺伝子が単一遺伝子から由来した重複遺伝子であり，別個の調節系のもとにおかれているということを反映していると思われる．

重複した遺伝子座の産物の反応速度的特性の差異の本性は，どのようなものだろうか．さらに，生物はこの差異を個体発生過程でどのように利用しているのだろうか．$NADH_2$ と NAD との相互変換と共役して，乳酸とピルビン酸との相互変換を触媒する LDH の場合，Aサブユニットだけからなる LDH-5 (A_4) はピルビン酸に対する親和性が低い．いいかえると，基質(ピルビン酸)濃度が 10^{-3} M あたりで最も効率よく働く．これと極めて対照的に，Bサブユニットだけからできている LDH-1 (B_4) は高い親和性をもっていて，ピルビン酸濃度が 2×10^{-4} M あたりで最も効率がよい(Plagemann et al., 1960)．A, B サブユニットのハイブリッド分子である LDH-2, -3, -4 は，中間型の反応速度的特性をもっていることを付け加えておこう．ピルビン酸は炭水化物代謝の中心的位置を占めているが，乳酸は酸素供給が乏しいとき一時的に電子受容体あるいは酸化剤として作用する以外，高等生物では有用な目的に適っていないであろうと考えられる．したがって，LDH の最も重要な機能はピルビン酸の還元でも，乳

酸の酸化でもなく，NADとNADH$_2$の比の調節であろう．この比は多くの触媒反応の速度に影響するものである(Markert, 1964)．

以上のことから，LDH-5(A_4)は，血液の供給が比較的低いため嫌気的状態にある組織で，最も有用であることが容易に理解できよう．グルコースが急速に代謝されている場合，ピルビン酸の産生が高くなり，NADがNADH$_2$に急速に還元される．酸素欠乏条件下では，NADH$_2$はNADへ再酸化されない．この酸化が何らかの方途で起こらないかぎり，解糖作用はすぐに抑制されて止まってしまう．低い親和性をもつLDH-5(A_4)の存在は，ピルビン酸を乳酸へ変えることによって，NADH$_2$のNADへの酸化を促進する．この代謝経路のからみあいが，嫌気的条件下で，乳酸が蓄積して有害になる点までエネルギー産生を続けることを可能にしているのである．他方，血液の供給に富み，酸素が十分存在している組織では，ピルビン酸に高い親和性をもつLDH-1(B_4)が好ましいタイプであることは間違いない．周期的に嫌気的条件にさらされる組織にとっては，A, Bサブユニットの両方が同時に存在していることが望ましいであろう．というのは，この状況下では，生産されるLDH分子が大部分ハイブリッドタイプのLDH-2, -3, -4になっているようであるからである．

哺乳類では，胎児はかなり嫌気的な生理的条件下にあるので，事実，胎児のすべての組織でLDH-5(A_4)が優先的なタイプになっている．誕生後も，血液供給の乏しい骨格筋では，LDH-5が優先的に存在している．この組織では，激しい運動後，乳酸の蓄積は危険な度合にまで達する．特に心臓のような，酸素供給が十分な組織では，誕生後LDH-5の生産は抑えられ，Bサブユニット遺伝子の活発な転写と翻訳が始まり，LDH-1が誕生後の心臓で優先的なタイプになる(Markert, 1964)．

アルドラーゼの場合も，A_4分子の反応速度的特性は骨格筋が必要とする特有の代謝要件と協調しなければならないし，またB_4分子の特性も肝細胞が必要とする代謝要件を満たしている(Penhoet et al., 1966)．脊椎動物のような高等生物では，一つの特定タイプの酵素が分別発現するのは単一遺伝子座でなく，重複している一群の遺伝子座によっていることがしばしばあることが，多くの

例で徐々に明らかにされてきている．ヒトや他の哺乳類では，ピルビン酸キナーゼ(PK)に対して別座に少なくとも二つの遺伝子を備えていること(Koler et al., 1964)，またグルコースリン酸ムターゼに対して連関していない三つの遺伝子座を用意していること(Harris et al., 1967)などがこの例である．

脊椎動物のからだは，一つの受精卵から出発して，幾百もの異なる種類の体細胞タイプから構築される複雑な体制になり，そしてどの二つの体細胞タイプもその定められている機能に関して同じであることはない．本章で考察してきた遺伝子重複のタイプが，このような体制の完成におおいに貢献したことはほとんど疑いの余地がない．ゲノムが多くの酵素のそれぞれに重複した遺伝子グループをもっていることによってのみ，同じ遺伝物質をもっている細胞が異なった体細胞タイプに分化しうるのである．このグループの遺伝子は，基質と補酵素の選択に限って，酵素に同じ特性をさずけているのであるが，K_mや至適pHや至適温度に関しては，個々の遺伝子産物はユニークなものである．重複遺伝子のグループから特定の遺伝子を発現させる選択の余地があるので，異なる体細胞タイプは基本的な炭水化物代謝の過程に関してさえ，異なる特徴を獲得するのである．

特殊化した非酵素タンパク質の産生も，このタイプの遺伝子重複から利益を蒙っている．免疫グロブリン分子は，短いL鎖と長いH鎖から構成されており，L鎖とH鎖は連関していない重複した遺伝子群によって支配されている．ヒトや他の哺乳類はL鎖のκ, λクラスの遺伝子を別個の染色体上にもっているようであり，いろいろなクラスのH鎖遺伝子は他の染色体上に別個の10以上もの座をもっている．抗体産生形質細胞の各クローンで単一のL鎖と単一のH鎖が転写されるのを保証する遺伝調節機構が先に発達しているときにのみ(Putnam et al., 1967; Natvig et al., 1967; Herzenberg et al., 1967; Potter & Lieberman, 1967; Cohn, 1967; Hood et al., 1968)，自然淘汰は，L鎖とH鎖の遺伝子の重複の度合に関して，このような全体的な不調和が起こりうるのを可能にするのである．H鎖の機能的に多様化した遺伝子グループをもつようになった結果，哺乳類はあらゆる種類の予測し難い出来事に対処できるようになっ

た．α 型の H 鎖から成る IgA クラスの抗体は，母体によってミルク中に分泌され，母体由来の IgA がまだ抗体産生能のない新生児を保護する．重合体である 19 S の IgM クラスの抗体は μ 型の H 鎖で構築されている．IgM は補体と結合し，新たに出会う抗原に対する，からだの初期応答に大きく寄与している．IgG クラスの抗体は γ 型の H 鎖を用い，侵入してくる外来生物に対する，からだの防御の中心機構である．さらに，母体の IgG は胎盤を通して胚に運ばれ，胚を保護する．

　脊椎動物では，機能的に多様化している重複遺伝子の多くの例があるが，ほとんどの重複は太古に起こったと考えられ，かなり離れた類縁関係しかない種においてさえも，同じ度合の遺伝子重複と，この重複した遺伝子の同じような分別的な利用とがみられる．本章と前章で述べたタイプの遺伝子重複を，いわば重複確立の途上にある状況としてとらえうる機会はめったに与えられない．幸いにも，コイ科(Cyprinidae)のある種で起こった 6-PGD 座の重複は，このような機会を私たちに与えてくれている．

　ミノウ，コイ，金魚はコイ科の淡水魚である．ミノウ類の大部分は $2n$ の染色体数が平均 52 の 2 倍体種である．ライン河のニゴイの一種 Barbus barbus やありふれた金魚やコイは，100 以上の染色体をもっているので，4 倍体と考えられる．多くの 2 倍体種のゲノムは 6-PGD の常染色体遺伝性の遺伝子を一つもっていて，それぞれの種は 6-PGD の電気泳動での変化型を支配している多くの対立遺伝子をこの座に保持している．6-PGD は 2 量体になっているので，2 倍体種の A/A のようなホモ接合個体はデン粉ゲル電気泳動でこの酵素 (A_2) の単一バンドを形成するが，A/B のようなヘテロ接合個体は期待比 1 : 2 : 1 で三つの酵素バンド (A_2, AB, B_2) を示す(図 10)．ゲノム全体の重複による 4 倍体種は，多分 6-PGD の対立遺伝子であった二つを，ゲノムに別座の二つの遺伝子として組み込んだであろう．したがって，4 倍体種の A/A, B/B のような 2 重ホモ接合個体は，2 倍体のヘテロ接合個体と似て，三つの酵素バンドを示す．A/A, B^3/B^2 のような二つの遺伝子座の一つがヘテロ接合である 4 倍体個体は，六つの 6-PGD のバンド，すなわち A_2, AB^2, AB^3, B_2^2, B_2^3, B^2B^3 を示す(図

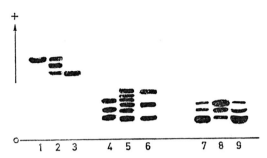

図10 6-PGD のデン粉ゲル電気泳動. 縦型デン粉ゲル電気泳動をホウ酸緩衝液 pH 8.6 をもちいて行なった. 原点は0で示されており, 陽極は上側である. 1,2,3は2倍体種 Barbus tetrazona(ニゴイの一種)の単一遺伝子座の対立遺伝子型多型を現わしている. 1: C/C ホモ接合個体の C_2 の単一バンド. 2: A/C ヘテロ接合個体の三つのバンド. 中央の雑種2量体のバンドは強く染色されている. 3: A/A ホモ接合個体の単一 A_2 バンド. 4,5,6 は4倍体種である金魚の二つある遺伝子座の一つの対立遺伝子型多型を示す. 4: A/A, B^2/B^2 ホモ接合個体の三つのバンド. 5: A/A, B^3/B^2 ヘテロ接合個体の六つのバンド. 6: A/A, B^3/B^3 ホモ接合個体の三つのバンド. 7,8,9は金魚の A/A, B^2/B^2 ホモ接合個体の組織特異的なアイソザイムのパターンを示す. 7: 鰓では陰極側の A_2 バンドが最も多い. 8: 肝臓では陽極側の B_2^2 バンドが最も多い. 9: 腎臓では A_2 バンドが鰓と同じく最も多い.

10). このように, コイ科の魚は対立遺伝子であったものを, 別座の二つの遺伝子としてゲノムに組み込んで, 実際に永続的なヘテロ接合の有利性をもつに至っている. さらに4倍体種の異なる組織を比べると, 鰓や腎臓のような組織ではAサブユニットが優先型であり, 他方肝臓のような組織ではAサブユニットよりBサブユニットが明らかに多く生産されている(図10). これらの4倍体種は, 以前対立遺伝子であった二つの遺伝子を区別する分別遺伝調節機構を発達させる途上にあると考えられる. 6-PGD のAとBのサブユニットの遺伝子座は, 事実, 本章で述べたアイソザイム遺伝子になる途上にあるものである (Bender & Ohno, 1968).

文 献

Bender, K., Ohno, S.: Duplication of the autosomally inherited 6-phosphogluconate dehydrogenase gene locus in tetraploid species of Cyprinid fish. Biochem. Genet. **2**, 101-107 (1968).

Cohn, M.: Natural history of the myeloma. Cold Spring Harbor Symposia Quant. Biol.

32, 211-222 (1967).
Harris, H., Hopkinson, D. A., Luffman, J. E., Rapley, S.: Electrophoretic variation in erythrocyte enzymes. In: *Hereditary disorders of erythrocyte metabolism* (Beutler, E., Ed.). City of Hope Symposium Series, Vol. 1, pp. 1-20. New York: Grune & Stratton 1967.
Herzenberg, L. A., Minna, J. D., Herzenberg, L. A.: The chromosome region for immunoglobulin heavy-chains in the mouse. Cold Spring Harbor Symposia Quant. Biol. 32, 181-186 (1967).
Hood, L., Gray, W. R., Sanders, B. G., Dreyer, W. J.: Light chain evolution. Cold Spring Harbor Symposia Quant. Biol. 32, 133-146 (1967).
Koler, R. D., Bigley, R. H., Jones, R. T., Rigas, D. A., Vanbellinghen, P., Thompson, P.: Pyruvate kinase: Molecular differences between human red cell and leukocyte enzyme. Cold Spring Harbor Symposia Quant. Biol. 24, 213-221 (1964).
Markert, C. L.: Cellular differentiation—An expression of differential gene function. In: *Congenital malformations*, pp. 163-174. New York: The International Medical Congress 1964.
Natvig, J. B., Kunkel, H. G., Litwin, S. P.: Genetic markers of the heavy-chain subgroups of human gamma G globulin. Cold Spring Harbor Symposia Quant. Biol. 32, 173-180 (1967).
Penhoet, E., Rajkumar, T., Rutter, W. J.: Multiple forms of fructose diphosphate aldolase in mammalian tissues. Proc. Natl. Acad. Sci. US 56, 1275-1282 (1966).
Plagemann, P. G., Gregory, K. F., Wroblewski, F.: The electrophoretically distinct forms of mammalian lactic dehydrogenase. II. Properties and interrelationships of rabbit and human lactic dehydrogenase isozymes. J. Biol. Chem. 235, 2282-2293 (1960).
Potter, M., Lieberman, R.: Genetic studies of immunoglobulins in mice. Cold Spring Harbor Symposia Quant. Biol. 32, 203-209 (1967).
Putnam, F. W., Titani, K., Wikler, M., Shinoda, T.: Structure and evolution of kappa and lambda light chains. Cold Spring Harbor Symposia Quant. Biol. 32, 9-29 (1967).

第13章
既存の遺伝子の冗長なコピーからの新遺伝子の創生

　一群のアイソザイム遺伝子を創り出したような遺伝子重複は，だんだんと複雑になる生物の進化に大いに貢献した．しかし，これらの機能的に多様化した遺伝子は，依然として，その生成物が同じ補酵素の助けで同じ基質に働くという点で，同じ酵素の合成を支配しているのである．どんな脊椎動物のLDHのA, B, Cサブユニットも-Val-Ile-Ser-Gly-Cys-Asn-Leu-Asp-Thr-Ala-Arg-というアミノ酸配列をもつ12のアミノ酸から成るまったく同一またはほぼ似たアミノ酸配列の活性中心を依然として保存しているに違いない．なぜなら，NADと結合し，基質としてピルビン酸や乳酸を識別するのはこの配列であるからである(Kaplan, 1965)．A, B, Cサブユニットの反応速度的特性の違いは，ポリペプチドの活性中心以外の部域に起こっているアミノ酸置換によっている．

　本章で議論される遺伝子重複の型は，以前に存在しなかった機能を獲得した新しい遺伝子座の創生に寄与するという点で上のタイプとは異なったものである．生物体が新しく出会ういろいろの抗原に対して特異的な抗体をつくり出す能力は，脊椎動物に特有な属性である．どんな無脊椎後生動物も，たとえその体構造が複雑であっても，特異的なやり方で外部からの侵入者に対抗することはできない．免疫グロブリンのL鎖とH鎖に対する遺伝子座は，脊椎動物の祖先型動物のゲノム中で，新しくつくり出されたに違いない．しかし厳密な意味では，進化においては何物も無から新しくつくり出されない．それぞれの新遺伝子は，既存の遺伝子から生じたに違いない．分子の活性中心を変化させるようにする禁制突然変異の蓄積のみが，遺伝子の基本的な性質を変化させることができる．どのようにして遺伝子座は禁制突然変異を蓄積しうるようになる

のであろうか．遺伝子重複が起こった後に，特定の遺伝的制御機構の発達が続いて起こったときにはじめて，重複遺伝子はアイソザイム遺伝子となった．遺伝子の重複が起こり，その重複コピーの一つに最初の禁制突然変異が生成するという事象が続くと，どのようなことが起こるだろうか．ゲノムは依然として特定の機能を果たす遺伝子座を一つもっているので，突然変異した重複遺伝子の一つがつくる無用のポリペプチド鎖は生物にとってまったく無害である．事実，突然変異した重複コピーは今や冗長な遺伝子座となったのである．自然淘汰は，冗長な座を無視し，その上，遺伝子内組換えにも助長されて，自由に禁制突然変異を次から次へと蓄積していくようになる．その結果として，このように禁制突然変異を蓄積した冗長な遺伝子によってつくられるポリペプチド鎖は，もとの遺伝子がもっていた機能とまったく異なる機能を遂に獲得することになるであろう．このような方途で，以前には存在しなかった機能をもつ新しい遺伝子が次から次へと進化途上で出現してきたに違いない．古い遺伝子の冗長な重複コピーからの新遺伝子の創生は，遺伝子重複が進化途上で演じた最も重要な役割である．

1. トリプシンとキモトリプシンの場合

食物として腸管に入ったタンパク質の消化は，二つの重要なタンパク質分解酵素であるトリプシンとキモトリプシンによって行なわれる．これらの酵素は，膵臓でつくられ，管を通って腸管に分泌される．活性トリプシンと活性キモトリプシンはそれらを生産した膵臓細胞を内部から分解して殺してしまうであろうから，トリプシンとキモトリプシンの二つの遺伝子は，実際には，トリプシノーゲンとキモトリプシノーゲンといわれる少し長い不活性のポリペプチド鎖の合成を支配しているのである．

トリプシンとキモトリプシンとの重要な違いは，これらの酵素がタンパク質のペプチド結合を切断する座位の特異性にある．トリプシンは，リジンやアルギニンのような塩基性アミノ酸のカルボキシル末端側でポリペプチド結合を切り，他方キモトリプシンは，フェニルアラニンやチロシンのような芳香族アミ

第13章 既存の遺伝子の冗長なコピーからの新遺伝子の創生

ノ酸のカルボキシル末端側でペプチド結合を切る．このタンパク質分解酵素を両方ともにもっていることがより有効であることは疑いの余地がない．生物がどちらか一方だけの酵素しかもっていなければ，食物タンパク質の消化はきわめて非能率となるだろう．

この二つのタンパク質分解酵素は明らかに異なる機能をもっているので，トリプシノーゲンとキモトリプシノーゲンの合成を支配する遺伝子座は，互いに独立に進化したと想像されるかもしれない．しかし，この二つのペプチド鎖の全アミノ酸配列を比較すると，245個のアミノ酸からなるウシのキモトリプシノーゲンA (Keil et al., 1963)は，229個のアミノ酸からなるウシのトリプシノーゲン(Kaufman, 1965)よりもはるかに長いけれども，両者間の相同性したがってその共通の祖先というものが明らかとなる(図11)．活性化されてキモトリプシンになるとき，アミノ末端の15のアミノ酸からなるペプチドがキモトリプシノーゲンから切除される．したがって，キモトリプシノーゲンそのものは，230のアミノ酸から構成されていることになる．他方トリプシノーゲンの場合，活性化はアミノ末端のわずか六つのアミノ酸からなるペプチドが切り捨てられて起こる．したがってトリプシン自体は，223のアミノ酸で構築されている．長さの違いは今やたった七つのアミノ酸残基にすぎなくなる．図5(第5章)に示されているように，キモトリプシノーゲンは五つのジスルフィド結合をもち，トリプシノーゲンは六つのジスルフィド結合をもっている．これらのジスルフィド結合によって，両方の分子はかなり似た形をとっている．キモトリプシノーゲンの第1の活性部域の中心は57位のヒスチジンであり，第2の活性部域の中心は195位のセリンである．トリプシノーゲンのそれぞれに対応している活性中心は46位のヒスチジンと183位のセリンとである．両酵素において，活性中心になるヒスチジンは16のアミノ酸からなる環の部分にあり，この環は，キモトリプシノーゲンの場合では42位と58位とのシステイン間に形成されるジスルフィド結合によってつくられ，トリプシノーゲンの場合では31位と47位との間でつくられている．活性中心になるセリンもまた，両酵素で，もう一つの環状構造の部分にあり，環状構造は，キモトリプシノーゲ

	1	Cys	Gly	Val	Pro	Ala	Ilu	Gln	Pro	Val	Leu	Ser	Gly	Leu	Ser	Arg	Ilu	Val	Asn	Gly	Glu
CH	1												Val	Asp	Gln	Asp	Lys	Thr	Gly	Phe	His
TRP	1												Val	Asp	Leu	Asn	Ser	Gly	Val	His
CH	21	Glu	Ala	Val	Pro	Gly	Ser	Trp	Pro	Trp	Gln	Val	Ser	Leu	Gln	Asp	Lys	Thr	Gly	Phe	His
TRP	10	Gly	Tyr	Thr	Cys	Gly	Ala	Asn	Thr	Val	Pro	Tyr	Gln	Val	Ser	Leu	Asn	Ser	Gly	Tyr	His
CH	41	Phe	CYS	GLY	SER	Val	LEU	ILU	ASN	GLU	ASN	TRP	VAL	VAL	THR	ALA	ALA	HIS	CYS	Gly	Val
TRP	30	Phe	CYS	GLY	GLY	Val	LEU	ILU	ASN	SER	GLN	TRP	VAL	VAL	SER	ALA	ALA	HIS	CYS	Tyr	Lys
CH	61	Thr	Thr	Ser	Asp	Val	Val	Val	Ala	Gly	Glu	Phe	Gly	Gln	Tyr	Ser	Glu	Ser	Glu	Lys	Ilu
TRP	50	Ser	Gly	Ilu	Gln	Val	Val	Arg	Leu	Asp	Asp	Asn	Val	Asn	Tyr	Val	Gln	Gly	Asn	Asn	Gln
CH	81	Gln	Lys	Leu	Lys	Ilu	Ala	Lys	Val	Phe	Lys	Asn	Ser	Lys	Tyr	Phe	Ser	Leu	Leu	Ilu	Asn
TRP	70	Phe	Ilu	Ser	Ala	Ser	Arg	Leu	Val	Ilu	Leu	His	Pro	Asn	Tyr	Leu	Gln	Asn	Asn	Leu	Asn
CH	101	Asn	Asp	Ilu	Thr	Leu	Leu	Lys	Leu	Ser	Thr	Ala	Ala	Ser	Phe	Ser	Gln	Thr	Val	Ser	Ala
TRP	89	Asn	Asp	Ilu	Met	Leu	Ilu	Lys	Leu	Ser	Ser	Gly	Thr	Asn	Leu	Asn	Arg	Val	Ala	Ala	Ser
CH	121	Val	Cys	Leu	Pro	Ser	Ala	Ser	Asp	Asp	Phe	Ala	Ala	Gly	Thr	Thr	Cys	Val	Thr	Thr	Gly
TRP	109	Ilu	Ser	Leu	Pro	Thr	Ser	Cys	Ala	Ser	Ala	Gly	Thr	Gln	Cys	Leu	Ilu	Ser	Gly	Trp	Ilu
CH	141	Trp	Gly	Leu	Thr	Arg	Tyr	Thr	Asn	Ala	Asn	Thr	Pro	Asp	Arg	Leu	Gln	Gln	Ala	Ser	Leu
TRP	129	Asn	Thr	Leu	Ser	Arg	Gly	Thr	Ser	Tyr	Pro	Asp	Val	Leu	Lys	Cys	Leu	Lys	Ala	Pro	Ilu
CH	161	Pro	Leu	Leu	Asn	Asn	Thr	Asn	Cys	Lys	Lys	Tyr	Trp	Gly	Thr	Lys	Ilu	Lys	Asp	Ala	Met
TRP	149	Leu	Ser	Asn	Ser	Ser	Cys	Lys	Ser	Ala	Tyr	Pro	Gly	Gln	Ilu	Thr	Ser	Asn	Met	Phe	Cys
CH	181	Ilu	Cys	Ala	Gly	Ala	Ser	Gly	Val	Ser	Ser	CYS	MET	GLY	ASP	SER	GLY	GLY	PRO	LEU	VAL
TRP	169	Ala	Gly	Tyr	Leu	Glu	Gly	Gly	Lys	Asn	Ser	CYS	GLN	GLY	ASP	SER	GLY	GLY	PRO	VAL	VAL
CH	201	CYS	Lys	Lys	Asn	Gly	Ala	Trp	Thr	Leu	Val	Gly	Ilu	Val	Ser	Trp	Gly	Ser	Ser	Thr	Cys
TRP	189	CYS	Ser	Gly	Lys	Leu	Gln	Gly	Ilu	Val	Ser	Trp	Gly	Ser	Gly	Cys	Ala	Gln	Lys	Asn	Lys
CH	221	Ser	Thr	Ser	Thr	Pro	Gly	Val	Tyr	Ala	Arg	Val	Thr	Ala	Leu	Val	Asn	Trp	Val	Gln	Gln
TRP	209	Pro	Gly	Val	Tyr	Thr	Lys	Val	Cys	Asn	Tyr	Val	Ser	Trp	Ilu	Lys	Gln	Thr	Ilu	Ala	Ala
CH	241	Thr	Leu	Ala	Ala	Asn															
TRP	229	Asn																			

図11 ウシのキモトリプシノーゲンA(CH)とトリプシノーゲン(TRP)の全アミノ酸配列の比較．アミノ末端からイタリック体で示された配列は活性化されるときに切りおとされる部分を示している．ヒスチジン環にある活性部位のアミノ酸配列ならびに必須なセリン近傍の活性部位のアミノ酸配列は大文字で示されている．

ンの場合は191位と220位との間のジスルフィド結合によってつくられ,トリプシノーゲンの場合は179位と203位との間でつくられる.両分子がとる実際の3次元構造では,活性のあるヒスチジンとセリンとは互いに対面する位置をとると考えられる.キモトリプシノーゲンとトリプシノーゲンとの二つの活性部域のアミノ酸配列を比較すると,両活性部域は相似しているけれども,また互いに相違しているということも明瞭である(Neurath et al., 1967).キモトリプシノーゲンとトリプシノーゲンとは,ヒスチジン環の16アミノ酸座位中の3座位で異なっており,セリン環の11アミノ酸座位中の2座位で異なっている(図11).

一つの酵素の遺伝子座が,他方の酵素の遺伝子の冗長になった重複コピーから,その活性部域に影響する禁制突然変異を集積して進化したということは疑いのないところである.トリプシノーゲンだけでなく,キモトリプシノーゲンの活性化もすでに活性化されたトリプシンによって行なわれるのだから,トリプシノーゲンのシストロンが祖先型遺伝子であり,キモトリプシノーゲンの遺伝子はトリプシノーゲン遺伝子の冗長になった重複遺伝子からつくり出されたものであると信じたくなる.図11でトリプシノーゲンは第6位のリジンのカルボキシル末端で切断され,キモトリプシノーゲンは第15位にあるアルギニンのカルボキシル末端で切断されるということを指摘しておこう.リジンとアルギニンという塩基性アミノ酸がこれらの位置に保存されていて,トリプシンに対する特異的部域を提供しているのである.

収斂進化が相同遺伝子座における対立遺伝子型の突然変異によって生じたように(第6章),収斂進化は遺伝子重複に関しても生じたに違いない.多様化した生物が,先祖型として働きうる相同遺伝子座をもつ限り,重複によって同じ基本的特性をもつ新しい遺伝子座が独立につくり出されうるのである.チョウの幼虫が明らかにトリプシン様酵素とキモトリプシン様酵素の両方をもっているという事実は収斂進化の例とみてよい.

2. 微小管のタンパク質と骨格筋のアクチン

微小管のタンパク質サブユニットは，進化的な意味では，かなり古いタンパク質の一つであるに違いない．それというのは，微小管はすべての真核性生物の鞭毛や紡錘体の構成要素であるからである．脊椎動物では，紡錘体の他に，ある上皮細胞の繊毛，精子の尾部，神経突起の神経繊維，骨格筋の筋鞘がこのタンパク質サブユニットを利用している．

この負に荷電した(酸性)タンパク質は，分子量12万の2量体であることが明らかにされている．これは球状をとり，遺伝子によって定められるサブユニットペプチドは600アミノ酸残基の長さで，150〜180のグルタミン酸とアスパラギン酸とを含んでいる．このタンパク質の共通の性質は，その出所にかかわらず，第1にコルヒチンと特異的に結合すること，第2にGTP(グアノシン三リン酸)と結合することである(Shelanski & Taylor, 1968; Weisberg et al., 1968)．紡錘体をこわすものとしてよく知られているコルヒチン(Eigsti & Dastin, 1955)が微小管に依存する多くの細胞機能に影響を及ぼすことは驚くべきことではない(Okazaki & Holtzer, 1965; Tilney et al., 1966)．脊椎動物のゲノムが，この微小管タンパク質に対しては単一遺伝子座よりはむしろ一群の重複した遺伝子座をもっているのではないか，ということを明らかにすることは非常に興味深いことである．

筋肉のアクチンの遺伝子は微小管タンパク質の冗長な重複遺伝子コピーから生じたものと考えられる．横紋骨格筋繊維は重量にして20％のタンパク質を含んでいる．筋繊維の収縮部分は，ほとんどミオシンとアクチンという2種類の構造タンパク質からなっている．ミオシンは0.3 M KCl溶液で抽出される．分子量はおよそ45万であって，凝集して多くの側枝をもつ紡錘状物質を形成する．他方アクチンは，KClにやや溶けにくく，抽出するには0.6 M KClを要する．塩を除去すると，アクチンは分子量7万の球状物質(G-アクチン)となる．分離されたアクチンとミオシンを試験管の中で一緒にすると，アクトミオシンと呼ばれる複合体を形成し，このアクトミオシンはATP(アデノシン三リン酸)の存在下で収縮する．アクチンとミオシン分子のアクトミオシン複合体中

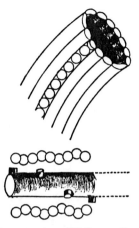

図12 微小管(上側)とアクトミオシン複合体のフィラメントの滑りモデル(下側)との比較. 微小管のコルヒチンを結合したタンパク質とアクトミオシン複合体のアクチンのフィラメントが球で示されている. 微小管の直径は約240Åであるが, アクトミオシン複合体の単位長は約100Åである.

における空間的配列が図12に模式的に示されている (Szent-Györgyi, 1957).

微小管タンパク質とアクチンとの比較は, 両者が似かよっていることを示すと同時に, 有意な相違点をも示している. 単量体アクチンの分子量は7万であり, これは微小管タンパク質のサブユニットの分子量6万とかなりよく似ている. 両者のアミノ酸組成と電気泳動による移動度は非常によく似ており, 共にヌクレオチドと結合する部域をもっている (Renaud et al., 1968). 他方アクチンはATPと結合するが, 微小管タンパク質はGTPと結合する. 微小管タンパク質はコルヒチンと結合するが, アクチンは結合しない (Borisy & Taylor, 1967). アクチンは1 mol 当り稀有アミノ酸である3-メチルヒスチジンを1残基もつのに対して, コルヒチンを結合するタンパク質はこのアミノ酸をもっていない. アクチンの遺伝子は, 活性部域に変化を生ずる禁制突然変異の集積によって, 微小管タンパク質のサブユニットの遺伝子の重複したものから生じたものであることに疑いはなかろう.

3. ミオグロビンとヘモグロビン

最も原始的なメクラウナギの類からヒトにいたるまで脊椎動物はすべてヘモグロビン分子をもっているが,原索動物の尾索類(ホヤの類)や頭索類(ナメクジウオの類)は,ヘモグロビンをもたない.脊椎動物に関する限り,ヘモグロビンポリペプチドの最初の遺伝子は,脊椎動物の進化が開始されるときに存在するようになったようである.他方,いろいろの無脊椎動物におけるヘモグロビンの存在は収斂進化のよい見本であり,ヘモグロビン遺伝子となることのできる始原的な遺伝子は動物界にずっとまえから存在しつづけてきたということを示唆している.

この始原的な遺伝子がヘムを含むタンパク質単量体の合成を支配したというのがIngram(1963)の見解である.ヘムを含むタンパク質のうちで,チトクロムcで例示されるタイプのものはヘモグロビンの祖先型ではありえない.チトクロムcのヘムはアミノ末端に最も近い二つのシステインに結合しているからである(Margoliash, 1963).これに反して,脊椎動物の最初のヘモグロビンの遺伝子は,ミオグロビン遺伝子から容易に進化したであろう.X線回折の研究によると,ミオグロビンのペプチド鎖とヘモグロビンのペプチド鎖とは図4(第5章)にすでに示したように,ほぼ同一の状態でヘムグループの周囲に折りたたまれていることがわかる(Perutz *et al.*, 1960; Kendrew *et al.*, 1960).両ポリペプチドにおいて,ヘムは互いに十分隔っている二つのヒスチジンに付着している.ミオグロビンでは64位と93位のヒスチジンがヘムに付着しており,ヘモグロビンのα鎖ではヘムへの付着部位は,58位と87位のヒスチジンである(第6章図6をみよ).ミオグロビンとヘモグロビンとの間の主な違いは,ミオグロビンは単量体のままであるが,ヘモグロビンは4量体であるということである.ヘモグロビンペプチド鎖が互いに識別し4量体を形成しうる能力は,一つまたはそれ以上の欠失変異によって獲得されたと考えられる.脊椎動物のβ類似ヘモグロビンは145〜146のアミノ酸からなっているが,マッコウクジラのミオグロビンは153アミノ酸残基の長さである(Edmundston, 1965).この欠失は,脊椎動物において顎骨が発達した後に生じたと考えられる.単量体の

ヘモグロビンは，脊椎動物の進化の上でもっとも原始的な無顎状態を示しているメクラウナギやヤツメウナギにまだ存在している．ヤツメウナギの成体のヘモグロビンペプチド鎖は実際 156 残基の長さであることが明らかにされている (Rudloff et al., 1966)．ヤツメウナギのヘモグロビンのアミノ酸配列をマッコウクジラのミオグロビンのそれと比べると，120 座位で違いがみられるが，ヤツメウナギのヘモグロビンのアミノ酸配列をそれ自身のミオグロビンのそれと比較するならば，ほんの僅かな違いしかないかもしれない．事実，メクラウナギとヤツメウナギに関する限り，ミオグロビンとヘモグロビンの遺伝子はアイソザイム遺伝子とみなされてよい．このことと関連して，メクラウナギのゲノムは単量体ヘモグロビンの遺伝子座を数個もっているらしいという興味深い点を記しておこう (Ohno & Monison, 1966)．メクラウナギでは重複遺伝子が不足していたわけではないが，これらの重複した遺伝子は一群のアイソザイム遺伝子としてとどまったままであった．これらの重複した遺伝子座のうちのどれ一つとして，禁制突然変異を集積することによって，他に抜きん出ることはなかった．

脊椎動物ヘモグロビンの進化における次の段階は，145〜146 残基の長さの β 類似ポリペプチド鎖の出現であっただろう．δ および微量成体ヘモグロビンにあたる他のペプチド鎖はもちろん，γ 鎖すなわち胎児ヘモグロビンもこのクラスに属する．一つまたはそれ以上の欠失が単量体ヘモグロビンの DNA シストロンに生じ，この変化が β 類似ペプチド鎖を支配する遺伝子を生みだした．この新しいペプチド鎖はむしろ無差別的に重合する能力を獲得した．すなわち，β_4 や γ_4 のような同質 4 量体を形成することができたのである．多くの硬骨魚類のヘモグロビンを電気泳動で調べると，ゲル平板上に五つの等間隔にへだたったヘモグロビンのバンドがみられるのが普通である．上のようにして観察された五つのバンドのパターンは，二つの重複した遺伝子座によって合成が支配されている A サブユニットと B サブユニットとの無差別な会合によってつくられる，LDH の五つの 4 量体アイソザイムのパターンに非常によく似ている (第 12 章)．多くの真骨魚類は β 類似ペプチド鎖に対して二つ以上の重複した

遺伝子座をもっていて，そこでこれらの β 類似ペプチド鎖は互いに識別し合い，すべての可能な組合せの 4 量体を形成するのであると考えられる．

脊椎動物ヘモグロビンの進化における最後の段階は，α 鎖の生成であっただろう．α 鎖を支配する遺伝子は，β 類似ペプチド鎖の重複した遺伝子の一つから間違いなく由来した．α 鎖は 141 アミノ酸残基しかもたないので，この変化は DNA シストロンにさらに欠失が起こって完成された．

α 鎖はそれだけでは 4 量体ヘモグロビン分子を形成できない．しかし，β 類似ペプチド鎖と一緒になって，$\alpha_2\beta_2$, $\alpha_2\gamma_2$, $\alpha_2\delta_2$ のような最も効率のよいヘモグロビン分子を形成する．哺乳類の同一種の α 鎖と β 鎖ペプチドのアミノ酸配列は，少ない場合にはヒツジにおけるように 48 座位で異なり，多い場合にはヒトやウマにおけるように 84 座位で異なっている．この大きな差異は，β 類似ペプチド鎖遺伝子の重複したコピーからの α 鎖遺伝子の誕生が，この地球上に最初の哺乳類が出現するずっと以前に行なわれたという見解と一致している．コイのような真骨魚類のある種でヘモグロビン α 鎖の存在が観察されている (Hilse et al., 1966).

4. 免疫グロブリンの L 鎖と H 鎖

脊椎動物の免疫グロブリンをつくる能力はすばらしい特性である．この分子の L 鎖と H 鎖の合成を支配する遺伝子座は，昔の甲皮類にまでさかのぼることができる．なぜなら，最も原始的な無顎脊椎動物の生き残りの中には，ヤツメウナギやメクラウナギが含まれており，この両種とも IgM クラスの免疫グロブリンをつくるからである (Papermaster et al., 1962; Hildemann & Thoenes, 1969).

高等脊椎動物は 3 種類の免疫グロブリンサブユニットをつくり出している．すなわち，210～220 アミノ酸残基の L 鎖と，ほぼ 450 残基の H 鎖と 650 残基程度の特別な μ 型 H 鎖である．免疫グロブリンは 4 量体あるいはその重合体として存在する．IgG, IgD, IgE クラスは，図 13 に図解されているように，2 本の同一の L 鎖と 2 本の同一の H 鎖からなる 4 量体 $(LH)_2$ として表わされる．

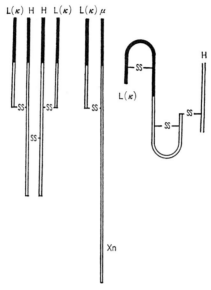

図13 免疫グロブリン分子の模式図. 左側: IgG, IgD, IgE クラスの4量体分子(7S). 2本のL鎖がジスルフィド結合によって2本のH鎖と結ばれている. H鎖の長さはL鎖の2倍である. アミノ末端から105残基の可変部域は黒くぬりつぶしてある. このL鎖はカルボキシル末端にシステインをもつようにかかれているので κ 型に所属する. 中央: 多重合体である IgM クラスの2量体分子の単位. IgMを構築する特別の μ 型H鎖はL鎖の3倍の長さである. 右側: L鎖のもっと実在的な表示. 可変部域と定常部域の間に存在する明白な対称性は内部の相同性を反映したものである.

他方, IgM クラスは, 長い μ 型H鎖が普通のH鎖の代りに使われ, L鎖と結合した4量体がさらに重合している $(L_2\mu_2)_n$ のような重合分子で構成されている.

免疫グロブリン分子のサブユニットの合成を支配するシストロンは, 自ら産生するポリペプチドに, 途方もなく変化しうるアミノ酸配列を与える特別の能力をもっている. 同一の個体でつくられる異なった特異性をもつ二つの抗体は, L鎖とH鎖または μ 型H鎖内の隣接した多様に変化しうるアミノ酸配列に差異がある. 哺乳類は彼らが出会う無数の抗原に応答して数千種類の抗体をつくることができる. それぞれの免疫グロブリン分子の抗体特異性をきめるアミノ酸配列の非常に大きな多様性は, L鎖とH鎖との特別の領域に起こった置換によってもたらされるらしい. L鎖の場合, この領域はアミノ末端から数

えて105アミノ酸残基の長さである．L鎖のアミノ基末端側の半分の領域が40個の変化しうる座位をもち，各座位が3種のアミノ酸中の一つを選ぶことができるならば，この領域は産生される多くの異なった特異性をもつ抗体の種類を説明しうるのに十分な 3^{40} もの可変部域での配列を生ずるであろう．L鎖またはH鎖のカルボキシル末端に近い残りの領域は変化しうる座位をもたず，この領域は定常部域と定義されている．

　抗体産生の仕事は，形質細胞として知られている特別なタイプの血液細胞に割り当てられている．これらの形質細胞は，形質転換されたリンパ球であって，リンパ球の発生的な起源は胸腺や鳥類のFabricius囊のような他の器官にまでたどることができる(Glick et al., 1956; Miller, 1961)．それぞれの形質芽細胞とその子孫細胞は，ただ一つのきまったL鎖のアミノ酸配列とH鎖のアミノ酸配列だけをつくるよう拘束されている．いい換えれば，ある形質細胞クローンでつくられるすべての抗体分子は互いに同一である．だから，二つの別々の形質細胞クローンは同一の抗体を決して産生しない．可変部域のアミノ酸配列は，おそらくすでに述べた約40の座位に影響を及ぼす特別の機構によってつくり出されるのだろう．この特別な機構は本書の最後の章で議論される．からだに侵入する特別な抗原は，その侵入してきた抗原を認識する特別なL鎖とH鎖とを産生する能力をたまたま獲得していたリンパ球に対して刺激として働く．このようなリンパ球は形質芽細胞に転換することによって，刺激に応答するのである．こうして，増殖し抗体産生を行なう形質細胞のクローンが形成される．これが抗体応答のクローン選択説である(Burnet, 1958)．

　ヒト，マウス，ウサギ，それに多分多くの他の哺乳類は，κ型L鎖とλ型L鎖との合成を支配する少なくとも二つの別座にある遺伝子をもっている．両鎖はおよそ210〜220アミノ酸残基の長さである．哺乳類のκ鎖はカルボキシル末端にシステインをもち，λ鎖はシステインにつづいてカルボキシル端側にさらにもう一つのアミノ酸(ヒトの場合はセリン)をもっている．完全なアミノ酸の配列順序がヒトおよびマウスの純系のミエローマ(骨髄腫瘍)で産生される数種のκ鎖とλ鎖について決定された(Hilschmann & Craig, 1965; Milstein, 1966;

Porter, 1966; Baglioni, 1967; Gray et al., 1967). L鎖のアミノ酸配列の研究によって示唆される非常に顕著な結果は，もし抗体の特異性を決めているものとして同定される可変部域のアミノ酸置換を勘定にいれなければ，L鎖自身が分子内での相同性を示すということである．アミノ末端から105番目までの可変部域内の不変座位にある種々のアミノ酸は，106位から212〜218位のカルボキシル末端までの定常部域の対応する座位にしばしば見出される(Lennox & Cohn, 1967). システインはヒトのκ鎖の可変部域の22位と87位とにあり，また定常部域の132位(105+27位)と192位(105+87位)にある．このことは，L鎖の始原的なシストロンは，図13に示すように，二つの重複コピーの直列融合によって生じたということを示している(Milstein, 1966; Baglioni, 1967).

哺乳類はIgG, IgA, IgD, IgE, IgMなどの免疫グロブリンのH鎖に対して，ほぼ10個の重複した遺伝子座すなわちアイソザイム様遺伝子をもっているということが一般に信じられている．たとえば，四つの密接に連関した遺伝子座がIgGのH鎖の4種，すなわち$\gamma^1, \gamma^2, \gamma^3, \gamma^4$の合成を支配しているが，他の二つの遺伝子座はIgAのH鎖の2種α^1とα^2の合成を支配している．およそ450アミノ酸残基からなるH鎖の部分的なアミノ酸配列に関する今までのデータは，H鎖の最初のシストロンが2本のL鎖遺伝子の直列的な融合によって生じたことを示している(Doolittle et al., 1966). IgMのμ鎖は他のH鎖よりも，およそ200アミノ酸残基ほど長い．このため，μ鎖の遺伝子座はL鎖遺伝子の融合した3重複コピーと考えてよい(Wikler et al., 1969).

L鎖とH鎖を支配する3種類の免疫グロブリン遺伝子が，およそ110アミノ酸残基の長さのポリペプチド鎖をコードした遺伝子の冗長な重複コピーという形でもとの共通の祖先を共有しているということは，ほぼ疑いの余地がない．この遺伝子座はまた，ハプトグロビンのα鎖の合成を支配した座でもあったろうという示唆がなされている(Black & Dixon, 1968). α鎖とβ鎖の二つのサブユニットからなる重合体であるハプトグロビンは，血清中に存在していて，その機能は溶血によって放出される遊離のヘモグロビンと結合して，ヘモグロビンを分解酵素の作用を受け易いようにすることである．最初の重複でおそらく

ハプトグロビン α 鎖遺伝子の冗長な重複コピーが異なる染色体上につくられ，2番目の重複によって同一の染色体上に隣り合う直列配列した二つの冗長な重複遺伝子が位置するようになるという，2回の重複が3億年前の太古の甲皮類において起こったと考えられる．隣り合う重複コピーがさらに融合して L 鎖の最初の遺伝子座をつくり出したが，ハプトグロビン α 鎖の遺伝子座はそのままであった．脊椎動物の進化過程で出現した第2番目の免疫グロブリン遺伝子は，μ 型 H 鎖の遺伝子であったろうと考えられる．Marchalonis と Edelman (1966(1)) は，サメが免疫グロブリンの IgM クラス $(L_2\mu_2)_n$ だけを産生していることを明らかにしている．μ 型 H 鎖遺伝子が既存の L 鎖遺伝子を犠牲にしてつくり出されたはずはないだろうから，この過程は3回の遺伝子重複を必要としたであろう．最初の重複は，別の染色体上に L 鎖遺伝子の冗長な重複コピーをつくることであったに相違ない．この後に重複が連続して2回起こり，同じ染色体上に直列配列した三つの冗長な重複遺伝子コピーが生じ，この三つが融合して μ 型 H 鎖を支配する遺伝子座が生成した．現に，カエルは IgM 型抗体はもちろん，IgG 型抗体をも産生しているので (Marchalonis & Edelman, 1966(2))，脊椎動物が両棲類の段階にまで進化する頃には，脊椎動物はすでに L 鎖と μ 型 H 鎖と γ 型 H 鎖の3種類の免疫グロブリン遺伝子をもっていたと考えられる．

5. フレームシフト突然変異による新しい遺伝子の出現

これまでに述べてきた四つの例で，新しい遺伝子は祖先型遺伝子との十分な相同性を保存しているので，活性部域における変化にもかかわらず，遺伝子産物の種々の変数(パラメータ)を比べてみたとき，その二つの遺伝子間の系統的関係が明白になった．冗長な重複コピーに起こる最初の突然変異がフレームシフト突然変異(第4章)であれば，どのようなことが起こるだろうか．

フレームシフト変異をしたシストロンから転写される mRNA が翻訳されると，伸長しているペプチド鎖は，欠失または挿入のある点までは，正常なアミノ酸配列をもっているだろう．しかし，そこからカルボキシル末端にかけては，

第4章で述べたように,アミノ酸の配列は完全に変わってしまうだろう.フレームシフト突然変異は,概して,中途でペプチド鎖の伸長・終結をもたらす.それというのも,いくつかの遺伝暗号はフレームシフトによってナンセンス暗号に転換することが避けられないからである.このナンセンス暗号は,さらに突然変異が起こると,別のアミノ酸を定める暗号に再び変化する.したがって,フレームシフト突然変異から出発すれば,その重複遺伝子は,もとの遺伝子がもっていた機能とはまったく異なる新しい機能を獲得する可能性がある.このような可能性は100万回の機会のうち1回くらいしか起こらないだろうということに疑いをはさむ余地はないのだが,進化過程においては100万回に1回の奇妙な出来事が何度も起こってきたのである.こういう場合には,それらが現にもっている機能や完全なアミノ酸配列に関するどんな知識をもってしても,もとの遺伝子と欠失や挿入の起こった重複コピーから由来した新しい遺伝子との間の共通の祖先を明らかにすることは容易なことではない.

文　献

Baglioni, C.: Homologies in the position of cysteine residues of K and L type chains of human immunoglobins. Biochem. Biophys. Res. Commun. **26**, 82–89(1967).

Black, J. A., Dixon, G. H.: Amino-acid sequence of alpha chain of human haptoglobins. Nature **218**, 736–741(1968).

Borisy, G. G., Taylor, E. W.: The mechanism of action of colchicine: binding of colchicine-^{3}H to cellular protein. J. Cell Biol. **34**, 523–533(1967).

Burnet, F. M.: *The clonal selection theory of acquired immunity.* London: Cambridge Univ. Press 1959.〔山本正・石橋幸雄・大谷杉士訳『免疫理論―クローン選択説』,岩波書店,1963.〕

Doolittle, R. F., Singer, S. J., Metzger, H.: Evolution of immunoglobulin polypeptide chains: Carboxyterminal of an IgM heavy chain. Science **154**, 1561–1562(1966).

Edmundson, A. B.: Amino-acid sequence of sperm whale myoglobin. Nature **205**, 883–887 (1965).

Eigsti, O. J., Dustin, P., Jr.: *Colchicine in agriculture, medicine, biology and chemistry.* Ames (Iowa): Iowa State College Press 1955.

Glick, B., Chang, T. S., Jaap, R. G.: The bursa of Fabricius and antibody production. Poul-

try Sci. **35**, 224-234 (1956).
Gray, W., Dreyer, W., Hood, L.: Mechanism of antibody synthesis: Size difference between mouse kappa chains. Science **155**, 465-467 (1967).
Hildemann, W. H., Thoenes, G. H.: Immunological response of Pacific hagfish. I. Skin transplantation immunity. Transplantation **7**, 506-529 (1969).
Hilschmann, N., Craig, L. C.: Amino acid sequence studies with Bence-Jones proteins. Proc. Natl. Acad. Sci. US **53**, 1403-1409 (1965).
Hilse, K., Sorger, U., Braunitzer, G.: Zur Phylogenie des Hämoglobinmoleküls über den Polymorphismus und die N-terminalen Aminosäuren des Karpfenhämoglobins. Z. physiol. Chem., Hoppe Seyler's **344**, 166-168 (1966).
Ingram, V. M.: *The hemoglobin in genetics and evolution*. New York: Columbia University Press 1963.
Kaplan, N. O.: Evolution of dehydrogenases. In: *Evolving genes and proteins* (Bryson, W., Vogel, H. J., Eds.). New York: Academic Press 1965.
Kauffman, D. L.: The disulphide bridges of trypsin. J. Mol. Biol. **12**, 929-932 (1965).
Keil, B., Prusik, Z., Šorm, F.: Disulphide bridges and a suggested structure of chymotrypsinogen. Biochim. et Biophys. Acta **78**, 559-561 (1963).
Kendrew, J. C., Dickerson, R. E., Strandberg, B. E., Hart, R. G., Davies, D. R., Philips, D. C., Shore, U. C.: Structure of myoglobin: A three-dimensional fourier synthesis at 2 Å resolution obtained by X-ray analysis. Nature **185**, 422-427 (1960).
Lennox, E., Cohn, M.: Immunoglobin genetics. Ann. Rev. Biochem. **36**, 365-406 (1967).
Marchalonis, J., Edelman, G. M.: (1) Polypeptide chains of immunoglobulins from the smooth dogfish (*Mustelus canis*). Science **154**, 1567-1568 (1966).
—, —: (2) Phylogenetic origins of antibody structure. II. Immunoglobulins in the primary immune response of the bullfrog, *Rana catesbiana*. J. Exptl. Med. **124**, 901-913 (1966).
Margoliash, E.: Primary structure and evolution of cytochrome C. Proc. Natl. Acad. Sci. US **50**, 672-679 (1963).
Miller, J. F. A. P.: Immunological function of the thymus. Lancet **1961 II**, 748-749.
Milstein, C.: The disulphide bridges of immunoglobulin κ-chains. Biochem. J. **101**, 338-351 (1966).
Neurath, H., Walsh, K. A., Winter, W. P.: Evolution of structure and function of proteases. Science **158**, 1638-1644 (1967).
Ohno, S., Morrison, M.: Multiple gene loci for the monomeric hemoglobin of the hagfish (*Eptatretus stoutii*). Science **154**, 1034-1035 (1966).
Okazaki, K., Holtzer, H.: Aspects of myogenesis *in vitro*. J. Cell Biol. **27**, 75A (1965).
Papermaster, B. W., Condie, R. M., Finstad, J., Good, R. A.: Immune response in the California hagfish. Nature **196**, 355-356 (1962).
Perutz, M. F., Rossmann, M. B., Cullis, A. F., Muirhead, H., Will, G., North, A. C. T.:

Structure of hemoglobin: A three dimensional fourier synthesis at 5.5 Å resolution, obtained by X-ray analysis. Nature **185**, 416-422(1960).

Porter, R. R.: A discussion of the chemistry and biology of immunoglobulins. Proc. Roy. Soc. (London), B **166**, 113-243(1966).

Renaud, F. L., Rowe, A. J., Gibbons, I. R.: Some properties of the protein forming the outer fibers of cilia. J. Cell Biol. **36**, 79-90(1968).

Rudloff, V., Zelenik, M., Braunitzer, G.: Zur Phylogenie des Hämoglobinmoleküls, Untersuchungen am Hämoglobin des Flußneunauges (*Lampetra fluviatilis*). Z. physiol. Chem., Hoppe Seyler's **344**, 284-288(1966).

Shelansky, M. L., Taylor, E. W.: Properties of the protein subunit of central-pair and outer-doublet microtubulues of sea urchin flagella. J. Cell Biol. **38**, 304-315(1968).

Szent-Györgyi, A.: *Chemistry of muscular contraction*. New York: Academic Press 1957.

Tilney, L. G., Hiramoto, Y., Marsland, G.: Studies on the microtubules in heliozoa. III. A pressure analysis of the role of these structures in the formation and maintenance of the axopidia of *Actinosphaerium nucleofilum* (Barrett). J. Cell Biol. **29**, 77-95 (1966).

Weisenberg, R. C., Borisy, G. G., Taylor, E. W.: The colchicine-binding protein of mammalian brain and its relation to microtubules. Biochem. J. **7**, 4466-4479(1968).

Wikler, M., Köhler, H., Shinoda, T., Putnam, F. W.: Macroglobulin structure: Homology of Mu and gamma heavy chains of human immunoglobulin. Science **163**, 75-78(1969).

第14章
調節遺伝子とレセプター部位の重複

　機能的に多様化した重複遺伝子を生物が利用する方途は，重複した構造遺伝子がそれぞれ別個の調節機構のもとで制御されるかどうかに大きく依存する．遺伝調節機構についてはわかっていないことが多いが，遺伝子重複の問題の考察には，調節遺伝子の重複についての論議をさけることができない．

　発生学では，"未分化"という語は発生初期胚の核を記載するのに伝統的に用いられてきた．この用法は核内にあるすべての構造遺伝子が無差別に転写さ

れていることを意味しているため,不首尾な意味内容をもっている.したがって,いろいろの体細胞タイプの分化過程は,個々の構造遺伝子が漸進的に発現されなくなることであると度々考えられた.

受精卵は,ゲノムの一部だけが活性化されて,発生を開始するというのが事実なのである.発生初期胚の未分化細胞は特殊化した機能を行なうことなしに増殖するだけなので,多くの遺伝子産物を必要としない.これらの遺伝子産物が母体によって卵の細胞質にすでに貯えられているだけでなく,胚の核で初期に転写される遺伝子のセットは,卵形成過程で活発に発現し,その産物を卵に貯えるのに役立った遺伝子と同じ種類のものと考えられている.ウニの胞胚核で $de\ novo$ に合成されるmRNAは,母体によって卵細胞質中に貯えられているmRNAと同じ種類のものであることが,DNA-RNAハイブリッド法を用いて明らかにされている(Whiteley et al., 1966; Slater & Spiegelman, 1966).

胚分化は休止状態にある遺伝子を選択的に賦活化する過程であって,活性化状態にある遺伝子を抑制する過程でないことはきわめて明白になっている.真核性生物の染色体DNA鎖は,なんらかの作用をうけないかぎり,第3章で述べたように,ヒストン(塩基性タンパク質)によって非特異的に被われている.したがって,真核性生物の遺伝調節機構は賦活化型の正の制御を使用しなければならないと考えられる.というのは,ある構造遺伝子の転写が起こるためには,調節遺伝子産物がDNA鎖のこの部分から選択的にヒストンを除去しなければならず,そのあとではじめてRNAポリメラーゼがDNAに会合し,転写が始まるからである.これが真核性生物と原核性生物との根本的な相違点である.原核性生物は非特異的なレプレッサー(ヒストン)を用いていないので,大腸菌の lac オペロン(ラクトース代謝オペロン)系で明らかになっているように,遺伝調節機構は抑制型の負の制御(Jacob & Monod, 1961)を原則として使用している.

JacobとMonod(1963)は,"二つの細胞が同じゲノムをもっているのに,それらが合成するタンパク質が異なっているならば,その二つの細胞は相互に分化している"と,分化を定義している.

1. 調節機構の階層

　言うまでもないが，調節機構には階層がある．まず第1に，1次転写制御は，特定の体細胞タイプ中で，ある遺伝子座の転写のスイッチが入れられるか切られるかを決定する．個体発生における体細胞分化は，第1次的には，このタイプの制御のもとにある．この点で，発生過程での決定はたいてい非可逆的であると考えられる．というのは，いったん根幹細胞のあるグループが肝細胞になるように方向づけられると，その子孫系列の細胞は永遠に肝細胞であるからである．

　特定の体細胞タイプできまった遺伝子に一度スイッチが入ると，生物は，その状態を維持し，構成的な様式でその遺伝子産物をつくりつづけるか，あるいは第2次の抑制性制御のもとで，インデューサーが存在するときだけ遺伝子産物ができるようにするか，そのどちらかを選択することになる．チロシンアミノトランスフェラーゼの遺伝子は，哺乳類の肝臓でスイッチを入れられることは確かである．しかし，この酵素は副腎ステロイドホルモンが存在するときだけ合成される(Tomkins et al., 1966)．すでにスイッチが入っている遺伝子座の転写と翻訳は，レプレッサーがインデューサーによって取り除かれるまで，阻害されている．脊椎動物における第2次階層の抑制性制御は，第1次の制御と違って，大腸菌 lac オペロン系の作動様式と類似している．どちらの系においても，調節タンパク質は別個の遺伝子座でその生成が支配されており，このタンパク質は，二つの異なる結合部位をもっているという点で，2頭の怪物にたとえてよいであろう．一方では核酸の特定塩基配列を識別し，他方ではインデューサー分子を識別する．lac オペロン系の場合，調節タンパク質は分子量が約16万の大きな酸性タンパク質で，lac オペロンのオペレーター部位を構成しているDNA分節の塩基配列を識別する．この結合によって，転写が効率よく阻害され，したがって lac オペロンの三つの酵素遺伝子がポリシストロン性mRNAにコピーされないようになる．しかし，IPTG(イソプロピルチオガラクトシド)のようなラクトースの代謝類似物質であるインデューサーがこの調節タンパク質と結合すると，アロステリックな配位が変化して，もはやオペレ

ーターの塩基配列を識別できないようになる(Gilbert & Müller-Hill, 1966; Riggs & Bourgeois, 1968; Riggs et al., 1968). このようなやり方で, ラクトース代謝にかかわる構造遺伝子は, 大腸菌がラクトースの存在する環境におかれたときだけ, 転写のスイッチが入って, 発現するのである.

哺乳類のチロシンアミノトランスフェラーゼ系の場合も同様に, 調節遺伝子産物は, インデューサーと結合してアロステリックな配位の変化が起こらないかぎり, 核酸の特異的な塩基配列を識別して結合し, 転写と翻訳を阻害しつづける. 大腸菌の lac レプレッサータンパク質は2本鎖DNAの塩基配列を識別する. したがって, 転写だけを阻害する. 哺乳類のレプレッサーが転写と翻訳を同時に止めるためには, DNAシストロンとそれから転写されたmRNAの特定部位を構成している塩基配列とを識別できなければならない. これは恐らく, レプレッサーが1本鎖の塩基配列を識別しうるときにのみ可能であろう.

大腸菌のような原核性生物では, mRNAの寿命の半減期は非常に短いので(数分のオーダー), 抑制性の転写制御だけでも非常に効果的である. 一方, 脊椎動物や他の後生動物の場合, 成体での分裂していない体細胞では, mRNAの半減期は非常に長い(日の単位)に相違ない. 脊椎動物が転写と翻訳の制御に第2次抑制性調節機構を使用していることは理にかなっている. 高等生物のからだでは, 個々の体細胞がおかれている環境は個体全体の支配のもとにある. 基質(あるいはその誘導体)よりも, むしろホルモンが往々にしてインデューサーとして働いているということは驚くにあたらない. ホルモンは酵素やタンパク質の特異的なインデューサーになりうるし, また組織だった刺激効果をももちうる. ホルモンがもっている後者の作用は, サイクリックAMP(アデノシン-3′,5′—リン酸)によって媒介されていると考えられている. たとえば, インシュリンは細胞膜のアデニル酸シクラーゼを刺激し, その結果多量のサイクリックAMPの生産が起こる. 解糖作用にかかわる多様な酵素のいわば無差別なインデューサーとして働くのがこのサイクリックAMPなのである(Robinson et al., 1968).

調節機構の階層の基底では, 完成したポリペプチド鎖の機能はポリペプチド

鎖そのものに固有の性質によって調節をうける。たとえば，ある酵素が触媒する合成反応は，基質が反応産物に変わる量が増すにつれて，遅くなる。また酵素分子の活性中心に親和性をもつ種々の化合物は，基質と競争して，酵素活性を抑える。酵素は基質と競争しない物質によっても制御をうける。アミノ酸（あるいはヌクレオチド）の合成経路で，最終産物であるアミノ酸（あるいはヌクレオチド）がその代謝経路の1番目の酵素の特異的な阻害物質として作用する多くの例がある。これがフィードバック阻害(feed back inhibition)として知られているものである。影響をうける酵素はアロステリック酵素と呼ばれており，その酵素の基質と阻害物質（アロステリックエフェクター）の構造は必ずしも似ていない。

たとえば，大腸菌の二つのアスパラギン酸キナーゼの一つの活性は，代謝経路の最終産物であるトレオニンによるフィードバック阻害をうける(Stradtman et al., 1961)。

2. 遺伝子賦活化型の調節遺伝子の性質

正の転写制御をもちいて働いている発生過程の第1次調節機構の考察にもう一度もどろう。私は上の議論から，この機構の特性は次のようなものであろうと推測している。

(a) 2倍体生物では，相同染色体対の二つの構造遺伝子は，原則として，一緒に調節をうける。したがって，調節遺伝子産物は拡散性のものであって，調節遺伝子座はそれが制御する構造遺伝子と密接に連関している必要はない。

(b) 調節遺伝子産物は，制御をうける構造遺伝子に隣接した部域の特殊な塩基配列を含む分節を識別し，結合するという固有の性質をもたねばならない。調節遺伝子産物が識別するDNAの分節は，構造遺伝子のレセプター部位(*lac*オペロン系のオペレーターと類似のもの)と定義しよう。調節遺伝子産物とレセプターとの特異的な親和性はリジンやアルギニン残基の遊離アミノ基などに依存していないはずであり，したがって，調節遺伝子産物は大腸菌の*lac*オペロンのレプレッサータンパク質と同じ性質をもつ，複雑なアミノ酸組成の，大

きなタンパク質であることはほぼ確かであろう.

(c) さらに,調節タンパク質は,非特異的なヒストンとDNA上の結合部域を競合し,レセプターとその隣接部域からすでに会合しているヒストンを選択的に取り除く能力を備えていなければならない.ヒストンの特性についての知見(第3章)から,ヒストンを取り除く最も可能性の高い機構は,調節タンパク質のセリン残基とヒストンのセリン残基との間のリン酸基の転移であろうと考えられる.もし調節タンパク質がリン酸化したセリン残基をもっていると,この調節タンパク質はDNAのリン酸基の代りにヒストンのセリン残基と遊離リン酸を交換することができる.最近の知見によれば,セリン残基がリン酸化されると,リジン含量の多いヒストンはDNAにRNAポリメラーゼが結合するのを妨げることができなくなる(Langan, 1969).

(d) 調節をうける構造遺伝子は,レセプターとして働くDNAの特殊な塩基配列の分節をもっていなければならない.個体発生において,一群の機能的に多様な構造遺伝子が,ほとんど同じレセプターを備えているために,単一の調節遺伝子の制御下におかれていることもありうるだろう.Rutterと彼の協同研究者たちによるラット膵臓の胚発生についての発見は,トリプシノーゲン,キモトリプシノーゲン,アミラーゼ,リボヌクレアーゼ,カルボキシペプチダーゼAおよびB,リパーゼAおよびBが単一の調節遺伝子の制御下にあることを示唆している.膵臓がまだ原腸由来の一層の上皮から成っている中空の袋状肢腸の段階にあるような,発生開始後10日目位の胚では,これらの構造遺伝子のすべてが同時に転写されているという意味で,Rutterら(1968)の発見を読みとることができよう.多くの酵素は,からだのいろいろな体細胞タイプのうち,肝臓と腎臓の細胞だけに見出される.これは二つ以上の体細胞タイプが,ある調節遺伝子の存在に感応することを示唆しているように思われる.

正の転写制御機構の性質に関する上述の推測があまり的はずれでないなら,調節遺伝子とレセプターの重複が脊椎動物の進化に寄与した役割は非常に大きかったに相違ない.

3. 第1次調節遺伝子と構造遺伝子の調和した重複

前章で提示した事実は，多種多様なヘモグロビン鎖の構造遺伝子座が一連の遺伝子重複によって共通の祖先型遺伝子から進化したことを示唆している．この一連の構造遺伝子の重複は，調和した一系列の調節遺伝子重複を伴ったと思われる．ヒトの発生過程でα鎖遺伝子は胚の血球形成の開始とともに活性化され，個体の一生を通じて転写され続ける．しかし，α鎖と重合する相手は変わる．まず最初にε鎖が出現し，胚のヘモグロビンは$\alpha_2\varepsilon_2$とε_4の二つのタイプで存在する．間もなくε鎖の産生が止まって，γ鎖の産生が出生時まで続く．胎児ヘモグロビンは主に$\alpha_2\gamma_2$で，γ_4がいくらか存在する．最後に，β鎖とδ鎖が出現する．成体ヘモグロビンの主要構成体は$\alpha_2\beta_2$で，$\alpha_2\delta_2$は全体のほぼ3％にすぎない．

重複した遺伝子の分別制御は，重複した調節遺伝子の機能的な多様化を意味している．α鎖遺伝子，ε鎖遺伝子，γ鎖遺伝子は，それぞれ別個の調節遺伝子に対応した異なるレセプターをもっていると考えられる．他方β鎖とδ鎖の遺伝子はまだ同じ調節遺伝子の制御下にあるに相違なく，したがって，この二つの鎖の遺伝子はほぼ同じレセプターをまだもっていると考えられる．

4. 重複した調節遺伝子の機能の多様化による形態変化

進化における大きな形態変化もまた冗長性のある既存構造の転換によってもたらされる．早期の脊椎動物に起こった最初の大きな解剖学的形態の改善は顎の発達であった．

3億年以前の最も早期のものとして知られている脊椎動物は，無顎綱(Agnatha)に属する顎骨のない魚で，甲皮類(Ostracoderm)と総称されているものであった．現在のメクラウナギやヤツメウナギはこの類の極度に変化したタイプを代表している．魚に似たこれらの生物は消化管につながっている単なる孔にすぎない口をもっていて，10対以上もの鰓裂が消化管につながって外へ開いていた．このような口は真空掃除器のような働きしかできなかったと考えられるが，河や湖，時には河口付近などの底の泥を吸い込むには適したものであった．

顎骨の発達によって改善された口は，先駆型動物の真空掃除器型の口には大きすぎて合わないような食物でも，くわえ込んだり，嚙み砕いたりできるようになった．

顎骨はもともと鰓弓から由来したと考えられる．甲皮類は軟骨性あるいは骨性の支柱のある多くの鰓をもっていた．もとのものでは前方にあった鰓弓の少なくとも第1番目と多分第2番目の鰓弓が消失して，もう一つの恐らく第3番目の鰓弓が鰓の支柱から1対の顎骨に変化した．原始脊椎動物の個々の鰓弓は，側面からみると尖端を後方へ向けて倒れかかっているV字型のいくつかの骨の列からできていた．このようなV字型の一つに歯があてがわれて，V字型の頂端のところに蝶番がつくと，図14に示されているように原始脊椎動物の顎骨ができあがる(Colbert, 1955)．

鰓弓と顎骨の両方とも骨でできているので，一つの形態から他の形態への変化は新しい構造遺伝子の新生を必要としなかったと考えられる．しかし，この

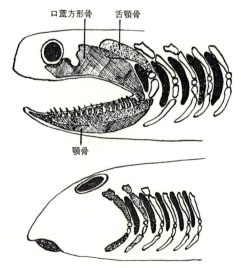

図14 第3鰓弓の顎骨(口蓋方形骨と顎骨)への転換と，第4鰓弓の舌顎骨への転換の模式図．第3鰓弓はクロス線で，第4鰓弓は斑点で区別してある．鰓裂は黒い部分．下図はシルル紀の仮想的な甲皮類．上図はデボン紀初期の仮想的な板皮類．

変化は鰓弓の発生を制御する一つまたは一群の調節遺伝子の重複を必要としたであろう．まず初めに，第3番目の鰓弓は他の鰓弓とは独立に，重複した調節遺伝子群の制御下に置かれただろう．続いて，突然変異が起こって，この調節遺伝子群の特性が変わり，鰓に代わって顎骨が体制化されたのであろう．

5. 構造遺伝子に隣接したレセプター部位の重複

もし単一の調節遺伝子が，同じ体細胞タイプで多様な構造遺伝子のグループを外見上同時に活性化する制御に関与しているなら，これらの構造遺伝子のそれぞれはほぼ同じレセプターを備えていなければならないと推測できる．たとえばキモトリプシノーゲン座に隣接したレセプターは，アミラーゼ座に隣接したレセプターと本質的に同じ塩基配列をもっているに相違ない．というのは，ともに膵臓で活性化されるからである．共通の祖先型レセプターの重複のみが，同じかあるいは似たレセプターをもつ，機能的に多様な構造遺伝子を備えさせるからである．これと似た考えが，Britten と Davidson(1969)によって，最近提唱されている．

文　献

Britten, R. J., Davidson, E. H.: Gene regulation for higher cells: A theory. Science **165**, 349-357(1969).

Colbert, E. H.: *Evolution of the vertebrates*. Science Editions. New York: John Wiley & Sons, Inc. 1955.〔田隅本生訳『脊椎動物の進化』，上下，築地書館，1969.〕

Gilbert, W., Müller-Hill, B.: Isolation of the lac repressor. Proc. Natl. Acad. Sci. US **56**, 1891-1898(1966).

Jacob, F., Monod, J.: Genetic regulatory mechanism in the synthesis of proteins. J. Mol. Biol. **3**, 318-356(1961).

—, —: Genetic repression, allosteric inhibition, and cellular differentiation. In: *Cytodifferentiation and macromolecular synthesis* (Locke, M., Ed.), pp. 30-64. London: Academic Press 1963.

Langan, T. A.: Phosphorylation of liver histone following the administration of glucagon and insulin. Federation Proc. **28**, 600 (1969).

Riggs, A. D., Bourgeois, S.: On the assay, isolation and characterization of the *lac* repressor. J. Mol. Biol. **34**, 361-364(1968).

—, —, Newby, R. F., Cohn, M.: DNA binding of the *lac* repressor. J. Mol. Biol. **34**, 365-368(1968).

Robinson, G. A., Butcher, R. W., Sutherland, E. W.: Cyclic AMP. Ann. Rev. Biochem. **37**, 149-174(1968).

Rutter, W. J., Kemp, J. D., Bradshaw, W. S., Clark, W. R., Ronzio, R. A., Sanders, T. G.: Protein synthesis in cytodifferentiation. J. Cell Physiol. **72**, 1-18(1968).

Slater, D. W., Spiegelman, S.: An estimation of genetic messages in the unfertilized echinoid egg. Proc. Natl. Acad. Sci. US **56**, 164-170(1966).

Stradtman, E. R., Cohen, G. N., LeBras, G., de Robichon-Szulmajster, H.: Feed-back inhibition and repression of aspartokinase activity in *Escherichia coli* and *Saccharomyces cerevisiae*. J. Biol. Chem. **236**, 2033-2038(1961).

Tomkins, G. M., Thompson, E. B., Hayashi, S., Gelehrter, T., Granner, D., Peterkofsky, B.: Tyrosine transaminase induction in mammalian cells in tissue culture. Cold Spring Harbor Symposia Quant. Biol. **31**, 349-360(1966).

Whiteley, A. H., McCarthy, B. J., Whiteley, H. R.: Changing populations of messenger RNA during sea urchin development. Proc. Natl. Acad. Sci. US **55**, 519-525(1966).

第 IV 部

遺伝子重複の機構

第 15 章
遺伝子連関群の一部分の直列重複

　突然変異がDNA複製におけるまちがいの結果として生ずるように，遺伝子重複も減数分裂や有糸分裂の過程における稀なまちがいとして生ずる．この章では，一つの連関群内の単一シストロンまたはシストロン群がかかわる遺伝子重複が扱われる．遺伝子重複のこの様式は，倍数体によってすべての連関群が同時に重複される様式と対比されるものである(後者の様式は次章で扱う)．

1. 同一染色体の染色分体間の不等交換

　Taylor ら(1957)がはじめて個々の染色体のDNA複製パターンを ^{3}H-チミジンを用いて研究したとき，彼らは意外なことに同一染色体の二つの染色分体の間に頻繁に交換があることに気づいた．通常，染色体中でのDNA鎖の配列は，^{3}H-チミジンをDNAにとりこんだ母細胞から生ずる娘細胞の中期の各染色体

が，標識された染色分体と標識されていない染色分体を含むように行なわれる．しかし観察されたパターンは，予想外に複雑なものであった．一つの染色体の両方の染色分体は標識された部分と標識されていない部分とからなっていて，一つの染色分体の一部分が標識されている場合，相手の染色分体のそれに対応する部分は標識されていなかった．明らかに有糸分裂環のDNA合成期（S期）に，同一染色体の二つの染色分体の間で交換が頻繁に起こっているのである．すなわち，同一染色体の二つの染色分体は完全に同一であると推測される．表面上この型の交換は何らの生物的効果ももたらさないように思われるが，実際には頻繁に起こるので，時として図15に示すような不等交換を生ずることもある．わずかな不等交換でさえ，一方の染色分体上に二つの同一シストロンを連ね，他方の染色分体からそのシストロンを欠失させることになる．その交換の結果，遺伝子重複に関してヘテロ接合体である娘細胞と，その遺伝子座に関してヘミ接合体である娘細胞が生みだされる．もしこれが生殖細胞の有糸分裂の間に起こり，この重複が直ちに淘汰の有利性を子孫にもたらすならば，小さな隔離された集団はすぐにこの重複に関してホモ接合体となり，この重複が種の特性となることだろう．

多くの場合，観察された直列遺伝子重複が，このように有糸分裂中につくられたものか，減数分裂中の不等交叉によってつくられたものかは確かめようがない．しかし，同じ染色体の二つの娘染色分体間の不等交換だけが，似ているかまたは同じ対立遺伝子を担うようになった二つ以上の重複遺伝子によって特徴づけられるような，非常にユニークな状態を生みだしうるのである（図15）．すでに第4章で述べ，第6章図6に示したように，ウマはα^Iとα^{II}との二つの異なったヘモグロビンα鎖を産生している．この二つは60番目のアミノ酸の置換だけが異なっており，α^Iのグルタミンがα^{II}においてはリジンで置換されている(Kilmartin & Klegg, 1967)．これらの二つのα鎖は同一の遺伝子座によって支配されているが，変異型グルタミンtRNAの存在が解読をあいまいにしているという可能性が第4章で提起された．もう一つの，多分より筋の通った説明は，α^Iとα^{II}とがもともとあった遺伝子とごく最近これから生じた重

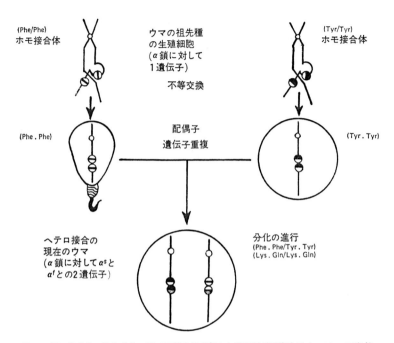

図15 同一染色体の染色分体の間で不等交換が起こり遺伝子が重複すると，二つの密接に連関した重複遺伝子座がもともと対立遺伝子であったものを担うという特異な状況が生ずる．ウマのヘモグロビン α 鎖の遺伝子座を例にあげて，このことを模式的に図解した．小さい丸は染色体の動原体を表わし，大きな丸は α 鎖のシストロンを表わす．24位にフェニルアラニン(Phe)をコードするシストロンは上半分が空白の丸で示され，24位にチロシン(Tyr)をコードするシストロンは上半分が黒くぬりつぶされた丸として示されている．下半分が空白になっていると，その丸は60位にリジン(Lys)をコードしているシストロンであることを示している．他方，下半分がうすくぼかされていると，60位にグルタミン(Gln)をコードしているシストロンであることを示している．

複コピーとによって支配されているということである．

　両方の α 鎖に同時に変化をもたらしているのは，24番目のアミノ酸座位でのチロシンからフェニルアラニンへの同座置換であるという事実を想い出していただきたい．現在のウマの直接の先祖にあたる *Equus caballus* は，単一の α 鎖座しかもたなかったので，1種類の α 鎖だけしか産生しなかったと思われる．事実，ウマの親戚に当るロバは1種類の α 鎖しか産生しないので，このことは不合理な仮定ではなかろう．この単一遺伝子座に，ウマはすでに二つの対立

遺伝子，すなわち一つは24位にチロシンをもつα鎖を支配し，他方はフェニルアラニンをもつα鎖を支配する対立遺伝子を保持していたであろう．もしこの遺伝子座の重複が同一染色体内の不等交換を伴った二つの別個の出来事によって起こったとするならば，同一染色体上のもとの遺伝子座と，重複した遺伝子座とは，同じ24番目のコドンを必ず受けとっている．このようにして，二つの異なった種類の相同染色体が集団の中に存在するようになる．一つは，24番目にチロシンのコドンをもつもとの遺伝子座と新しく重複した遺伝子座とを担っており，もう一つは対応する位置にフェニルアラニンのコドンをもつ二つの遺伝子座を担っている．もとの遺伝子座と重複した遺伝子座とは密接に連関しているので，組換えは無視される程度まで減少してしまっただろう．この重複された遺伝子座は，ひきつづいて60位にあるグルタミンをリジンで置き換えたり，逆にリジンをグルタミンで置き換えたりして，もとの遺伝子座から多様化した．このようにして，現在のウマは$α^I$に対する一つの遺伝子座と$α^{II}$に対するもう一つの遺伝子座とをもつようになり，この二つは同一染色体上にあって，同じ対立遺伝子型の変異を，変化を蒙らずに共にもっているのである(第6章図6)．

外モンゴルの野生のPrzewalski馬(*Equus przewalskii*)は66本の染色体をもっているが(Benirschke *et al.*, 1965)，すべての家畜品種は64本の染色体をもっている．2種類のα鎖を産生するようにさせた，α鎖遺伝子座の重複かtRNAの突然変異かのいずれかが，共通の先祖種がウマのこの二つの同胞種に分岐する以前に，起こっていたと考えられる．事実Przewalski馬は$α^I$と$α^{II}$との2種のペプチド鎖をもっている．

第6章，第7章，第8章で，哺乳類のいろいろなクラスの免疫グロブリンがもちいているH鎖は，10個程度の密接に連関した遺伝子座によって支配されているということを指摘した．ヒト(Natvig *et al.*, 1967)やマウス(Herzenberg *et al.*, 1967)では，これらの遺伝子座のそれぞれが，それぞれの一連の対立遺伝子を保有している．ヒトやマウスの対立遺伝子のいずれもが，各H鎖のカルボキシル末端に近い定常部域内に生じたアミノ酸置換を表わしていると思わ

れている．他方，ウサギでは，Aa1, Aa2, Aa3 として知られている対立遺伝子は，H鎖のアミノ末端に近い可変部域内の不変座位に影響を及ぼすアミノ酸の置換を表わしているらしい(Oudin, 1966)．遺伝学的には Aa1, Aa2, Aa3 は単一遺伝子座の対立遺伝子のように行動するが，これらの対立遺伝子は特定のクラスのH鎖でみられるのでなくて，むしろすべてのクラスのH鎖においてみられる．たとえば Aa1/Aa2 ヘテロ接合体のウサギで，対立遺伝子マーカー1と2とは IgG クラスのH鎖だけでなく，IgA クラスのH鎖やさらに IgM の μ 型H鎖によってすら担われている(Todd, 1963)．この事情は，ウマのヘモグロビン α 鎖でみられる事情と一見同一である．というのは，10個程度の密接に連関したH鎖遺伝子座がウサギの同じ染色体上にあり，同一または類似のアミノ酸の置換を共にもっていると考えられるからである．一見，同一染色体の娘染色分体の間の不等交換が，ウサギH鎖遺伝子の直列重複に関与した唯一のものであったように思える．しかし，H鎖遺伝子が一団として集まることは，地球上での最初の哺乳類の出現以前にすでに生じていたということを示唆する証拠があるので，ウサギH鎖に関する前述の考えは支持できないものである(第8章)．

　免疫グロブリンH鎖を支配するシストロンに関して，上述したことから総合される全体像は，それぞれの完全なH鎖は単一のシストロンではなくて，個体発生の間に，溶原化のような過程によって一つに融合された二つの独立なシストロンによって合成が支配されているということである．10個程度の密接に連関した遺伝子座のそれぞれは，H鎖の定常部域すなわちカルボキシル末端を含む部分の合成を支配し，ヒトやマウスは定常部域の対立遺伝子の多形性を保有しているようである．H鎖の可変部域すなわちアミノ末端を含む部分は別の一群の別々の遺伝子座が合成を支配しており，ウサギはこれらの可変部域の遺伝子座のうちの一つに対立遺伝子の多形性を保有している．一つの可変部域の遺伝子は10個程度のいろいろな種類の定常部域の遺伝子のどれとも融合しうるので，可変部域遺伝子座の対立遺伝子マーカーである Aa1, Aa2, Aa3 は，どのクラスのH鎖にも見出されることになる．各H鎖のクラス特異性は

定常部域のアミノ酸配列に存在する.

2. 減数分裂過程での相同染色体間の不等交叉

　半数体配偶子(卵や精子)をつくるために，2倍体生物の生殖細胞は減数分裂を経過する．第1減数分裂前期に，2本の相同染色体が並んで対合し，これらの間にキアズマ(染色体交叉)を形成する．したがって遺伝物質の交換は，父系と母系から由来した因子の間で行なわれる．これが，交叉による遺伝子組換えの過程である．この種の交換はときとして不均等であることもある．すなわち，一方の染色分体で重複が生じ，他方の染色分体で遺伝子座の欠失が起こる(図16)．

　多くの場合，二つのよく知られた直列重複遺伝子をつくり出すのにあずかったのは，同一の染色体内での不等交換であるのか，それとも2本の相同染色体の間の減数分裂中の不等交叉であるのかを見分けることは不可能である．しかし，ヘテロ接合体の減数分裂中に生ずる不等交叉だけが，同一遺伝子座のもともと対立遺伝子であったもの二つを同一の染色体上に位置づけるのである．このような例は，ヒトのハプトグロビンα鎖の遺伝子座で知られている．この遺伝子座の3種類の普通にみられる対立遺伝子がヒトの集団に存在している．すなわちHp^{1F}, Hp^{1S}, Hp^2である．Smithiesとその共同研究者ら(1964)によると，Hp^2遺伝子によって支配されるα鎖は，Hp^{1F}やHp^{1S}の遺伝子によって支配されるα鎖のおよそ2倍の分子量をもっており，あるタイプのHp^2鎖のアミノ末端側の半分はHp^{1F}のアミノ酸配列をもっており，またカルボキシル末端側の半分はHp^{1S}のアミノ酸配列をもっている．Hp^{1F}/Hp^{1S}のヘテロ接合体に生じた不等交叉がこの種のHp^2鎖をつくり出したということは疑いもないことである．同一染色体上で直列状態におかれた二つの対立遺伝子が融合し，一つのシストロンとなったのである．Hp^{1F}またはHp^{1S}のいずれかのホモ接合体中で二つの同一の対立遺伝子が融合すれば，別のタイプのHp^2鎖が生じたことはいうまでもない．

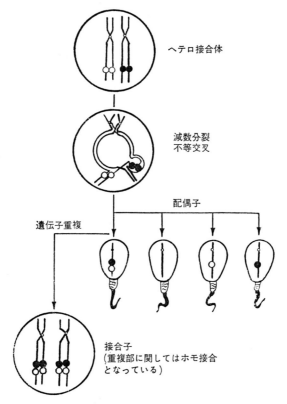

図16 減数分裂の間に2本の相同染色体の間で生ずる不等交叉によってつくられる遺伝子重複を模式的に図示したもの．不等交叉がヘテロ接合体で生ずると，同一遺伝子座の二つの対立遺伝子は非常に密接に連関した二つの独立の遺伝子となる．小さい丸は染色体の動原体を示し，大きな丸はシストロンを示す．もともとは黒くぬりつぶした丸と中空の丸とは，同じ遺伝子座の二つの対立遺伝子として存在している（上段）．ヘテロ接合体での減数分裂中の不等交叉によって，二つの対立遺伝子が同一染色分体上に座をもつようになる（第2段）．このような生殖細胞でつくられる四つの配偶子のうちの一つが重複を担っている（第3段）．この重複が淘汰の有利性をもたらすのに重要であるなら，時の経過と共に集団のすべての成員はこの重複遺伝子に関してホモ接合となる．ヘテロ接合の有利性がこのようにして永続し，この集団に与えられることとなるのである．

3. DNA の部分的な繰返し複製

普通，染色体 DNA の複製は有糸分裂や減数分裂の準備期間（S期）中にだけ起こり，新しく合成された DNA 鎖は均等に2本の娘染色体に分けられる．も

しDNA鎖の1分節だけがG-1段階で複製を行なうと，DNA鎖の複製部分の両端で各1個の切断が生じたのち互いに再結合を行なうことによって，分節全体の直列的な重複が完成されることになる．

Keyl(1966)は，次に述べるような発見をもとにして，この種の機構による遺伝子重複は，実際に双翅類の進化において重要な役割を演じたと主張している．彼は，ユスリカ(*Chironomus thummi*)の二つの亜種は，共にまったく同一の2倍体染色体組をもっているにもかかわらず，DNA量において顕著な違いを示すということを見出した．*Ch. th. thummi* の2倍体核は *Ch. th. piger* のそれよりもDNAを27％多く含んでいる．二つの亜種の巨大な唾腺染色体のそれぞれの相同なバンドのDNA量を比較すると，あるバンドでは16倍もの差異があるのに，他のバンドでは全然違いがないということが明らかになった．相同な染色体分節のDNA量における16倍ものDNA量の違いは，その分節内のそれぞれの遺伝子座の繰返し複製というよりは，むしろ分節全体の繰返し複製を想定すると容易に説明できるとKeylは思った．機能的に関連した遺伝子の協調的な発現は，遺伝子が密接に連関していることに依存してはいないから(第7章)，染色体分節全体の重複が個々の遺伝子座の重複よりも淘汰の有利性を生物体に与えているとは考えられない．その上，直列に重複した遺伝子座を含む染色体分節は，すでに述べたような不等交換や交叉をますます激しく受けることになる．だから，特定の染色体分節のDNA量が16倍に増加していることは，不等交換または交叉を繰返し受けたことの結果としたほうが考え易い．

4. 部域的重複の長所と短所

脊椎動物では，密接に連関している明白な重複遺伝子のよく証明された例が数多く知られている．この章で議論した三つの方法のうちのいずれかによる遺伝子重複が，脊椎動物進化の過程で生じてきたということには，ほとんど疑いがない．これらの既知の直列重複のあるものは明らかに古い時代に生じたものなので，直列重複遺伝子の固定されたセットをもつことが，その綱に固有の特

徴として確立された．たとえば，すべての哺乳類は，いろいろな種類の免疫グロブリン H 鎖を支配する密接に連関した重複遺伝子の同一セットを備えているらしい．この事実は，すでにいろいろな場合に述べられてきた．すべての哺乳類の共通の先祖がすでにこれら重複遺伝子の完全なセットをもっていたということは全く明白なことである．先祖型 H 鎖遺伝子の繰返し起こった直列重複は，哺乳類の爬虫類型祖先種あるいは両棲類型祖先種において，すでに生じていたに違いない．ジュラ紀の終り，すなわち 1 億 3000 万年前に生存していた汎獣類は，すでに完全な 1 揃いのセットをもっていたに違いない．

もう一つの直列重複はもっと新しい時代に生じた．たとえば，ヒトのヘモグロビン β 鎖と δ 鎖とは 141 個のアミノ酸座位のうち 10 個だけが異なっており (Ingram & Stretton, 1962)，哺乳類のなかではオランウータンのような，ヒトに非常に近い類縁のものだけが δ 鎖遺伝子をもっている (Hill et al., 1963)．β 鎖遺伝子の重複と，それにつづくその重複遺伝子の多様化による δ 鎖遺伝子の生成が，ヒトニザル上科のなかで生じた．この種の重複が起こってからはまだ 2500 万年と経っていない．

ある種の直列重複はさらにもっと新しい時代に生じた．直列的に重複した Hp^{1F} と Hp^{1S} シストロンの間での融合によるハプトグロビン α 鎖の Hp^2 シストロンの生成は，ヒトにおいて生じたのであって，ヒトニザルは Hp^2 シストロンをもっていない．この不等交叉はここ 100 万年以内に生じたに違いない．ヒトにおいてさえ Hp^2 はまだ Hp^{1F} と Hp^{1S} とに対する対立遺伝子の一つであるにすぎない．

直列的に重複したコピーの融合による新しい更に長いシストロンの生成は，同一の染色体内の不等交換か，あるいは減数分裂中の相同染色体間の不等交叉かのいずれかによってしか達成されない．ハプトグロビン α 鎖の Hp^2 だけでなく，最初の免疫グロブリン H 鎖の遺伝子も，第 8 章で議論したように融合によって生じたので，このような遺伝子の融合が脊椎動物の進化に非常に貢献したということには疑いの余地がない．この章で述べた直列遺伝子重複の三つの機構のうちの少なくとも二つを利用しなければ，魚類からヒトへの進化は不

可能であっただろう．しかし，これらの直列重複は災難の種を宿しているのである．もし脊椎動物の進化が直列重複だけにたよっているならば，哺乳類のような進化した生物は決して存在するようにはならなかっただろう．

直列重複のまず第1の欠点は，直列重複が存在すると，さらに不等交換と不等交叉をひきおこすことになるという点である．このことは，すでに1925年に，Sturtevant によってショウジョウバエの bar (棒眼) 座で明らかにされていた．第10章で議論したように，染色体のそれぞれの核小体オルガナイザーは，不等交換と不等交叉とを繰返し行なっているわけである（第10章図9をみよ）．欠失が重なって核小体オルガナイザーから許容限界以上の数のコピーを涸渇させてしまうと有害な影響が現われる．ショウジョウバエの bobbed 突然変異はこのような例である (Ritossa et al., 1966)．

ヒトのヘモグロビン β 鎖と δ 鎖との単なる直列重複でさえ，無視できない頻度で不等交換と不等交叉を行なっているようにみえる．それというのも，δ 鎖のアミノ末端側半分と β 鎖のカルボキシル末端側半分からなる雑種 Lepore 鎖が数回の独立の突然変異類似の事象に出会いながら，生成しているからである (Baglioni, 1965)．雑種シストロンの形成は不等交換と不等交叉の多くの結果の一つであるにすぎないのである．現に，同一染色体上に β 鎖遺伝子か δ 鎖遺伝子かのどちらかの遺伝子を2倍量もち，元気に街を歩いている人が数多くいるかもしれない．

このような不安定な条件のもとでは，冗長な重複遺伝子コピーの機能的多様化が進むことはあまりない．事実，直列的に配列された重複コピーの示す機能的多様化の度合はかなり小さい．1億3000万年前に出現したにもかかわらず，免疫グロブリンH鎖遺伝子群はほんの僅かに異なった状態で同一の機能を営みつづけているのである．

直列重複の第2番目の欠点は，機能的に関連した遺伝子の間で確立されている遺伝子量比の破壊である．ヘモグロビンの異常 β^s 鎖の対立遺伝子のヘテロ接合 (β/β^s) のヒトは熱帯性マラリアに比較的強い抵抗性を獲得するので，この対立遺伝子が顕著に高い頻度でアフリカ人の集団に存在していると考えられて

いる(第6章). ヘテロ接合体の減数分裂過程でのただ1回の不等交叉によって, β と β^S の二つの対立遺伝子が, 同一の染色体に位置する非常に密接な連関関係にある別個の遺伝子座となる. もしこのような重複遺伝子をもつものが集団にひろがるならば, 集団の成員は β^S/β^S のような有害なホモ接合体をまったく生み出すことなしに, 永続的なヘテロ接合の有利性を獲得することとなろう. しかし, この種の重複がアフリカ人の集団でまったくみられないという事実は, α 鎖遺伝子の量の増加を伴わずに β 鎖遺伝子の量を倍加させるということが, β と β^S の対立遺伝子を同一染色体に担うことによって得られる有利性を相殺する以上の影響をもつことを示唆している. $\alpha_2\beta_2$ 4量体ヘモグロビン分子だけしか合成されないようにするためには, α 鎖と β 鎖とがほぼ同一量つくられることが必要なのである. しかし, ヘモグロビン α 鎖と β 鎖を支配する二つの遺伝子座は連関していない.

β 鎖遺伝子の冗長な重複コピーから δ 鎖遺伝子を産生した直列重複は, 多分 δ 鎖遺伝子があまり効率よく働かない遺伝子なので許容されたのである. Hb $A_2(\alpha_2\delta_2)$ は成人のヘモグロビン全体の 1.5〜4.0％ を占めるにすぎない. δ 鎖遺伝子が β 鎖遺伝子のように効率よく働く遺伝子であったならば, この種の重複はおそらく許容されなかったことであろう. δ 鎖のアミノ末端と同じ配列をもっている雑種 Lepore 鎖は δ 鎖自身と同じくらい少量しかつくられないので, δ 鎖遺伝子の最初の部分にあるレセプターの塩基配列がこの構造遺伝子座の生産性の低いことに関与しているのであろう.

ハプトグロビン α 鎖の Hp^2 対立遺伝子を生じた不等交叉は, Hp^{1F} と Hp^{1S} との二つの α 鎖重複遺伝子が融合して一つのシストロンを生みだしたので, ハプトグロビン β 遺伝子との遺伝子の量的関係をそこなわない. 哺乳類のゲノムは, 免疫グロブリンH鎖に対してほぼ10個の緊密に連関した遺伝子座(第7章)とL鎖の κ と λ とに対する二つの連関していない遺伝子座を, 第2番目と第3番目の連関群の上にそれぞれもっている (Gilman-Sachs *et al.*, 1969). クローン化された抗体産生形質細胞で一つのL鎖遺伝子座と一つのH鎖遺伝子座だけが転写されるのを保証する遺伝的調節機構が, 予め進化していたため

に，自然淘汰はL鎖とH鎖との遺伝子の重複の度合の甚だしい不一致を許してきたのである．

　直列重複に関する第3番目の，そして多分非常に重大な欠点は，その遺伝子活性を制御する調節遺伝子を重複せずに，構造遺伝子だけを重複させる傾向があるということである．調節遺伝子産物は拡散性であり，そのため調節遺伝子座は必ずしもその調節する構造遺伝子座に密に連関している必要はないし，実際に連関していない(第14章)．

　直列重複が一つの調節遺伝子座の支配下にとどまる限り，重複したものが異なった機能を獲得する望みはあまりない．個体発生過程で機能的に多様化した重複遺伝子が分別的に使用されるということは，重複した構造遺伝子のそれぞれが，個々の調節遺伝子の重複を伴う場合にのみ生じうる可能性である．このときにのみ，構造遺伝子のレセプター部位とその調節遺伝子とは独立の1単位として相伴って進化することができる．

　後に述べるように，肺魚やサンショウウオの場合，そのゲノム量の莫大な増加は，部域的の重複によってのみ達成されたと考えられる．南米産肺魚のゲノム量は哺乳類のゲノム量の35倍もあり(Ohno & Atkin, 1966)，アンヒューマ(amphiuma，サンショウウオの一種)のゲノム量も28倍に達している(Mirsky & Ris, 1951)．しかし，ゲノム量に比例して非常に多くの機能的に多様化した重複遺伝子をもっているという何らの証拠もない(Comings & Berger, 1969)．

　肺魚とサンショウウオ類は，遺伝子重複を達成させる手段として直列の重複だけに依存するということの悲劇的結末を明らかに示している．直列重複した遺伝子が単一の調節遺伝子座の支配下にとどまる限り，繰返し直列重複を行なって，たとえどんなに多くの構造遺伝子のコピーを獲得しようとも，核小体オルガナイザーにある18Sと28SのrRNA遺伝子の多くのコピーが行なっているのと同様，重複されたコピーはただ単に同一の遺伝子産物をより多く生産するのに役立っているにすぎない(第10章)．そのゲノム量が非常に増大するにつれて，その細胞の大きさもまた非常に増大した．そこには，それぞれの遺伝子産物をより多く産生するための明白な必要性があった．肺魚やサンショウ

ウオ類の直列重複コピーは，この必要性を明らかに充足させたけれども，まさにこの理由によって，どの重複遺伝子も自然淘汰の過酷な圧力からのがれ，これまでに存在したことのない機能をもつ新しい遺伝子座として出現する手段として取っておかれることはなかった．直列重複だけでゲノム量を無制限に増大させることは，遺伝子を保存するのには最良の方法であるが，変化させるのには最悪の方法であるという意味において，希望のない仕事である．第10章で紹介した"主（遺伝子）-従（遺伝子）"仮説を発展させた Callan (1967) が，主としてサンショウウオ類のゲノムについて研究したということを心に留めておくことは興味深いことである．このような系は，リボゾームのシストロンだけでなく，肺魚やサンショウウオ類のいろいろの構造遺伝子シストロンについても同様に存在したことであろう．現代化した肺魚の祖先種 ($Dipterus$) は3億年前のデボン紀の中頃にすでに存在していたし，サンショウウオ類の祖先種 ($Lepospondylus$) は，2億6000万年前の石炭紀のはじめにすでに両棲類の主要系統から分岐していたのである．

文　献

Baglioni, C.: Abnormal human hemoglobins. X. A study of hemoglobin Lepore Boston. Biochim. et Biophys. Acta **97**, 37-46 (1965).

Benirschke, K., Malouf, N., Low, R. J.: Chromosome complement: Difference between $Equus\ caballus$ and $Equus\ przewalskii$, Poliakoff. Science **148**, 382-383 (1965).

Callan, H. G.: The organization of genetic units in chromosomes. J. Cell Sci. **2**, 1-7 (1967).

Comings, D. E., Berger, R. O.: Gene products of amphiuma: An amphibian with an excessive amount of DNA. Biochem. Genet. **2**, 319-333 (1969).

Gilman-Sachs, A., Mage, R. G., Young, G. O., Alexander, C., Dray, S.: Identification and genetic control of two rabbit immunoglobulin allotypes at a second light chain locus, the c locus. J. Immunology **103**, 1159-1167 (1969).

Herzenberg, L. A., Minna, J. D., Herzenberg, L. A.: The chromosome region for immunoglobulin heavy-chains in the mouse. Cold Spring Harbor Symposia Quant. Biol. **32**, 181-186 (1967).

Hill, R. L., Buettner-Janusch, J., Buettner-Janusch, V.: Evolution of hemoglobin in primates. Proc. Natl. Acad. Sci. US **50**, 885-893 (1963).

Ingram, V. M., Stretton, A. O. W.: Human hemoglobin A_2. I. Comparison of hemoglobins

A₂ and A. Biochim. et Biophys. Acta **62**, 456-474(1962).

Keyl, H. G.: Increase of DNA in chromosomes. In: *Chromosomes today*, Vol. 1, pp. 99-101. (Darlington, C. D., Lewis, K. R., Eds.). London: Oliver & Boyd 1966.

Kilmartin, J. V., Clegg, J. B.: Amino-acid replacements in horse hemoglobin. Nature **213**, 269-271(1967).

Mirsky, A. E., Ris, H.: The desoxyribonucleic acid content of animal cells and its evolutionary significance. J. Gen. Physiol. **34**, 451-462(1951).

Natvig, J. B., Kunkel, H. G., Litwin, S. P.: Genetic markers of the heavy-chain subgroups of human gamma G globulin. Cold Spring Harbor Symposia Quant. Biol. **32**, 173-180(1967).

Ohno, S., Atkin, N. B.: Comparative DNA values and chromosome complements of eight species of fishes. Chromosoma **18**, 455-466(1966).

Oudin, J.: Genetic regulation of immunoglobulin synthesis. J. Cell Physiol. **67**, 77-108 (1966).

Ritossa, F. M., Atwood, K. M., Spiegelman, S.: A molecular explanation of the bobbed mutants of *Drosophila* as partial deficiencies of "ribosomal" DNA. Genetics **54**, 819-834(1966).

Smithies, O., Cornell, G. E., Dixon, G. H.: Chromosomal rearrangements and protein structure. Cold Spring Harbor Symposia Quant. Biol. **29**, 309-319(1964).

Sturtevant, A. H.: The effects of unequal crossing-over at the Bar locus in *Drosophila*. Genetics **10**, 117-147(1925).

Taylor, J. H., Woods, P. S., Hughes, W. L.: The organization and duplication of chromosomes as revealed by autoradiographic studies using tritium-labeled thymidine. Proc. Natl. Acad. Sci. US **43**, 122-128(1957).

Todd, C. W.: Allotypy in rabbit 19S protein. Biochem. Biophys. Res. Commun. **11**, 170-175(1963).

第 16 章
倍数性——ゲノム全体の重複

4倍体になると,2倍体染色体組であったものが半数体セット(ゲノム)になる.したがって,すべての遺伝子座,すなわち構造遺伝子ならびにその構造遺

伝子の発現を支配する調節遺伝子のすべての重複が"一挙"に起きるのである．倍数性による遺伝子重複の機構は直列重複でみられるどのような短所をも示さない．あらゆる遺伝子座の協奏した重複は，構造遺伝子と同時に自身の調節遺伝子の重複をも伴っており，機能的に関連した遺伝子の遺伝子量の割合に関して問題が生じない．もとの遺伝子と重複した遺伝子は別個の染色体に担われているので，重複によって不安定性はもたらされない．しかし，以下に示されるように，倍数性はそれなりの欠点を伴う．直列配列型の重複と倍数性とが有意な遺伝子重複をもたらす方途として互いに補い合っていることは極めてはっきりしている．脊椎動物の進化過程で，この二つの方途が交互にもちいられたとしても驚くにあたらないであろう．

1. 倍数性と確立された染色体性性決定機構との不適合性

　植物界，特に顕花植物で，倍数体進化の例がたくさんある．たとえば，栽培穀草類のモロコシ (*Sorghum*) 属のうち，*S. versicolor*, *S. sudanense*, *S. halepense* の3種は染色体数がそれぞれ 10, 20, 40 である．1番目は2倍体種($2n=2\times5$)で，2番目と3番目はそれぞれ4倍体($4n=4\times5$)と8倍体($8n=8\times5$)である．大多数の顕花植物では，雄器(雄ずい)と雌器(心皮または雌しべ)は同じ花にある．要するに，これらの植物は雌雄同株種である．倍数体進化と雌雄同株の繁殖様式とは完全に適合しうるものである．

　脊椎動物だけでなく，無脊椎動物でも倍数体がまれであることは，両性生殖性が大多数の動物種の特性であることによっている．倍数性は十分に確立された染色体性性決定機構と適合しえないものである．XY/XX 型の性決定機構をもつ2倍体が4倍体になると，必ず雄は 4AXXYY，雌は 4AXXXX の構成になる．4AXXYY の雄の減数分裂で，4つの性因子は XX-2価染色体と YY-2価染色体として対合するだろう．この場合，すべての配偶子は 2AXY の構成になる．この結果，4倍体の雄と4倍体の雌との交配で生まれる子孫は 4AXXXY の構成を受け継ぐことになる．もし 4AXXXY が雄の表現型をもたらすなら，この種は雌が存在しないことになり，消滅してしまうだろう．

4AXXXYが不稔間性であるとしても，情況が改善されるとはいえない．たとえ二つのXY-2価染色体が4倍体の雄の精母細胞で形成されたとしても，そのうち50％の場合は，XとY染色体が第1減数分裂後期に同じ分裂極に移り，この場合も4AXXXYの構成をもつ子孫を生みだすことになる．4AXXYYの雄で，二つのクラスの配偶子2AXXと2AYYだけの産出を保証する機構は存在しない．したがって，倍数性は常に染色体性性決定機構を乱すのである．

十分に確立された染色体性性決定機構のために，哺乳類，鳥類，爬虫類では，倍数体進化はとうていありえないことになる．鳥類(Ohno et al., 1963)と爬虫類では，3倍体個体が生存可能であるが，3倍体が繁殖するためにとりうる最上の手段は，雌だけから成る，雌核発生種あるいは単為生殖種になることであろう．カナヘビ(*Cnemidophorus* 属)の3倍体種は，一つの種の半数体染色体組と他の種の2倍体染色体組をもっている．3倍体性はこれらの種間雑種が恐らく雑種不稔性をさけるのに用いた方途であろう(Pennock, 1965)．このような興味ある奇種は脊椎動物進化のわき道へそれたものである．

一方，両棲類と魚類とでは，二つの性の染色体因子，すなわち雄異型配偶子性のXとY，および雌異型配偶子性のZとWの分化が，まだかなり始原段階にとどまっている．したがって，XとYあるいはZとWは多くの遺伝子座を共有しており，YはXの代用になりうる．哺乳類では性に関係なく，1本のX染色体の存在が接合子の生存に必須である．2AOYまたは2AYYの構成は致死になる．しかし，2AYY構成をもつ日本産のメダカ(*Oryzias latipes*)は正常な雄になるだけでなく，エストラジオール処理によって，2AYY個体は稔性のある雌に変わりうる(Yamamoto, 1961)．倍数体進化が現存の両棲類と魚類でまだ可能であろうと考えるなら，これは驚くにあたらない事実であろう．実際，南アメリカのカエルで，最初に両性生殖性の4倍体種が見出されている(Becak et al., 1966)．

倍数性と直列重複とが有意な遺伝子重複をもたらすのに互いに補い合うものであるし，さらに倍数体進化は脊椎動物進化の初期段階でのみ可能であっただろうということから，遺伝子重複による自然の実験の大部分は魚類と両棲類の

段階で成しとげられたに相違ないと推測できる．直列重複と倍数性とを交互に採りいれることによって，魚類あるいは両棲類型の哺乳類の祖先種は，すでに適当な度合の遺伝的冗長性を備えた，特徴的なゲノムの大きさに達していたと思われる．引き続いて起こった，哺乳類と最後にヒトの出現で頂点に達する，進化の大きな飛躍は，重複をさらに繰り返してもたらされたものではなく，むしろすでに保持している遺伝的冗長性を使い分けて成しとげられたと考えられる．

2. 同質倍数性

有糸分裂終期の完了とともに生成した二つの娘細胞が融合して，一つの細胞になると，4倍体細胞が2倍体生物の体内にできる．4倍体細胞は有糸分裂が起こらずに2回の連続したDNA複製によっても生成するであろう．生殖腺中の精原細胞と卵原細胞の有糸分裂による増殖過程で，多くの4倍体生殖細胞が正常個体ででも産出されている．減数分裂が完了すると，このような4倍体生殖細胞は2倍体配偶子を生みだすであろう．4倍体接合子すなわち4倍体個体が，二つの2倍体配偶子の合体によって形成される．ヒトや他の哺乳類では，4倍体接合子が通常有意な頻度で生じているが，4倍性は致死であると考えられている．Carr(1967)は自然流産したヒトの227胎児について研究し，そのうち2個体が4AXXXXおよび4AXXYYという構成の4倍体であったことを見出した．3倍体個体が生存可能で，かつ稔性をもつ種では，4倍体接合子は3倍体と2倍体との交配の結果としても生まれるであろう．すでに述べたように，3倍体の雌は3倍性の卵を生む傾向をもっているが，このような卵は，すべてが雌である単為生殖性3倍体のもとになる．FankhauserとHumphrey(1959)はメキシコ産サンショウウオ(*Ambystoma mexicanum*)の3倍体個体を人為的につくりだした．3倍体はどちらの性のものでも非常に弱い稔性しかもたないし，雄は雌以上に不稔性が高い．したがって，3倍体個体間の交配は容易には成功しない．しかし，2倍体の雄と交配すると，3倍体の雌は多くの4倍体を生んだ．もし両方の性の4倍体が稔性をもっているなら，両性生殖性の4倍体品種，さらにその結果として，新しい4倍体種が新生するであろう．この

ような4倍体は単一の2倍体種の祖先から由来したものなので，そのゲノムは祖先種の2倍体染色体組と同等であり，同質4倍体(antotetraploid)と定義されている．

新生して間もない4倍体は，減数分裂過程に存在する4価染色体によって，容易に同定しうる．2倍体種では，染色体のそれぞれの種類ごとに相同染色体が二つあり，第1減数分裂時に2価染色体のみが観察される．しかし，新生して間もない同質4倍体では，四つの相同染色体があって，この四つの染色体が互いに接合して，二つの2価染色体でなく，一つの4価染色体を形成する．

SaezとBrum(1959)は，ツノガエル科(Ceratophrydidae)に属する南アメリカ産のカエルの数種が同質4倍体系列を構成している可能性を示唆した．この系列の2倍体染色体数の最小は22で，最高は110である．実際に，Maria Luiza Becakと彼女の協同研究者ら(1966)は，ハガエル(*Odontophrynus cultripes*)の22の染色体は減数分裂で11の2価染色体を形成するが，アメリカハガエル(*O. americanus*)の44の染色体は11の4価染色体を形成する傾向があることを見出している．事実 *O. americanus* は，脊椎動物で発見された，新しく生まれた両性生殖性の同質4倍体の最初の例なのである．この種の雄の核型と第1減数分裂中期像が，図17に示されている．異なる11の種類の染色体それぞれにある四つの相同染色体が，*O. americanus* の体細胞の染色体組を構成していることを指摘しておこう．雄と雌の核型に差異は見出されていない．これは，この4倍体種とその祖先型2倍体種のXとYまたはZとWとが形態的にはまだ同じであったことを示唆している．この科のカエルで幅をきかせている性決定染色体がまだ分化のかなり初期段階にあるということが，倍数体進化を可能にしたようである．第1減数分裂の中期像(図17)は10の4価染色体と二つの2価染色体をもっている．しかし大部分の例では，11の4価染色体が観察されている．

その後Becakら(1967)は，この科に属する *Ceratophrys dorsata* は104の染色体をもっており，26の染色体をもつ *Chacophrys pierotti* のような2倍体種から進化した同質8倍体種であることを指摘した．*C. dorsata* の104の染色体

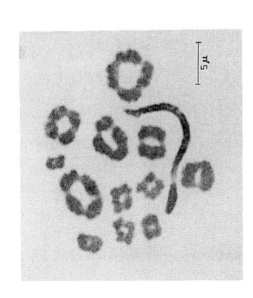

図17　4倍体種のカエル *Odontophrynus americanus* (n=44) の核型と雄個体の減数分裂像．下図：核型中で，44の染色体が11の異なった種類の染色体の四つずつの相同染色体に仕分けられている．上図：10の4価染色体と二つの2価染色体 (10時と12時の位置) がこの第1減数分裂像でみえる．この写真は，Willy Becak教授と Maria Luiza Becak博士が快く提供して下さった顕微鏡スライドから作製したものである．

は13の異なる種類の染色体の八つずつの相同染色体に選り分けることができ，さらに減数分裂過程では，幾つかの8価染色体，多少の4価染色体，それに小数の2価染色体がみられている．

3. 異質倍数性

ラバは雄ロバ($Equus\ asinus$, $2n=62$)と雌ウマ($Equus\ caballus$, $2n=64$)の交配で産まれた種間雑種である．ラバは顕著な雑種強勢を示し，この特性によって，太古このかた荷物運搬用動物として，人類に奉仕してきた．ラバはホメロス(850～800 B. C.)の"イーリアス"や古代中国文学に述べられている．しかし，ラバはどちらの性の個体とも不稔性なので，独自には永続しえないものである．この不稔性はステロイド性ホルモンの生産能の欠除によるものでもないし，性欲の欠除によるものでもない．不稔性は減数分裂過程での染色体接合の障害に全くよっているのである．ロバの半数体セット(ゲノム)の31染色体とウマの半数体セットの32染色体には，多くの転座や逆位があり，明白な差異がある(Trujilla $et\ al.$, 1962; Benirschke $et\ al.$, 1962)．このために，ウマとロバの染色体の相同な接合が減数分裂過程で阻まれている．ラバは機能のある半数体配偶子をどのような形ででもつくりえないのである．もしラバが4倍体になると，どのようになるだろうか．その減数分裂過程で，ロバの染色体は相同なロバの染色体と接合しうるし，ウマの染色体はウマのものと接合できる．このトリックがラバで用いられない唯一の理由は，すでに述べたように，4倍体は哺乳類においては致死条件であることである．しかし，顕花植物では，倍数体進化で度々生まれた種間雑種に稔性が回復している．種間雑種から生じたこのような倍数体は，異質倍数体(allopolyploid)と定義されている．双方の親の半数体セットの染色体間の接合がほとんど完全にない状態では，新生して間もない異質4倍体は4価染色体を形成するいかなる兆候も示さないだろう．代りに，二つの特性を異にする2倍体セットは，互いに独立な，二つの2価染色体セットを形成するだろう．以上の点が，新生して間もない異質4倍体が新生して間もない同質4倍体と区別される特徴である．

コイ類のニゴイ属(Barbus)の魚のうち Barbus barbus は，その染色体数が100であり，同じ属の他の魚の染色体数が約50であることから，4倍体種と考えられる．さらに，Barbus barbus のゲノムの大きさ(体細胞核当りのDNA量で表わされる大きさ)は，他の種のほぼ2倍である(Wolf et al., 1969)．しかし，この見掛け上4倍体種の減数分裂過程では2価染色体しか観察されない．Barbus barbus は異質4倍体種に相当するものと考えてよいであろう．

4. 4倍体の2倍体化

新生して間もない同質4倍体は，それぞれの連関群に四つの相同染色体を保持して，進化を始める．獲得した4倍体状態が新しい遺伝子座の創造に寄与するようになり，もとの四つの相同染色体が機能的に多様化していって，終局的に2染色体状態が再度確立するであろう．この結果，もと一つであった連関群が別個の二つの連関群に分かれる．これが4倍体種で起こる2倍体化の過程である．

減数分裂過程で四つの相同染色体が集まって，一つの4価染色体を形成するかぎり，四つは第1減数分裂の終りに二つの娘細胞へランダムに分離するであろう．機能上の多様化の可能性はこの状態では存在しない．一つの4価染色体でなく，別個の二つの2価染色体が優先的に形成されることが2倍体化に必要なのである．構造的なヘテロ接合性(heterozygosity, 異型接合性)がもとの四つの相同染色体に生じなければならない(Shaver, 1963)．例として，新生して間もない同質4倍体が，有糸分裂での染色体組として，相同な四つの中部動原体染色体セットをもっていると仮定しよう．当分の間は，これらは常に一つの4価染色体を形成するであろう．しかし，ある期間後に，動原体をはさんだ逆位が起こって，四つのうち一つが次末端動原体染色体になったとしよう．新しい逆位によって生じた次末端動原体染色体を一つと，もとの中部動原体染色体の一つとをもつゲノムを有利なものにするように，自然淘汰が起こると考えよう．このような過程が，もとの中部動原体染色体の二つが互いに接合するようにしておいたまま，逆位をもつ次末端動原体染色体が同じ型のもう一つの染色

体と優先的に接合しうるような事態をもたらすのであろう．そこではじめて，もとの四つの相同染色体で，2倍体化への主要なステップが本当に起こったといえるのである．

　サケ亜目 (Salmonoidea) に属する魚のうち，マス，サケ，米国産マスの一種ホワイトフィッシュ，カワヒメマスは，同質4倍体種であったが，2倍体化へ向って進化してきて，種々な度合で2倍体化をなしとげていると考えられる．これらの魚類の多くは，恐らく，48の末端動原体染色体をもった2倍体の祖先種から生じたのであろう．したがって，新生して間もない同質4倍体は，96の末端動原体染色体を備えていたであろう．二つの末端動原体染色体を使った一つの新しい中部動原体染色体の新生 (Robertson 型の融合) が，それぞれの四つの相同染色体のセットに構造上のヘテロ接合性をもたらすのに用いられた主な方途であったと考えられる (Ohno et al., 1968)．中部動原体染色体が動原体をはさんだ逆位によって末端動原体染色体へ再度転換しているために，たびたび染色体像に混乱が生ずるが，密接な近縁種であるマスとサケは，染色体数に明白な差異があるのに，通常同数の染色体の腕 (末端動原体染色体は1，中部動原体染色体は2と数える) をもっている．染色体数は中部動原体染色体を多くもつ種では少なくなっている．太平洋産コーホーサケ (*Oncorhynchus kisutch*) のような種では，第1減数分裂中期像は大部分が2価染色体で，ごく少数の4価染色体を保有している．この種は2倍体化への過程をほとんど完了していると考えられる．ニジマス (*Salmo irideus*) のような別の種は，種内に Robertson 型の染色体多型を多く保有している．染色体の腕の数は一定で，104であるが，染色体数は，個体間ならびに同一個体の細胞間で，58 (50の中部動原体染色体と8個の末端動原体染色体) という低い値から，65 (39の中部動原体染色体と26の末端動原体染色体) という高い値の間で変化している．図18は，ニジマスの第1減数分裂の中期像が，2価染色体に加えて，いろいろな数の4価染色体と二，三の多価染色体とを保有していることを示している (Ohno et al., 1965)．

　南米産のアメリカハガエルが新生して間もない同質4倍体であることはすでに述べたが，マスやサケは，2倍体化に向けて進み，ほとんど終局に達しよう

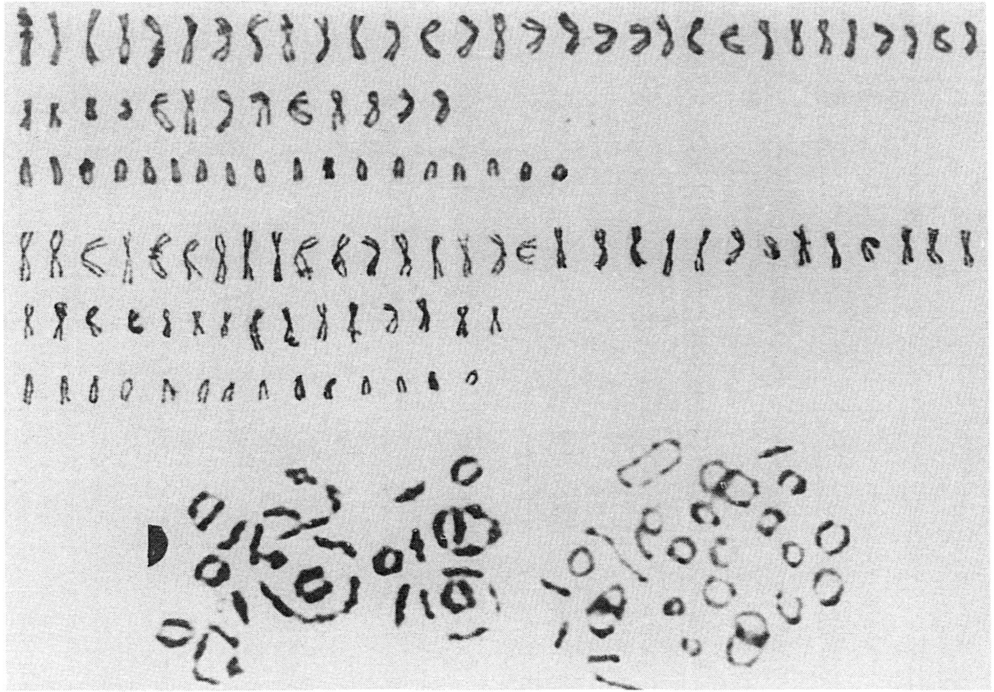

図18 ニジマス (*Salmo irideus*) の二つの核型と雄個体の二つの減数分裂像。この種は4倍体種であり，2倍体化の遷移過程にあるものと考えられている。広範囲にわたる Robertson 型の染色体多型があり，同一個体の異なる組織の体細胞間に染色体数の差異があり，同じ個体の減数分裂像でも多価染色体の数に差異がある。1～3列：肝細胞の核型。染色体数は61。43の中部動原体染色体と18の末端動原体染色体が合計104の染色体腕を構成している。4～6列：膵細胞の核型。染色体数59。45の中部動原体染色体と14の末端動原体染色体が104の染色体腕を構成している。下段左：第1減数分裂像で，四つの4価染色体(2時，3時，7時の位置と中心部の位置)がみられる。下段右：第1減数分裂像で，28の2価染色体とただ一つの4価染色体(11時の位置に)がみられる。

としている．太古に生まれた同質4倍体であることが明らかになったといえよう．

異質4倍体の場合も，非常に近縁な種の種間雑種である異質4倍体なら，初期には4価染色体の形成は避けえないことだろう．したがって，これらも2染色体状態を再びもつためには，上述の2倍体化の過程を歩まねばならない．

今日までに詳しく調べられた哺乳類と鳥類のすべては真正の2倍体と考えられ，これらが4倍体であった直前の祖先種から進化したことを示唆する証左はない．しかし哺乳類の祖先種は，魚類の段階かあるいは両棲類の段階かで，少なくとも一度は4倍体進化を経たというのが私たちの論点である．鳥類は明らかに異なるゲノム系列に属する類であるが，その祖先種も4倍体進化を経たであろう．2億年にわたる過程のなかで，哺乳類と鳥類のゲノムは完全に2倍体化を成しとげたのである．さらに，哺乳類では，ヘモグロビンα鎖の遺伝子座がヘモグロビンβ鎖の遺伝子座と連関していないという事実，また免疫グロブリンL鎖の遺伝子座が免疫グロブリンH鎖の遺伝子座と連関していないという事実は，遺伝子重複が遙かな昔に起こった4倍体進化で成しとげられたことを示唆していると考えられる．

前章で述べたように，遺伝子重複を達成する方途として，もっぱら直列重複に依存していた種は，これらの種がそのゲノムの大きさに比例して，機能的に多様化した重複遺伝子を獲得したという，どのような兆候も示していない．

同質4倍体から2倍体になった新しい種でみられる事態はどのようなものだろうか．まず，新生して間もない同質4倍体はあらゆる遺伝子を四つずつ備えている．したがって，4染色体性の遺伝をすると考えられる．事実，Becakと彼の協同研究者らは，4倍体種であるアメリカハガエルで，血清アルブミンの電気泳動の移動度の速い(F)変化型と遅い(S)変化型を支配する二つの対立遺伝子が4染色体性の遺伝様式に従っていることを見出している．二つのホモ接合タイプ F/F/F/F と S/S/S/S のほかに，三つのヘテロ接合タイプ F/F/F/S，F/F/S/S, F/S/S/S がある．この二つの対立遺伝子に関して，集団中の Hardy-Weinberg 平衡は，2染色体性の遺伝でよく知られている式 $(p+q)^2=p^2+2pq$

$+q^2=1$ の代りに, $(p+q)^4=p^4+4p^3q+6p^2q^2+4pq^3+q^4=1$ という式で表わされる.

次に, もとの連関群のそれぞれにあった四つの相同染色体は, 2倍体化の過程を経て, 二つの独立な染色体対に変わる. したがって, この段階では, もとの遺伝子座のそれぞれは効果的に重複している. 4染色体性遺伝をする単一遺伝子座から, 2染色体性遺伝をする1対の遺伝子座への切り換えが起こると考えられる. したがって, 2倍体化して間もない同質4倍体は, その2倍体類縁と比べて, ほとんどすべての遺伝子産物の産生に係わる遺伝子座を2倍量もっていると考えられる. サケ, マス, ホワイトフィッシュ, カワヒメマスの最も近縁な2倍体種はスメルト(サケ目 Osmeridae 科)である.

スメルトのいろいろな種は, 乳酸脱水素酵素(LDH)のサブユニットに対して, 二つまたは恐らく三つの異なった遺伝子座を備えているが(Ohno et al., 1968), マス, サケ, その他の4倍体種は LDH サブユニット遺伝子として, 少なくとも五つ(Morrison & Wright, 1966; Klose et al., 1968), あるいは恐らく八つの異なる座のもの(Massaro & Markert, 1968)を備えている.

スメルトのミトコンドリア外の NAD 依存リンゴ酸脱水素酵素(MDH)は, ゲノム内の単一遺伝子座で支配されている(Quiroz-Gutierres & Ohno, 未発表). ところが極めて対照的に, マスとサケでは MDH の遺伝子として異なった座のものを二つ備えている(Bailey et al., 1969).

サケ目に属する4倍体魚の NADP 依存イソクエン酸脱水素酵素(ICDH)と NAD 依存ソルビトール脱水素酵素(SDH)で見出されている事態は特に興味あるものである. ニシン, スメルトのようなサケ目に属する2倍体種は, 細胞質型とミトコンドリア型の ICDH それぞれに一つの遺伝子座を備えている. 一方, ニジマス(rainbow trout)はミトコンドリア型の ICDH に対して別座にある二つの遺伝子をもっているが, 細胞質型の ICDH に対しては一つの遺伝子座しかない. しかし, この単一遺伝子座は4染色体性の様式に従う遺伝をする(Wolf et al., 1970). SDH の場合, カワマス(brown trout)は別座にある二つの遺伝子の2染色体性遺伝を示すが, ニジマスは単一座の4染色体性遺伝を示す(Engel *et al.*, 1970). 2倍体化が起こって間もない4倍体種は減数分裂過程でかなりの4価染色体を形成するので，これらの種のある遺伝子座で4染色体性遺伝がみられることは予期されたことである．

けれども，サケ目に属する4倍体の魚類は，哺乳類や鳥類よりも多くのアイソザイム遺伝子座をもっている．哺乳類と鳥類は三つの LDH 遺伝子座と，細胞質型の MDH と ICDH のそれぞれに1つの遺伝子座をもっているだけである．2倍体化して間もない同質4倍体が最初の実験をすませたあとでは重複した多くの遺伝子座は，淘汰有利性がないことによって，それに続く進化過程で機能をもたないものになったと考えられる．したがって，哺乳類と鳥類ではマスやサケに比較して，重複した遺伝子の数が少ないという事実は，この二つの綱の恒温脊椎動物が太古の4倍体祖先種から進化してきたという考えに反するものではない．

哺乳類はヘモグロビン鎖遺伝子座を普通は三つ，多くて五つもっているが，一方マスやサケはほぼ10のヘモグロビン鎖遺伝子座をもっている(Tsuyuki & Gadd, 1963)．ニジマスでみられるグリセロアルデヒド-3-リン酸脱水素酵素のアイソザイムの数は，哺乳類のものより多いことも報告されている(Lebherz & Rutter, 1967)．

哺乳類，鳥類，肺魚は，原則として，膵臓のトリプシン遺伝子座とキモトリプシン遺伝子座をそれぞれ一つしかもっていない．有蹄類はキモトリプシン A と B の遺伝子座を1対備えているという点で例外である(Neurath *et al.*, 1967)．サケとマスは明らかにトリプシンに対して2個の遺伝子座をもち，キモトリプシンに対しても2個の遺伝子座をもっている(Croston, 1965)．実際，新しく2倍体化した同質4倍体種は，重複しているあらゆる遺伝子対を機能的に多様化するための大規模な実験を続けているのである．

5. 2倍体化過程での染色体の放棄

有糸分裂の機構は，通常，その終期に，各染色体の二つの娘染色分体が互いに分離して，紡錘体の反対極へ移行するのを保証している．しかし，この機構

はときどき誤りをおかし,二つの染色分体が互いに分離せずに,同じ分裂極へ移行することがある.この結果,一つの娘細胞は三つの相同染色体を受け継ぎ(3染色体性),もう一つの娘細胞は一つの染色体しか受け継がない(1染色体性).もしこのような異常が生殖細胞で起こると,3染色体個体と1染色体個体が生じる.一つの染色体を失った個体間の交配を経て,不必要な染色体の放棄が4倍体種の2倍体化過程に伴っただろうと考えられる.ニジマスの500近い個体の染色体構成を調べたところ,正常では染色体腕数は104であるが,数個体はこの数より一つ多いか少ない染色体構成をもっていた.これらの異数体は外観上障害を現わさないし,正常な機能の生殖腺を備えている.2倍体化過程で,もとの連関群のあるものが機能的な多様化を果たしえないこともあるだろう.機能の多様化の起こらなかった連関群に関するかぎり,もとの四つの相同染色体のうち二つが自然淘汰によって都合よくゲノムから放棄されたのであろう.

6. 4倍体における調節遺伝子の量効果

十分に確立された染色体性性決定機構が倍数体個体の両性生殖を不可能にしているので,爬虫類,鳥類,哺乳類では,倍数体進化はとうていありえないことといえる.しかし,両性生殖が唯一の理由であるなら,間性であるかもしれないが,高等脊椎動物に生存可能な倍数体個体を多数見出しうると当然予期される.実際には,ヒトと他の哺乳類の4倍体は胎発生の早期に不稔になるのである(Carr, 1967).4倍体個体の致死性の解明は染色体性性決定機構の障害以外に求めねばならない.

ここで,論点をはっきりさせるために,調節遺伝子の量効果の問題を考えよう.第14章でかなり詳しく考察したように,脊椎動物ゲノムの多くの構造遺伝子は2重の調節をうけていて,ある体細胞タイプで第1次の賦活化型制御機構により活性化された遺伝子座に,第2次の抑制型制御が積み重なって作用すると考えられている.第2次抑制型制御においては,レプレッサー遺伝子産物がDNAシストロンとそのmRNAとに結合し,誘導物質によって解離される

まで転写と翻訳を妨げる．したがって，誘導物質の存在下でのみ，遺伝子産物の適切な量がつくられる．脊椎動物の第2次抑制型制御の作用様式は，大腸菌の lac オペロン系の抑制型制御の様式によく似ている．

大腸菌の lac オペロン系では，β-ガラクトシダーゼ(調節をうける遺伝子の産物)の合成速度はレプレッサーのレベルの逆数に比例する(Sadler & Novick, 1965)．簡単のため，正常な状態では，大腸菌は半数体であり，そのゲノムは一つの調節遺伝子と一つの lac オペロンとをもっているとしよう．1:1 の遺伝子量比のときには，この系は見事に働くが，この比が2倍体細胞でのように 2:2 に変わると，過剰抑制が起こる．誘導物質が存在しない条件では，2倍体が実際に合成する β-ガラクトシダーゼ量は半数体より少ないし，さらに，二つある酵素遺伝子のそれぞれによって合成される酵素量が最大になるには，高いレベルの誘導物質が必要となる．哺乳類のように2倍体が正常な状態である生物では，調節遺伝子と調節をうける遺伝子間の量比は 1:2 の方が 2:2 より好ましい状態であろうと考えられる．実際，極端な種間雑種の発生過程において，それぞれの構造遺伝子の母親由来の対立遺伝子だけが発現する傾向があるという事実は(Hitzeroth et al., 1968; Castro-Sierra & Ohno, 1968)，2倍体生物にあっては，母親由来の調節遺伝子だけが働いて，父親由来の調節遺伝子は休止状態にあることを意味していると解釈できる．2倍体において調節遺伝子と調節をうける遺伝子との間の実際の量比がどのようなものであっても，新生して間もない4倍体では調節をうけるすべての遺伝子は，恐らく過剰抑制のもとにおかれているであろうと考えられる．

過剰抑制の実例がマウスの悪性腫瘍形質細胞で知られている．特定の免疫グロブリンをつくっているミエローマを倍数性に従ってクローン化すると，すべての2倍体クローンは免疫グロブリンの産生を続けるが，4倍体クローンでは半数だけが免疫グロブリンをつくっており，8倍体クローンはどれも免疫グロブリンをつくらないことが見出されている(Cohn, 1967)．有用性の乏しい産物の合成は，倍数性が高くなるというだけで打ち切られてしまうのである．

恐らく，高等脊椎動物にみられる4倍体接合子の致死性は過剰抑制によるの

であろう．一方，魚類と両棲類は，調節遺伝子量の倍化による過剰抑制効果に耐えうるもののように考えられる．にもかかわらず，新生して間もない同質4倍体は，重い自然淘汰圧のもとにあって，過剰抑制の締めつけから逃れようとしていたに相違ない．1対の調節遺伝子と1対の調節をうける遺伝子とが同時に機能的に多様化することによって，この重圧から逃れることができるのである．このことが2倍体化過程を加速するように作用したのだろう．倍数体進化が有意な遺伝子重複をもたらすのに非常に有効であったらしいということは，そう驚くべきことではないのである．

文　献

Bailey, G. S., Cock, G. T., Wilson, A. C.: Gene duplication in fishes: Malate dehydrogenase of salmon and trout. Biochem. Biophys. Res. Commun. **34**, 605-611 (1969).

Becak, M. L., Becak, W., Rabello, M. N.: Cytological evidence of constant tetraploidy in the bisexual South American frog, *Odontophrynus americanus*. Chromosoma **19**, 188-193 (1966).

—, —, —: Further studies on polyploid amphibians (*Ceratophrydidae*). I. Mitotic and meiotic aspects. Chromosoma **22**, 192-201 (1967).

—, Schwantes, A. R., Schwantes, M. L. B.: Polymorphism of albumin-like proteins in the South American tetraploid frog *Odontophrynus americanus* (*Salientia: Ceratophrydidae*). J. Exptl. Zool. **168**, 473-476 (1968).

Benirschke, K., Brownhill, L. E., Beath, M. M.: Somatic chromosomes of the horse, the donkey and their hybrids, the mule and the hinny. J. Reprod. Fertil. **4**, 319-326 (1962).

Carr, D. H.: Chromosome anomalies as a cause of spontaneous abortion. Am. J. Obstet. Gynecol. **97**, 283-293 (1967).

Castro-Sierra, E., Ohno, S.: Allelic inhibition at the autosomally inherited gene locus for liver alcohol dehydrogenase in chicken-quail hybrids. Biochem. Genet. **1**, 323-335 (1968).

Cohn, M.: Natural history of the myeloma. Cold Spring Harbor Symposia Quant. Biol. **32**, 211-222 (1967).

Croston, C. B.: Endopeptidases of salmon ceca: Chromatographic separation of some properties. Arch. Biochem. Biophys. **112**, 218-223 (1965).

Engel, W., Op't Hof, J., Wolf, U.: Genduplikation durch polyploide Evolution: die Isoenzyme der Sorbitdehydrogenase bei herings- und lachsartigen Fischen (*Isospondyli*). Humangenetik **9**, 157-163(1970).

Fankhauser, G., Humphrey, R. R.: The origin of spontaneous heteroploids in the progeny of diploid, triploid and tetraploid axolotl females. J. Exptl. Zool. **142**, 379-422(1959).

Hitzeroth, H., Klose, J., Ohno, S., Wolf, U.: Asynchronous activation of parental alleles at the tissue specific gene loci observed on hybrid trouts during early embryonic development. Biochem. Genet. **1**, 287-300(1968).

Klose, J., Wolf, U., Hitzeroth, H., Ritter, H., Atkin, N. B., Ohno, S.: Duplication of LDH gene loci by polyploidization in the fish order *Clupeiformes*. Humangenetik **5**, 190-196(1968).

Lebherz, H. G., Rutter, W. J.: Glyceraldehyde-3-phosphate dehydrogenase variants in phyletically diverse organisms. Science **151**, 1198-1200(1967).

Massaro, E. J., Markert, C. L.: Isozyme patterns of salmonoid fishes: Evidences for multiple cistrons for lactate dehydrogenase polypeptides. J. Exptl. Zool. **168**, 223-238 (1968).

Morrison, W. J., Wright, J. E.: Genetic analysis of three lactate dehydrogenase isozyme system in trout: Evidence for linkage of genes coding subunits A and B. J. Exptl. Zool. **163**, 259-270(1966).

Neurath, H., Walsh, K. A., Winter, W. P.: Evolution of structure and function of proteases. Science **158**, 1638-1644(1967).

Ohno, S., Kittrell, W. A., Christian, L. C., Stenius, C., Witt, G. A.: An adult triploid chicken (*Gallus domesticus*) with a left ovotestis. Cytogenetics **2**, 42-49(1963).

—, Stenius, C., Faisst, E., Zenzes, M. T.: Post-zygotic chromosomal rearrangements in rainbow trout (*Salmo irideus* Gibbons). Cytogenetics **4**, 117-129(1965).

—, Wolf, U., Atkin, N. B.: Evolution from fish to mammals by gene duplication. Hereditas **59**, 169-187(1968).

Pennock, L. A.: Triploidy in parthenogenetic species of the Teiid lizard, Genus *Cnemidophorus*. Science **149**, 539-540(1965).

Sadler, J. R., Novick, A.: The properties of repressor and the kinetics of its action. J. Mol. Biol. **12**, 305-327(1965).

Saez, F. A., Brum, N.: Chromosomes of South American amphibians. Nature **185**, 945 (1960).

Shaver, D. L.: The effect of structural heterozygosity on the degree of preferential pairing in allotetraploids of *Zea*. Genetics **48**, 515-524(1963).

Trujillo, J. M., Stenius, C., Christian, L. C., Ohno, S.: Chromosomes of the horse, the donkey, and the mule. Chromosoma **13**, 243-248(1962).

Tsuyuki, H., Gadd, R. E. A.: The multiple hemoglobins of some members of the *Salmonidae* family. Biochim. et Biophys. Acta **71**, 219-221(1963).

Wolf, U., Ritter, H., Atkin, N. B., Ohno, S.: Polyploidization in the fish family *Cypri-*

nidae, order *Cypriniformes*. Humangenetik **7**, 240-244 (1969).

—, Engel, W., Faust, J.: Zum Mechanismus der Diploidisierung in der Wirbeltierevolution: Koexistenz von tetrasomen und disomen Genloci der Isozitrat-Dehydrogenasen bei der Regenbogenforelle (*Salmo irideus*). Humangenetik **9**, 150-156 (1970).

Yamamoto, T.: Progenies of sex-reversal females mated with sex-reversal males in the medaka, *Oryzias latipes*. J. Exptl. Zool. **146**, 163-180 (1961).

第17章
遺伝子重複を達成するその他の機構

次に述べるものは，遺伝的冗長さの生成に寄与したと想像される機構であって，これまでに述べてこなかったものである．しかし，現在までのところ，これらの手段が脊椎動物の進化の過程で実際に用いられてきたということを示唆する何らの証拠も存在しない．

1. 多染色体性

有糸分裂中の災難ともいうべき不分離は，一つの染色体の両方の染色分体を同じ分裂極に向って移動させることとなる．2倍体種で不分離が起こると，娘細胞の一つが3本の相同染色体をうけとること（3染色体性）になる．このようなことが生殖細胞で生ずると，3染色体個体がつくられる．朝鮮アサガオ（*Datura stramonium*）で，ゲノム中の12本の染色体のそれぞれに対して3染色体性になっているような状態が実際に観察された（Blakeslee, 1930）．同じタイプの3染色体性個体の間のかけ合せによって，ゲノム内に2対の相同染色体を含む4染色体性の子孫を生ずるに違いない．このようにして，一つの完全な連関群の重複が達成されることになる．

しかし，このような重複は非常に有害であるので，脊椎動物の進化に寄与し

たとは考えられない．大きな染色体が3染色体性になることは致死的な事態をもたらし，小さい染色体の3染色体性ですら不稔性をもたらすことになる．たとえば，3染色体性および1染色体性の状態は，ヒトでは流産の主な要因となっている(Carr, 1967)．3種類の小さい常染色体は3染色体性になっても，その影響をうけた個体はなんとか生きて産まれる程度まで許容されるが，その個体は畸型となり，生殖可能な年齢まではめったに成長しない(Lejeune et al., 1959; Patan et al., 1960; Edwards et al., 1960)．3染色体性の状態の有害な効果は，哺乳類やその他の脊椎動物において，4染色体性による遺伝子重複が起こる可能性を排除している．

しかし，2倍体化過程の途上にある4倍体種では，1染色体性(実際上は3染色体性)はもちろん3染色体性(実際上は5染色体性)の状態も，前章で議論したニジマスのように多分許容されている．これらの種で，さらに進化するために利用されるのは3染色体性よりむしろ1染色体性であろうと考えられる．機能的に多様化するのに失敗した染色体をもつ生物にとっては，2倍体化過程において，4本のもとの相同染色体のうちの2本を放棄した生物が自然淘汰の作用によって好ましいものとして残されたのかもしれない．

2. 過剰染色体の組込み

過剰染色体(supernumerary chromosome)すなわちB染色体は，Longley (1927)によってトウモロコシ(Zea mays)で最初に見出された．その後その存在は，バッタのようないくつかの無脊椎動物(John & Hewitt, 1964)ではもちろん，いろいろな植物(Muntzing, 1959)でも認められてきた．これらの過剰染色体の動きを支配する法則は標準的染色体で働いている法則とは異なるので，過剰染色体は遺伝物質の非正統的運搬体であるといえる．同一種の標準的染色体と過剰染色体との間には，遺伝的な相同性がほとんどないようである．通常標準的染色体よりも小さい過剰染色体は，お互いの間でのみ対合し，減数分裂の間に互いに組換えを行なう．だから個体は，なんら明白な病的効果を蒙らずに非常に多くの過剰染色体を蓄積していくことができる．逆に，過剰染色体を

もたなくとも,個体はなんの影響もうけない.

過剰染色体というものは,その効果が宿主に対してたとえ有害であるとしても,集団の中に常に存在しつづけているという意味において,Östergren (1945)は過剰染色体の役割を寄生生物の染色体になぞらえた.はたして過剰染色体は,事実上,寄生生物のゲノムの一部分であろうか.もとの細胞から除外された細胞内寄生生物の一つ以上の染色体が,宿主細胞の有糸分裂紡錘糸に自ら付着してしまったものかもしれない.もしこのようなことが過剰染色体の起源であるならば,これらの非正統的な染色体の宿主ゲノムへの偶発的な組込みは,次節に述べるウイルス溶原化と類似の現象である.しかし,脊椎動物で過剰染色体をもっている種が見出されていないので,このような遺伝子重複の機構は脊椎動物の進化には寄与しなかったと考えられる.

3. 溶原化――ウイルスゲノムの組込み

宿主として細菌を用いるウイルスは,バクテリオファージとして知られている.普通,バクテリオファージは細菌に侵入してその中で急速に増殖し,遂には宿主を溶菌して殺してしまう.しかし特定の条件の下では,ファージと細菌とは共生状態を確立する.ファージのDNAは細菌ゲノムに挿入され,両方のゲノムは細菌の指数増殖期を通じてずっと同調して複製する.

バクテリオファージがネズミチフス菌に溶原化すると新しい抗原決定基が出現し,しばしば,すでに存在している抗原決定基の反応性を弱めたりする.このような溶原変換の研究は,宿主の細胞膜上の種々の抗原決定基の生合成に影響を及ぼしたりそれを変更させたりすることのできる,ファージゲノムに含まれる遺伝情報の種類を記述する上に,価値あるものであったことが証明されている(Robbins & Uchida, 1962).

SV40 (simian papova-virus 40)のようなDNA腫瘍ウイルスは,二つの異なった方法で哺乳類の体細胞に影響する.これらのウイルスは許容細胞内で増殖し,最終的に細胞を殺す.しかしウイルスが非許容細胞に侵入すると,宿主と共生状態を確立する.その結果,宿主細胞はしばしば腫瘍細胞へと形質転換さ

れる．形質転換された腫瘍細胞は，もはや感染性ウイルスを産出しないが，新しく生ずる抗原すなわちT抗原がずっと存在しつづけるという特徴をもつようになる．T抗原はウイルスゲノム内のシストロンによって決定されているようなので，形質転換された腫瘍細胞においては，ウイルスゲノムの宿主ゲノムへの組込みが考えられる．事実 Westphal と Dulbecco(1968)は，DNA-DNA ハイブリッド分子形成法を利用して，形質転換された腫瘍細胞のゲノムが SV40 DNA の複数のコピーをもっていることを示した．

はたして，脊椎動物のゲノムの特定の遺伝子の起源は，ある宿主ゲノムに永久に組み込まれるようになった過去の感染性ウイルスにまでさかのぼりうるのであろうか．哺乳類では，ウシのB血液型遺伝子(Stormont, 1965)のような血液型の遺伝子のあるものや，マウスH2遺伝子座のような組織適合性遺伝子のあるものは，非常に複雑な構造をもっており，それぞれ非常に長い染色体部分を占めている．Bailey と Kohn(1965)は，マウスの組織適合性遺伝子座で観察される突然変異類似の事象，あるいは組換え現象類似の事象はウイルス溶原化によって説明されることを示唆した．彼らは，二つの同系繁殖系統間の雑種第1代のマウスでみられる突然変異類似の事象の多くが，これまでに存在しなかった組織適合性抗原の獲得を意味するものであることを発見した．この理由ならびに別の理由に基づいて彼らは，組織適合性遺伝子座の領域に組み込まれたウイルスゲノムによって新しい抗原が支配されるという意味合いで，観察された事態は，溶原化したネズミチフス菌で見出される事態と類似のものであるということを提唱した．

4. ウイルスによる形質導入

溶原菌に存在していたファージゲノムが共生状態を破って自由になり，再び感染性をもつようになるとき，隣り合っていた宿主ゲノムの一部分を一緒に運び出すことがある．このようなファージが別の細菌と新しい共生状態を確立するときには，新しい宿主ゲノムへのファージゲノムの組込みは，前の宿主のゲノムの一部の組込みをも伴うことになる．これが形質導入の過程である．

ここで,脊椎動物でのウイルスによる形質導入によって生ずる遺伝子重複の過程を具体化するため,仮想的な事態を提示してみよう.ハムスターとマウスの両種において,チミジンキナーゼ遺伝子座はある染色体上に位置しており,それに隣接している部位にウイルスゲノムの組込みが優先的に起こるという状況を想定してみよう.このウイルスが宿主であるハムスターのゲノムから自由になって現われ,感染性を得るとき,ハムスターのチミジンキナーゼ遺伝子を一緒に運び出してくるであろう.次にこのウイルスゲノムが新しい宿主のマウスに組み込まれると,ハムスターのチミジンキナーゼ遺伝子がマウスのチミジンキナーゼ座の隣接部位に挿入されるので,チミジンキナーゼ遺伝子の直列重複が結果として生ずることとなる.

ウイルス形質導入によって起こる遺伝子重複の例は,脊椎動物では知られていないが,そのような証拠がやがて出てくるかも知れない.

文　献

Bailey, D. W., Kohn, H. I.: Inherited histocompatibility changes in progeny of irradiated and unirradiated inbred mice. Genet. Res., Camb. **6**, 330-340(1965).

Blakeslee, A. F.: Extra chromosomes: A source of variation in the Jimson weed. Smithsonian Repts **1930**, 431-450.

Carr, D. H.: Chromosome anomalies as a cause of spontaneous abortion. Am. J. Obstet. Gynecol. **97**, 283-293(1967).

Edwards, J. H., Harnden, D. G., Cameron, A. H., Crosse, M., Wolff, O. H.: A new trisomic syndrome. Lancet **1960 I**, 787.

John, B., Hewitt, M.: The B-chromosome system of *Myrmeleotettix maculatus* (Thunb). Chromosoma **16**, 548-578(1965).

Lejeune, J., Gautier, M., Turpin, R.: Etude des chromosomes somatiques de neuf enfants mongoliens. Compt. rend. **248**, 1721-1722(1959).

Longley, A. E.: Supernumerary chromosomes in *Zea mays*. J. Agr. Res. **35**, 769-784 (1927).

Muntzing, A.: A new category of chromosomes. Proc. 10th int. Congr. of Genetics **1**, 453-467(1959).

Östergren, G.: Parasitic nature of extra fragment chromosomes. Botan. Notiser **2**, 157-163(1945).

Patau, K., Smith, D. W., Therman, E., Inhorn, S. L., Wagner, H. P.: Multiple congenital anomaly caused by an extra autosome. Lancet **1960 I**, 790-793.

Robbins, P. W., Uchida, T.: Determinants of specificity in *Salmonella*: Changes in antigenic structure mediated by bacteriophage. Federation Proc. **21**, 702-710 (1962).

Stormont, C.: Mammalian immunogenetics. In: *Genetics today*. Vol. 3, Chapter 19, pp. 716-722 (Geerts, S. J., Ed.). New York: Pergamon Press 1965.

Westphal, H., Dulbecco, R.: Viral DNA in polyoma and SV 40-transformed cell lines. Proc. Natl. Acad. Sci. US **59**, 1158-1165 (1968).

第 V 部

脊椎動物ゲノムの進化

第 18 章
地球に棲息している原始生物

　第9章で指摘した Lamarck の幻影に加えて，進化の性質についてもう一つの幻影が流布している．単純で原始的な生物が1歩1歩変化して，だんだんと複雑な発展した生物になるという，目的のある過程として進化を観る傾向がそれである．この誤解から生じる一般的に考えられている概念は，両棲類は魚類として複雑さの頂点に到達した魚から進化し，爬虫類は両棲類の最も発展した型のものから進化したというものである．この章で要約的に再構成した脊椎動物の進化史は，これと逆のことが正しいことを極めてはっきりと示している．進化において，より発展したクラスへの大きな飛躍は，常に前段クラスのより原始的な成員種から出てきたのである．

　大きな飛躍をもたらし，より高等なクラスへ進化したものが，前段クラスのより原始的なものであったというのは，なぜだろうか．この外観上のパラドッ

クスは,"原始的(primitive)"という語を"未拘束でかつ一般化型(uncommitted and generalized)"という語で,"発展した(advanced)"を"拘束されていて特殊化型(committed and specialized)"で置きかえると消失する.

1. 最初の脊椎動物の出現

約5億年前のカンブリア紀初期にかなり多彩な無脊椎後生動物がいたことが,化石記録にはじめて表われている.節足動物門(Arthropoda)の三葉虫類と甲殻類,軟体動物門(Mollusca)のカタツムリ類,腕足綱(Brachiopoda)のシャミセンガイ,そして数種の棘皮動物が棲息していた.脊椎動物のいちばんもとの祖先種は,当時の無脊椎動物の最も複雑化していないものであったと信じられている.この祖先型生物は,今日の翼鰓綱(Pterobranchia)の小型の深海型に似た,単純な着生性の生物であった.この綱は脊索動物門(Chordata)に分類されており,翼鰓類のからだは大洋の底に柄で固着し,消化腔のほかには何にもないといえるような構造であった.口のまわりにある繊毛帯のついている腕は,水中を遊泳している粒子状の食物を捕捉するために伸長する.このような単純な生物は白紙にたとえることができる.進化についての新しいスタイルの原稿は白紙の上にのみ書きうるものだからである.節足動物門に属する生物のような,もっと発展した生物は,無脊椎動物として残存するようすでに拘束されていた.

このみすぼらしい始源種から以後の発展は,鰓裂,すなわちからだの両側にあって咽頭から体表へ通じる1対の開口の生成によって,なし遂げられたと考えられる.鰓裂は本来食物をこし取る働きをしていたが,将来呼吸器官へと変化していくべきものであった.発展のこの段階では,われわれの祖先種はホヤ綱(Ascidiacea)に属する現存のホヤに似ていたに相違ない.着生性のふるいとり捕食動物として,ホヤに代表される生物は進化的には袋小路に到達していたものである.しかし,このホヤに似た動物の幼生型の特性はどのようなものであっただろうか.進化においては,幼形進化(paedomorphosis)と呼ばれている過程が幾度も起こっている.すなわち,成体段階が退化し,幼生形が性的に成熟して繁殖しうるようになることである.太古のホヤに似た生物の幼生から,

最初の真正な脊椎動物が新生してくるような体形が生じたと考えられる．現存のある種のホヤの自由遊泳性オタマジャクシ型の幼生では，鰓器官はふくらんだ形をしている頭部に位置している．その後側に筋肉性の遊泳用の尾があり，これは強靱ではあるが，屈伸自在で，体軸にそった脊索，すなわち脊椎の先駆型によって裏打ちされていた．背側には，体軸にそって神経索があり，頭部で痕跡感覚器官からの感覚情報を受容していた．

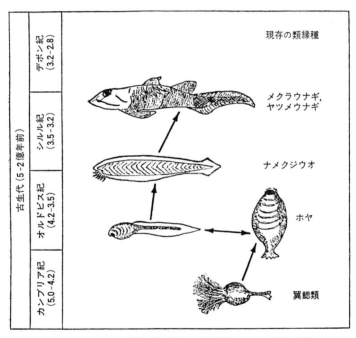

図19 ホヤに似た動物の幼生型から幼形進化によって最初の脊椎動物が出現したことを示す模式図．

幼形進化によって太古に出現した最初の脊索動物は，恐らく現存のナメクジウオ（*Amphioxus*）とそう違ったものではなかっただろう（Young, 1960; Romer, 1967）．小型で原始的な，装甲をもたない無顎の脊索動物の化石が，実際にイギリスのシルル紀の岩石中に見出されている．この *Jamoylius* と命名されている動物は現存のナメクジウオの形に構築されており，またデボン紀の初め（約

3億2000万年前)までには,無顎綱(Agnatha)に属する顎のない魚の型をした初期脊椎動物がたくさん出現していた.太古のこれらの無顎魚類は甲皮類(Ostracoderm)と総称されている(図19).

2. 陸棲動物になった魚類のタイプ

すでに第14章で述べ,図14に示したように,初期の脊椎動物に起こった最初の大きな解剖学的改善は顎の発達であった.しかし,メクラウナギとヤツメウナギは,進化の遺物として現在まで存続してきた,無顎類を代表する動物である.シルル紀後期とデボン紀前期の顎のある脊椎動物の最も原始的なもの(板皮綱(Placodermi))から始まる魚類進化の主要な系列のすべてが,顎の構造を改善し,保護器官である鰓蓋(operculum)を備えさせ,正中骨格の骨化をもたらすように進んできた.こうして,硬骨魚綱(Osteichthys)(骨のある魚)が生まれた.フカやエイは,この早い時点で,顎の改善の完成,鰓蓋の完備,正中骨格の骨化の進展を放棄する道を選び,板鰓亜綱(Elasmobranchii)という独自のクラスを確立した.

デボン紀中期に,硬骨魚は二つのはっきりした進化系統に分岐した.この2系統間の重要な差異は,一方は鰭条のある鰭(ray-fins)をもち,他方は筋肉性の葉状鰭(lobe-fins)をもっていたことである.当時の初期硬骨魚類の一種 Cheirolepis は,鰭条のある鰭をもつ系統(条鰭類 Actinopterygii)の特性をもっていた. Cheirolepis と同じころに棲息していた葉状鰭をもつ系統(内鼻孔亜綱Choanichthyes)を代表する種が Osteolepis である.しかし, Cheirolepis と Osteolepis は図20に示されているように多くの共通した特徴をもっていた.からだは頑丈なダイヤモンド型あるいは菱型の鱗で被われていて,脊椎骨は尾部で上向きにそり上っていた(不相称びれの尾).また,両種は咽頭に開いている十分に発達した鰾(うきぶくろ)をもっていて,これは恐らく空気呼吸器官として効率よく働いたであろう.硬骨魚類では,これらの特徴はすでに長い間例外的な型となっていて,条鰭類系統に属する軟質下綱(Chondrosei)や全骨下綱(Holestei)のチョウザメ,アミア,ガーパイクのような最も原始的な魚類がこ

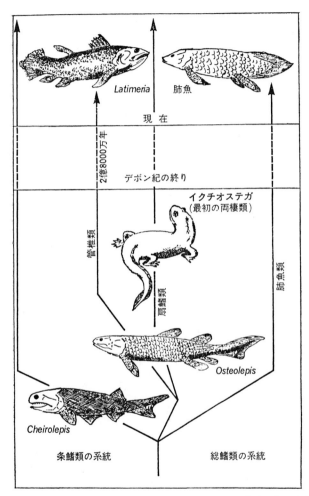

図20 デボン紀の魚類で早期に起こった分岐．Cheirolepisに代表される条鰭類（鰭条のある鰭をもつ）系統と，Osteolepisに代表される総鰭類（葉状鰭をもつ）系統とに分かれた．Osteolepisは最初の両棲類イクチオステガ（Ichthyostega）へと進化した扇鰭類に属する総鰭目の魚である．扇鰭類のほかに，葉状鰭をもつ魚類の二つの分岐がデボン紀に発展した．現在の肺魚は肺魚類分岐から由来したものであり，現在のラティメリア（Latimeria）は管椎類分岐に属するものである．

の特徴をデボン紀中期まで維持していたにすぎない．*Osteolepis* は，これらの特徴に加えて，2対の筋肉性の鰭をからだの両側の定まった位置にもっていた．前側の1対の胸鰭は胸帯と一緒になって陸棲脊椎動物の前肢へと容易に変化していったであろう．からだの中央より後に位置していた後側の腰鰭は，腰帯と一緒になって後肢へと変化しうるものであったろう．大陸の河口の狭隘な水路に棲息していたデボン紀の原始硬骨魚だけが，陸棲脊椎動物へと進化するために十分な多義性をその特性のうちに保持していたことが明らかにされてきている．事実，葉状鰭をもつ魚，すなわち総鰭類の系統に属していた *Osteolepis* の扇鰭類(Rhipidistia)型の子孫が，デボン紀末期に水圏から出て最初の両棲類になるような，冒険ずきな種を含んでいた．葉状鰭をもった魚の進化系統は魚類としては不思議なほど繁栄しなかった．現在，狭隘な淡水路に棲息している肺魚類(Dipnoi 目)の三つの属と海棲の管椎類(Coelacanthini 目)の *Latimeria* がこの系統を代表している．極めて対照的なことに，鰭条のある鰭をもつ系統は現代化を継続してきて，白亜紀(*Cheirolepis* の棲息時から1億7000万年後)に，真骨魚類として出現した．真骨魚類で引き続き起こった多様化は，真に成功した進化の物語である．この魚類は深海，湖，河，河口を問わず棲息している．この結果，真骨魚は現在最もおびただしい数を占める脊椎動物である．真骨魚の種の数は現存の他のあらゆる脊椎動物種の数をはるかに凌駕しており，個体数において海棲魚類の幾種かは天文学的尺度の数に達している．現在の真骨魚は，デボン紀の原始的硬骨魚から，長い道程を進化してきたのである(Moy-Thomas, 1939; Romer, 1946)．

3. 魚類から両棲類への進化

グリーンランド東部のデボン紀後期の堆積物から，イクチオステガ(*Ichthyostega*)の化石が発見された．イクチオステガは *Osteolepis* 類から直接由来した最初の両棲類で，扇鰭亜目に属する総鰭類の魚と初期両棲類の特性をもつ動物との中間型であった．しかし，イクチオステガはすでに強靱な胸帯と腰帯とを備えていて，陸上を移動するのに困らない，完全に発達した四肢がこれらに関

第18章 地球に棲息している原始生物　　　183

節でつながっていた．

　石炭紀とペルム紀に両棲類が引き続き行なった発展の方向は，次のようなものであった．(1) 体液の蒸発を防ぐために，多くの場合骨板で下打ちされた，丈夫な皮膚を発達させること．(2) 互いにはまり合った構造の椎骨を作って脊柱を強力にし，筋肉と靱帯に助けられて，からだを支持する強固な水平の骨柱

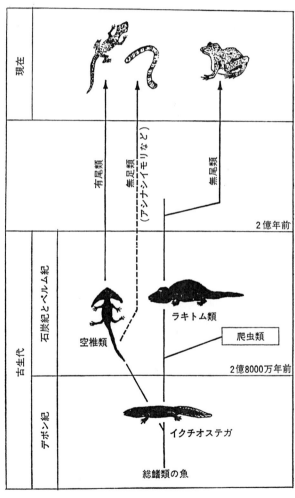

図21　両棲類進化の地質年代．

を形成すること．(3) 頭蓋の背側表面にある外鼻孔に開いている鼻道を十分発達した型にして，呼吸能を改善すること．石炭紀とペルム紀を通じて，両棲類の主なグループは上述の方向に向けて進化を続けた．しかし，祖先型イクチオステガから由来した初期の子孫の一つ，すなわちエンボロメア(Embolomere)と総称されている動物は，爬虫類に向けて進化するよう石炭紀初期にすでに拘束されていた．最初の爬虫類である杯竜類(Cotylosaurs)は，最初の両棲類が出現してから40万年も経ないうち(ペルム紀に入る少し前)に出現した．この時期に，迷歯類(Labyrinthodont)という両棲類の主要分岐に属するラキトム目のメンバーが現代化を続け，このラキトム類は大型になり，発展して，同時代に棲息していた爬虫類と多かれ少なかれ同じ勢力をもって競争しながら，恐竜時代が始まる直後まで生きながらえた(図21)．

現在の両棲類のうち，無尾目(SalientiaまたはAnura)のカエルやヒキガエルは迷歯類から直接由来したものであろう．他方，有尾目(Urodela，サンショウウオ，アカエライモリ，イモリなど)の祖先はまったく異なる起源にさかのぼることができる．両棲類進化の非常に早い時期から，主要な迷歯類系統とはまったく別の少数派の系統があった．この少数派の系統に属する両棲類は空椎類(Lepospondyls)と総称されている．迷歯類では，椎骨の骨性要素はまず軟骨として形成され，後からリン酸カルシウムが沈積する．すなわち，弓椎型の椎骨(aspidospondylous vertebrae)である．一方，空椎類では，椎骨は前もって軟骨として形成されずに，脊索の囲りに糸巻き形の骨性の円柱として直接形成され，神経弓と結合しているのが普通である．有尾類は現存する空椎類である(Colbert, 1955)．

4. 有羊膜卵の創生および爬虫類と鳥類の出現

デボン紀末期に出現した両棲類は，疑いなく最初の陸棲動物であったが，ある意味では，まだ水から常に離れているわけにはいかなかった．両棲類は繁殖のために水域へ戻ったし，さらにその幼生は水中生活を営むために鰓を備えていた．石炭紀に，陸棲脊椎動物の進化に重大な変革が起こった．羊膜のある卵

(有羊膜卵)の発達という出来事である．この変革の意義は，第3鰓弓が1対の顎骨に変化するという，はるか昔に起こった出来事と比べうるものである．

　有羊膜卵をもつようになった最初の動物が爬虫類であった．有羊膜卵をもつようになるとすぐに，個体発生の過程から幼生段階がなくなった．この卵は胎内で受精し，発達中の胚に栄養を供給する卵黄をもっている．受精した有羊膜卵は二つの嚢をもつようになる．羊膜は液体(羊水)で充たされていて，胚がその中におさまっており，尿膜は老廃物を収容する袋になる．全体の構造は卵の内容物を保護するのに十分強固ではあるが，酸素が卵内へ入ったり，炭酸ガスが卵外へ出て行ったりするのに十分な多孔質の卵殻で被われていた．

　有羊膜卵の出現とともに，陸棲動物は陸上を自由にさまよい歩くことができるようになった．最古の有羊膜卵についての知見は北アメリカのペルム紀の堆積物の下層から見出されているが，初期の迷歯類(エンボロメア，Embolomere)の一種から爬虫類(杯竜類)への変化は，実際には，かなり早い時期に起こっていた．

　古生代の1章を終えるペルム紀末期に，高度に変形した軟骨魚型の魚類が大陸の河や池，また大陸の囲りの海に棲息していた．一方，多様化した多数の迷歯類に属する両棲類が，陸上の水域や沼沢などの湿潤な環境に棲息していた．同じ頃，最も新しい型の脊椎動物であった爬虫類が，中生代の暁に優占種となる定めの基礎を築くのに忙しく活動していた．

　杯竜類から由来した動物は初期にいくつかのグループに分岐した．これらのうち，次の三つのものが以下の議論に係わるものである．(1) 双弓亜綱(Diapsida)．(2) 無弓亜綱(Anapsida)．(3) 単弓亜綱(Synapsida)．このうち双弓類が，爬虫類として最も繁栄した系統であった．この亜綱に属する爬虫類の最も永続した特性は，頭蓋が，後眼窩骨と鱗状骨によって隔てられている二つの後側頭窓をもっていたことである．

　中生代の始め(三畳紀)に，槽歯類(Thecodonts)が出現して，双弓類の祖竜類(Archosaurs)の分岐が確立した．恐竜(Dinosaurs)の出現で頂点に達した爬虫類繁栄の物語はよく知られている．恐竜は三畳紀後期から白亜紀の終りまで(1

億年の間)陸上を完全に支配していた.ほぼ7000万年前に終わった中生代は,まさしく,爬虫類の時代であった.体重が50トンにも達するある種の恐竜は,地球上に根をおろした最大で,かつ最も恐ろしい動物であった.しかし,爬虫類の制覇は,厳密な意味では,双弓類のうち祖竜が属した分岐だけの制覇であ

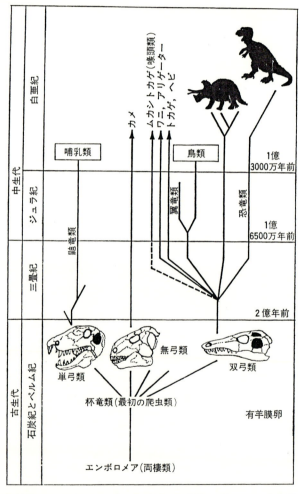

図22 爬虫類の三つの亜綱とそれぞれから由来した動物.下部に示した爬虫類の頭蓋の模式図中,側頭窓が存在するものについては,その部位を黒くぬりつぶしてある.

った．無弓類と単弓類のメンバーは，恐竜の影にかくれて中生代を生きのびただけである．同じように，過去7000万年にわたる哺乳類の制覇も，有胎盤類の制覇であって，有袋類や単孔類の制覇ではなかった．

恐竜のほかに，祖竜類の進化系統は新しいクラスの脊椎動物すなわち鳥類を生みだした．祖竜類系統のあるメンバーは，偽顎類(Pseudosuchia亜目)に属する槽歯類がもっていた，もとの2脚歩行の姿勢を維持していて，これから由来したものがジュラ紀に二つの飛翔性の脊椎動物へと進化したと考えられる．この二つは，はるか昔に絶滅した翼竜類(Pterosaurs)と総称されている飛翔性の爬虫類と，すさまじい繁栄を享受した鳥類とである．鳥綱(Aves)は繁栄の頂点にあった活力あふれる祖竜類から進化したので，より発展したクラスへの大きな飛躍は常に前段のクラスの最も原始的なものから生じるという規則が，ここでは一見したところ，破れているかのようにみえる．しかし，爬虫類から鳥類が生まれるにあたっては，大きな変革は関与していない，ということをはっきり理解しなければならない．このことが，鳥類は羽毛をもった爬虫類であるといわれるゆえんである(図22)．

現在の爬虫類のうち，有鱗目(Squamata)のトカゲやヘビ，ワニ目(Crocodylia)のワニやアリゲーターは双弓類から生まれてきたものであるが，他方，海ガメや陸ガメなど，カメ目(Chelonia)は無弓類から由来したものである．無弓類の特徴は眼の背側の頭蓋に側頭窓がないことである．最初の爬虫類である杯竜類も眼の背側の頭蓋に側頭窓をもっていなかった(Heilmann, 1927; Colbert, 1951)．

5. 単弓類と哺乳類の出現

単弓亜綱に属するメンバーは爬虫類として繁栄をきわめることがなかった．その代り，原始爬虫類の状態から直接哺乳類に向けて進化の道程を歩みだした．単弓類は原始爬虫類と哺乳類とのギャップを橋渡しするものであったと考えられている．その初期のメンバーは最初の爬虫類，すなわち杯竜類に極めて近いものであったが，最も後の時代のいろいろな属(genus)のメンバーは哺乳類の

状態に非常に近づいていて，この種が爬虫類と哺乳類のどちらに分類されるべきかは異論のあるところである．この亜綱に維持されていた特徴は，頭蓋が一つの外側頭窓しかもっていなくて，その上縁に後眼窩骨と鱗状骨が並んでいることであった．もとは2脚歩行の姿勢をとっていたと考えられる双弓類と異な

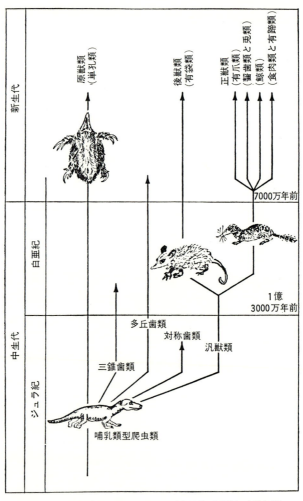

図23　ジュラ紀の哺乳類型爬虫類からの単孔類，有袋類，有胎盤類の起源を示す模式図．

って，単弓類は進化過程を通して4脚歩行の姿勢を保持してきた．

単弓類として容認しうる最初の爬虫類は，古生代の石炭紀の岩石中に見出されている杯竜から由来した最も初期の爬虫類であろう．獣窩類(Therapsida目)に属する単弓類のうち，最も哺乳類らしい外形をもったものは，古生代のペルム紀に現われて，中生代の三畳紀に発展を遂げた，いろいろな大きさの肉食性爬虫類であった．これらは獣歯類(Theriodonts)と総称されている．これらにつづいて，発達した獣歯類と原始哺乳類とのギャップを橋渡ししたと考えられる一群の爬虫類が出現した．三畳紀とジュラ紀の初期から中期にかけての鼬竜類(Ictidosaurs)がこの類である．一般に小型であった鼬竜類は，爬虫類と哺乳類とを隔てているしきいをほとんど踏み越えようとしており，さらに哺乳類に向けて進化し，単弓類の滅亡とひいては優占種であった爬虫類の滅亡とをもたらした．鼬竜類は，中生代初期に，やがて来るべき哺乳類の興隆と制覇の基礎を築いたのであるが，哺乳類の時代は幾百万年もの間訪れてこなかった(図23)．鼬竜類型の祖先種から最初の哺乳類が生まれてから恐らく1億年という期間は，双弓類の進化系統に属する恐竜と他の支配的爬虫類とが絶頂にあって，君臨していた(Broom, 1932; Colbert, 1955)．

6. 哺乳類全般

ジュラ紀に，鼬竜類に似た型の爬虫類から哺乳類へのしきいが越えられた．その名が示しているように，哺乳類の仔は出生後の初期には母乳で栄養をまかなう．哺乳類は，からだが毛でおおわれている恒温動物である．4室からなる心臓の形成と相関して，高い物質代謝回転能をもつようになったが，この代償に，哺乳類ははっきりとした老化過程を担うようになった．壮年期のあとには必ず老衰がやってくる．これらのほかに，哺乳類のより顕著な特性は次のようなものである．哺乳類では，方形骨と関節骨(爬虫類で頭蓋骨と下顎との間で関節を形成する構成骨)は中耳の中に入ってしまい，三つある耳小骨(殻室小骨)の二つ，すなわち砧(きぬた)骨と槌(つち)骨に変容し，3番目の鐙(あぶみ)骨(爬虫類の鐙骨を受け継いだもの)と一緒になって，鼓膜から内耳へ振音を伝

達する連鎖を形づくっている．これが哺乳類の聴覚を改善させたことは疑いの余地がない．体腔を胸腔部分と腹腔部分とにわける横隔膜があり，この横隔膜の存在は空気の吸入，排出を助けている．歯形にも注目すべき変化が起こっている．歯は門歯，犬歯，臼歯に分化している．骨格についてみると，爬虫類で頸部と腰部の椎骨からつき出ていた肋骨が非常に小さくなるか，さもなくば退化してしまっている．骨盤を構成する三つの骨，すなわち腸骨，坐骨，恥骨は融合して，1個の骨構造になっている．述べるまでもないが，とりわけ重要な特性に，最も原始的な哺乳類以外でみられる比較的大きな脳頭蓋がある．大きくなった脳頭蓋は，哺乳類の脳が大きくなったことと，知能が非常に発達したこととを反映している．

　現存の哺乳類は三つの亜綱，すなわち原獣類(Prototheria)，後獣類(Metatheria)，正獣類(Eutheria)のどれかに属している．これらのうち，原獣類を代表する単孔類(Monotremes)は奇妙な動物である．オーストラリアとニューギニアに棲息しているカモノハシ(*Ornithorhynchus*)とハリモグラ(*Echidna*または*Tachyglossus*)では，繁殖は堅い殻をもつ卵を生むことによってなされ，この卵は穴の中で孵化する．直腸と泌尿生殖器は爬虫類や鳥類のように共同の総排泄腔に開いていて，ほかの哺乳類のように分離していない．しかし，生まれた仔は，汗腺の変形したものから分泌される母乳を飲む．単孔類は更新世(約100万年前にすぎない)より以前の化石の記録では知られていないが，他の哺乳類は原獣類に似た進化段階を通らなかったこと，そして単孔類はジュラ紀の哺乳類型爬虫類から由来した別の進化系統を代表していると信じてよい十分な根拠がある．

　後獣類に属する有袋類(Marsupials)と正獣類に属する有胎盤類(Placentals)についていえば，有胎盤類の化石記録は有袋類のそれと同じくらい古い．したがって，有胎盤類が最後に出現する進化過程で通らねばならなかった中間段階を，有袋類が代表しているとも考えられない．むしろ，この二つのグループはジュラ紀末期に棲息していた汎獣類(Pantotheres)から，ほぼ時を同じくして出現したのであろう(図23)．白亜紀には，有袋類は恐らく全世界に広く分布

していたと考えられる．6000万年の間(白亜紀)，有袋類は原始的有胎盤類と陸上を共有していて，一時期には，二つのグループは多かれ少なかれ対等の力関係で競争していたようである．しかし，新生代の幕あけ(約7000万年前)とともに，有胎盤類進化の大規模な爆発が起こり，大陸のほとんどの地域で有袋類の完全な絶滅あるいは著しい衰退を引き起こした．つけ加えるまでもないが，有胎盤類は，その仔がかなりの期間母胎内で発育した後，両親の小さなひな型として誕生してくる哺乳類である．有胎盤類の個体発生においては，祖先型の有羊膜卵から受け継がれた羊膜は母胎の子宮としかに接着しており，この接着部位(胎盤)を通して，栄養分と酸素が母胎から発達中の胚に運ばれてくる．

最も早く出現した原始的な正獣類は食虫類であった．これがあらゆる有胎盤類の祖先になったことは恐らく間違いないであろう．有胎盤類は，原始的な食虫類型の根幹生物から28の多様な目に放散したが，このうち11の目はすでに絶滅してしまった(Simpson, 1945)．

7. 霊長類とヒト

霊長類が食虫類の直接の子孫であることはほとんど疑いの余地がない．事実，霊長類は多くの一般化型正獣類の特性を保持しており，高度に特殊化した動物ではない．霊長目(Primates)は有胎盤類中の2番目に原始的な目と考えられている．最も原始的なのは食虫目(Insectivores)である．現在，東洋に棲息しているツパイ(*Tupaia*)は恐らく霊長類の根幹祖先型に似た構造をもっており，樹上の生活に適応した食虫類であると考えられる．実際，霊長類がなし遂げた多くの向上進化は樹上生活に適応したことの直接の結果である．2眼視，大きな脳，知能の増大，物を把握する手などが，向上進化に伴った改善に数えられるであろう．

ツパイ型の祖先から，霊長類は三つの主要な系統にそって進化してきた．暁新世(7000～5000万年前)に，霊長類の最初の放散が起こり，原猿亜目(Prosimii)が確立した．キツネザル類，ロリス類，メガネザル類がこの亜目に属するものである．始新世後期(約4000万年前)に，霊長類の2回目の放散があって，

第2の真猿亜目(Simiae)が成立した．新世界ザルと旧世界ザルがこの亜目に属している(図24)．

最後に，私たち自身の種を含むヒトニザル上科(Hominoidea)がやってくる．ヒトニザル(類人猿)の起源は3500万年前のエジプトの漸新世前期の堆積物の中にまで遡ることができる．*Propliopithecus*(祖先型類人猿)は非常に小型の動

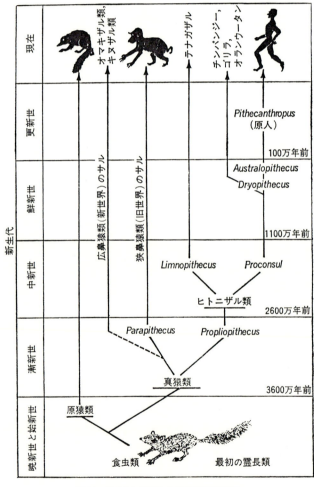

図24　模式的に図示した霊長類の系統樹．

物であったが，ヒトニザル類の進化史の特色といえる注目すべき発展傾向は，からだの巨大化と脳の増大へ向う強い傾向であった．からだが巨大化するに伴い，ほとんどのものが，腕でぶらさがって，からだを振りながら枝から枝へ腕わたりをするブラキエーター動物になった．この結果，長い指を備えた長い腕が発達した．後肢が短くなり，外からみえるような尾は退化した．*Propliopithecus* の次に出現したヒトニザル類は，アフリカの中新世前期(約 2500 万年前)の地層にみられる *Limnopithecus* と *Proconsul* であった．*Limnopithecus* は現在のテナガザル(*Hylobates*)に進化してきた側岐を代表しているが，より一般化型であった *Proconsul* は，他のあらゆる現存のヒトニザル類の祖先になったと考えられている．*Proconsul* から由来したものは，*Dryopithecus* を典型属とする種々のドリオピテクス類である．ドリオピテクス類は中新世と鮮新世にユーラシア大陸の広範な地域で繁栄した．このチンパンジーにかなり似ていたサルは，恐らく現在のチンパンジーの祖先であっただけでなく，ゴリラとオランウータンの祖先でもあり，また多分ヒト類系統の祖先でもあっただろう．

　私たち自身の種(*Homo sapiens*)の起源をたどってみよう．ヒトニザルに似た私たちの祖先は，恐らく鮮新世前期(約 1000 万年前)に，生活様式に非常に意義深い変容を遂げたと思われる．森林に住むヒトニザル類は平和的で，多くは果実や植物を食べる動物であった．地球が冷却しはじめると，地球の広い部分を青々と覆っていた熱帯性樹林は後退しはじめ，この時期に私たちの祖先は森林での生活から開かれた平野での生活へと変わったと考えられる．生活様式の変化に伴って，私たちの祖先は雑食性になり，狩猟人として，すでに繁栄していた食肉性動物と直接競争するようになった．ヒトニザル類は群れ型の行動をとることによって，狩猟者として成功をおさめた．この新しい生活様式への適応過程で，直立姿勢と知能の増大をうながすように自然淘汰が強く働いたにちがいない．現在までの知見では，このような狩猟する猿人(pre-hominid)の最初のものはオーストラロピテクスとその近縁種であった．タンザニアの Olduvai 峡谷の地層で発見された *Australopithecus* (*Zinjanthropus*) *boisei* の頭蓋は，約 1750 万年前のものであろうと信じられている (Tobias, 1967)．ここでもまた私

たちは，原始的な動物が，同時期に棲息していたより発展した動物を制覇するということの証左をみているわけである．鮮新世初期に地球が冷却し始めると，すでにブラキエーター動物として高度の特殊化をなし遂げていたこれらのヒトニザルは，森林と共に後退する以外に選択の余地はなかったに相違ない．当時の私たちのヒトニザル型の祖先は十分原始的であって，森林での生活様式に拘束されないタイプであったにちがいない．この理由から，彼らは開放された地上での新しい生活様式に適応する試練を経て，生き残ることができたのである．

私たちが属する種の出現で頂点に達した，これら狩猟，採集する猿人の以後の発展は，引き続いて訪れた四つの氷河期を含む過去100万年（更新世）の間に起こったらしい．原人類 *Pithecanthropus* (*Homo erectus*) と旧人類 *Homo neanderthalensis* が出現した．旧人類は最後の氷河期に絶滅したが，最後の氷河期のあと（ほぼ5万年前）に出現した新人類 *Homo sapiens* は，平均1350 ccの脳腔をもつヒト属 (*Homo*) の唯一の生存種である．

文　献

Broom, R.: *Mammal-like reptiles of South America*. London: H. F. & G. Witherby 1932.
Colbert, E. H.: *The Dinosaur book*, 2nd ed. New York: McGraw-Hill Book Co. 1951.
―: *Evolution of the vertebrates*. Science Editions. NewYork: John Wiley & Sons, Inc. 1955. 〔田隅本生訳『脊椎動物の進化』，上下，築地書館，原書の第2版，1969.〕
Heilmann, G.: *The origin of birds*. New York: D. Appleton & Co. 1927.
Le Gros Clark, W. E.: The crucial evidence for human evolution. Proc. Am. Phil. Soc. **103**, 159–172 (1959).
Moy-Thomas, J. A.: *Paleozoic fishes*. New York: Chemical Publishing Co. 1939.
Romer, A. S.: The early evolution of fishes. Quart. Rev. Biol. **21**, 33–69 (1946).
―: Major steps in vertebrate evolution. Science **158**, 1629–1637 (1967).
Simpson, G. G.: The principles of classification and a classification of mammals. Bull. Am. Museum Nat. Hist. **85**, 1–350 (1945).
Tobias, P. V.: *Olduvai Gorge*, Vol. II. New York: Cambridge University Press 1967.
Young, J. Z.: *The life of vertebrates*. Oxford: Clarendon 1950.

第19章
被嚢類様生物から魚類への進化における遺伝子重複に関する大自然の偉大な試み

1. 脊椎動物の祖先であった被嚢類様生物のゲノム量

ほぼ5億年前,カンブリア紀に生存していた種々の無脊椎動物のうち,被嚢類(ホヤ)様生物を経過して最初の脊椎動物を生み出したのは,単純な着生性の生物であった.では,これらの未拘束型の生物のゲノムはどのようなものであったろうか.私は,ゲノムもまた,やっと必須の数の構造遺伝子を含み,遺伝的冗長さが最小であるような未拘束の状態にあったに相違ないとあえて推量したい.このような状態から出発することによってのみ,ひきつづきつくり出される遺伝子重複を利用して,後生動物の進化の新しい章を書きはじめることが可能となったのである.

現存の原始的な脊索動物のうち,太平洋岸に棲むホヤ(ユウレイボヤ,*Ciona intestinalis*)は,被嚢類亜門(Tunicata)に属し,自由に遊泳するオタマジャクシ型幼生を生みだす.私たちの測定によると,ユウレイボヤのゲノム量は有胎盤哺乳類のゲノム量のわずか6%にすぎない.すなわち,染色体の半数体セットはおよそ 0.21×10^{-9} mg の DNA を含んでいる(Atkin & Ohno, 1967).イナゴのような数種の無脊椎動物は,哺乳類のゲノム量に相当する位のゲノムをもっているわけだから,このホヤのゲノム量はまことに小さなものである.

Boveri(1890)の時代以来,現存の原始的な脊索動物は,幅 1μ 以下の細長く,小さい,小数の染色体をもっているという特徴が知られていた.ユウレイボヤ($2n=28$)の2倍体染色体組は小さい末端動原体染色体を14対もっているが,別の目に属するホヤ(シロボヤ,*Styela plicata*)は16対の同じように小さい末

端動原体染色体をもっている(Minouchi, 1936; Taylor, 1967). ゲノム量が極端に小さいということは現存のホヤ類の普遍的な特性であるので，そのオタマジャクシ型幼生が脊椎動物の原型を提供したはずのほぼ4億年前のホヤ類様生物も，やはり同様に少ないゲノムをもっていたと仮定してほぼ間違いないと思われる．

現存のナメクジウオの研究をすることによって，幼形進化によって出現した最初の脊索動物のゲノムはどのようなものであったかという問いに対する答えをある程度もつことができよう．頭索亜門のナメクジウオもまた非常に微小の染色体をもつことで注目されてきた．日本産のナメクジウオ(*Amphioxus belcheri*)では2倍体の染色体数は32である(Nogusa, 1960). ナメクジウオの一種 *Amphioxus lanceolatus* について測定してみると，そのゲノム量は有胎盤哺乳類のゲノム量のわずか17%であった．すなわち，半数体の染色体セットは，およそ 0.60×10^{-9} mg の DNA を含んでいる(Atkin & Ohno, 1967).

後に示すように，魚類やすべての脊椎動物でみられる最小のゲノム量は，ナメクジウオのゲノム量とほぼ同じか，わずかに多い程度である．言い換えれば，魚の多種多様な種がもっている最小ゲノム量は，ナメクジウオのゲノム量とそれほど変わらないということである．このことを根拠として，オルドビス紀もしくはシルル紀のいずれかの時期に起こったホヤ類型生物からナメクジウオ型生物への幼形進化は，ゲノム量の2～3倍の増加，すなわち有胎盤哺乳類ゲノム量のおよそ6%から17%への増加を伴ったと敢えて推察したい．この増加がまったく直列重複だけで達成されたのか，それとも直列重複に4倍体性を組み合わせて達成されたのかということは今のところ解決することはできない．

2. 魚類でみられるゲノム量の極端な多様性

17の異なる目に属し，6種の亜綱を代表する魚類の代表的な種のゲノム量が表3に示されている．すでに議論された原始的な脊索動物のゲノム量も示されている．私たちの一連の研究(Ohno & Atkin, 1966; Atkin & Ohno, 1967; Ohno *et al.*, 1967; Muramoto *et al.*, 1968; Ohno *et al.*, 1969; Wolf *et al.*, 1969)におい

第19章 遺伝子重複に関する大自然の偉大な試み

ては,コンデンサーで細胞をおしつぶす装置のついた Deeley 型積算顕微密度分光計 (Deeley, 1955) を用いて,それぞれの種の細胞核内の Feulgen 反応で染められた色の強さが,ヒトの細胞核の Feulgen 反応で染められた色の強さと比較された.したがってゲノム量の生のデータは,ヒトのゲノム量の百分率として表わされている.ヒトおよび他の有胎盤哺乳類の半数体 DNA 量はおよそ 3.5×10^{-9} mg であるので,それぞれの百分率から換算した半数体 DNA 量をも表3に示してある.Hinegardner (1968) も螢光測定法を用いて,いろいろの真骨魚類のゲノムの大きさについて,かなり広範囲な研究をしている.多くの種が Hinegardner と私たち自身によって調べられたが,どの種についても得られた値はほぼ同じであった.表3に示されている値のうち,星印の入ったものは Hinegardner によるものである.

表3から,多様な目に属する真骨魚で,類縁性のほとんどない種が,脊椎動物でみられる最小ゲノムをもっていることがわかる.スメルト,ニゴイ,ソードテイル,カレイ,シタビラメ,タツノオトシゴ,フグなどのゲノムは,有胎盤哺乳類のゲノム量の17%にすぎないナメクジウオのゲノムよりもやや大きいか,ほぼ同じである.しかし,それぞれの近縁種は非常に大きなゲノム量をもっているようである.たとえば,スメルトもギンザケも同じサケ亜目(Salmonoidea)に属しているが,前者が最小量のゲノムをもつのに対し,後者は有胎盤哺乳類とほぼ同じ大きさのゲノムをもっている.このような違いは同じ属内ですら見出されている.ニゴイの一種 *Barbus tetrazona* が最小の大きさのゲノムをもつが,*Barbus barbus* は表4に示すように有胎盤哺乳類の50%のゲノムをもっている.

最小量のゲノムをもつということは,いわゆる"原始的"ということを意味しない.全頭類,軟質類あるいは全骨類などのより古い型の魚類のいずれも,ゲノム量はこれほど小さくない.メクラウナギもヤツメウナギも,脊椎動物進化の中で最も古い無顎状態を代表する例であるが,共にかなり大きなゲノムをもっている.表3に示されたすべての種のうちで,総鰭類の系統の数少ない現存種のうちの一つである肺魚は,そのゲノム量が有胎盤哺乳類の35倍も大き

表3 原始脊索動物と魚類のゲノム量

種 名	半数体ゲノム量 相対量 (%)†	半数体ゲノム量 絶対量 (mg×10⁻⁹ DNA)	目（または亜目）	綱（または亜綱）	門（または亜門）
ホヤ Ciona intestinalis	6	0.21	腸性類	ホヤ類	被嚢類
ナメクジウオ Amphioxus lanceolatus	17	0.60			頭索類
メクラウナギ Eptatretus stoutii	80	2.80	穿口蓋類	無顎類	脊椎動物
ヤツメウナギ Lampetra planeri	40	1.40	完口蓋類		
ギンザメ Hydrolagus colliei	43	1.50	ギンザメ類	全頭類	
北米産チョウザメ Scaphirhynchus platorhynchus	50	1.75	軟質類	条鰭類（軟質類）	
アミア Amia calva	35	1.23	アミア類	全骨類	
ガーパイク Lepisosteus productus	40	1.40	鱗骨類		
南米産肺魚 Lepidosiren paradoxa	3540	123.90	肺魚類	総鰭類	
太平洋産ニシン Clupea pallasai	28	1.00	ニシン類	真骨類	
カリフォルニア産カタクチイワシ（アンチョビ） Engraulis mordax	43	1.50			
スメルト Hypomesus pretiosus	20	0.70	サケ類		
ギンザケ Oncorhynchus kisutch	90	3.15			
マツドミノウ Umbra limi	75	2.70*	カワカマス類		
アカエソ Synodus luciocepa	35	1.20*	ハダカイワシ類		
ニゴイ Barbus tetrazona	20	0.70	コイ類		
コイ Cyprynus carpio	50	1.70			
アメリカナマズ Ictarulus punctatus	30	1.05	ナマズ類		
ヨロイナマズ Corydoras aneneus	125	4.40*			
ウナギ Anguilla rostrata	40	1.40*	ウナギ類		
ソードテイル Xyphophrus helleri	23	0.80	メダカ類		
キリフィッシュ Fundulus heteroclitus	43	1.50*			

表3(つづき)

ハタ *Epinephelus morio*	37	1.30*	スズキ類
サンフィッシュ *Lepomis cyanellus*	31	1.10	
ハゼ *Gobius sadanundio*	40	1.40*	
カレイ *Pleuronichthys verticalis*	18	0.63	カレイ類
シタビラメ *Xystreurys liolepis*	23	0.80	
タツノオトシゴ *Hippocampus hudsonius*	19*	0.66	ヨウジウオ類
フグ *Spheroides maculatus*	14	0.50*	フグ類

† ヒトの半数体ゲノム量を 3.5×10^{-9} mg DNA としたときの%.

表4　コイ目に属する魚類のゲノムの比較

種　名	倍数性	2倍体染色体数	染色体腕の数	ゲノム量(%)†	遺伝子座の数 6-PGD	LDH	ICDH
ニゴイの類 *Barbus tetrazona*	2倍体	50	±90	20	1	3	2
ニゴイの類 *Barbus fasciatus*		52	±86	22	1	3	?
銅色ウグイ *Rutilus rutilus*		50	±78	28	1	3	2
ヨーロッパ産コイ *Tinca tinca*		48	±80	30	2	3	2
ウグイ *Leuciscus cephalus*		50	±88	38	2	3	?
ラベオ *Labeo chrysophekadion*		50	±82	40	1	3	1
ニゴイの類 *Barbus barbus*	4倍体	100	±144	49	2	+5	?
コイ *Cyprinus carpio*		104	±168	52	2	+5	2
金魚 *Carassius auratus*		104	±166	53	2	+5	2

† ヒトの半数体ゲノム量を100としたときの半数体のゲノム量.

く比較にならないくらい巨大であるという点で，腫れ上った親指のように目立った存在である．それにもかかわらず，肺魚はデボン期中期以来，本質的に変化しないできた．

　魚類のゲノム量に関して広くみられる見掛け上の混沌とした状態は，遺伝子重複に関する大自然の偉大な実験の反映にすぎない．第IV部で議論されたよう

に，倍数体化はもちろんのこと直列遺伝子重複も，およそ3億年前のデボン紀はもとより，さらに最近の時代においても，何回となく繰り返し魚類で生じたに相違ない．

a) 直列重複だけによるゲノム量の変化

ゲノム量の変化が直列重複の繰り返しだけで生じてきたのならば，その変化は2倍体染色体組の全体の様相には，なんら影響を及ぼさなかっただろう．魚類の特色の一つに，非常に類縁性の乏しい種が48本の末端動原体染色体からなる非常によく似た核型を示すことがある(Nogusa, 1960; Roberts, 1964; Post, 1965; Ohno & Atkin, 1966; Chen, 1967; Taylor, 1967). 表3に挙げられているもののうち，メクラウナギ，カリフォルニア産カタクチイワシ(アンチョビ)，ソードテイル，サンフィッシュ，カレイ，シタビラメなどは，48本の末端動原体染色体をもつものである．一つは無顎綱に属するが，その他のものは真骨類の四つの異なる目に属している．外見上同一の核型にもかかわらず，そのゲノム量は，ソードテイル，カレイ，シタビラメでみられる20%程度の低い値から，メクラウナギでみられる80%という高い値まで変化し，サンフィッシュの30%，カリフォルニア産カタクチイワシの40%はこれらの中間値を表わしている．これらのものはゲノム量の変化が直列重複だけで達成されてきた系列を構成しているということは全く明らかである(図25).

直列重複だけによってゲノム量が増加したという証左は，同じ科に属する非常に近縁な種にも見出すことができる．表4に，コイ科に属する9種の魚のゲノム量が示されている．9種のうち6種は48から50の染色体から構成されている核型をもっており，染色体腕の数は80から90の間に分布している．けれども，そのゲノム量は20%という低い値から40%という高い値まで変化している(Muramoto et al., 1968; Wolf et al., 1969). 表3で明らかなように，ナマズ類(ナマズ亜目, Siluroidea)の2種では，ゲノム量はアメリカナマズが30%であるのに，ヨロイナマズは125%という値を示している．この4倍もの大きな差異も直列重複に全面的によっていると考えられる．というのは，これまで調べられたナマズ類のすべては非常によく似た核型をもっており，$2n=54$か

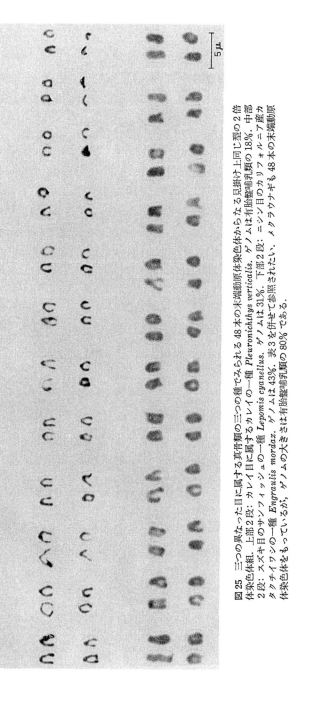

図25 三つの異なった目に属する真骨類の三つの種でみられる48本の末端動原体染色体からなる見掛け上同じ型の2倍体染色組. 上部2段: カレイ目に属するカレイの一種 Pleuronichthys verticalis. ゲノムは有胎盤哺乳類の18%. 中部2段: スズキ目のサンフィッシュの一種 Lepomis cyanellus. ゲノムは31%. 下部2段: ニシン目のカリフォルニア産カタクチイワシの一種 Engraulis mordax. ゲノムは43%. 表3を併せて参照されたい. メクラウナギも48本の末端動原体染色体をもっているが, ゲノムの大きさは有胎盤哺乳類の80%である.

56 で，染色体腕の数は 90 から 94 であるからである (Muramoto et al., 1968)．

b) **直列重複だけに頼ることの無意味さ**

第 15 章で，直列重複は，有用な遺伝子の重複を達成する手段としては，いろいろの欠点をもっているということを指摘した．表 4 をみると，ウグイの一種 *Leuciscus cephalus* とラベオの一種 *Labeo chrysophekadion* のゲノム量はニゴイの一種 *Barbus tetrazona* と *Barbus fasciatus* のゲノム量の 2 倍であるが，LDH (乳酸脱水素酵素) や，非ミトコンドリア性の NADP 依存 ICDH (イソクエン酸脱水素酵素) や，6-PGD (6-リン酸グルコン酸脱水素酵素) を支配する遺伝子の数はゲノム量の増加に伴って増加していない．4 倍体が 2 倍体化すると，ゲノム上のすべての遺伝子座が均等に 2 倍化するが，直列重複が繰り返されると，ある遺伝子のコピーは複数個あるが，別の遺伝子のコピーは 1 個しかないようなゲノムが生ずるだろう．このことは一つには，すでに遺伝子重複の起こっている染色体分節が不等交叉によって遺伝子重複の度合が増すのに，主に係わるからである．これまでに，6-PGD 座だけの重複がヨーロッパ産コイの類 *Tinca* とウグイの類 *Leuciscus* で知られている (Bender & Ohno, 1968; Klose et al., 1969; Quiroz-Gutierrez & Ohno, 1970)．このことは直列重複の欠点の一つ，すなわち一つの遺伝子の直列重複したコピーが機能的に分化することは非常に稀なことであるということの証左であろうと考えられる (第 15 章)．恐らく *Tinca* と *Leuciscus* とは 1 対の 6-PGD 座のコピーを数多くもっているが，これらのコピーは同じ遺伝子産物をより多く作るのに役立っているにすぎないと考えられる (第 10 章)．

重複した染色体分節を多くもつゲノムは，その特性上，不安定である．というのは，分節が重複していると必ず不等交叉や不等交換をさらにひきおこすからである．この結果，遺伝的冗長さが増した配偶子と冗長さが減少した配偶子とが往々にして生じるであろう．直列重複だけにたよることの無意味さという観点から，不等交叉や不等交換の結果できる互換組換え体のうちのどちらを自然淘汰が好ましいものとして保存するのだろうか．

太古型の原始的と思われる魚類が，現代化型の高度に特殊化した魚類よりも

第19章 遺伝子重複に関する大自然の偉大な試み

大きなゲノムをもっているという傾向が表3で明らかである (Hinegardner, 1968). カレイ目のカレイ, ヨウジウオ目のタツノオトシゴ, フグ目のフグなどは非常に特殊化した現存の魚類である. これらのゲノムは一様に最小値に近く, ナメクジウオのゲノムとほぼ同じか, やや多い程度である. これと対照的に, 全頭類, 軟質類, 全骨類の魚類はもちろんのこと無顎類などは, かなり大きなゲノムをもっている.

デボン紀の頃にすでにはじまった遺伝子重複の広範囲にわたる実験の結果, 太古の魚類の種々の系統が, 恐らく40〜100%の値にわたるかなり大きなゲノムを獲得しただろうと考えられる. 直列重複だけに依存してゲノム量を増加させた魚類に関する限り, それにひきつづく現代化と向上的特殊化は遺伝的冗長さの漸次的低下を伴ったのである. 一つのシストロンが直列的に配列した多重コピーをもつこと自体はその生物体に大きな利益を与えるとは考えられないことから, 上に述べたことは予期されることである. 次々と現代化してゆくに伴って遺伝的冗長さが低下していく傾向は, レンリソウ属 (*Lathyrus*) に属する被子植物のある種でも注目されてきた. レンリソウ属の18種のすべては, 14本の中部動原体染色体からなるほとんど同一の2倍体染色体組をもつが, より古い種のゲノムはより現代化した種のゲノムに比べDNAを2倍量もっている (Rees & Hazarika, 1969).

肺魚は進化上の変りものであるということには, ほとんど疑いがない. この特殊な系統の祖先種もまた直列重複だけで, そのゲノム量を増加させたというのが私の見解である. しかし, この場合, その増加はひき返すことのできない点までふみこんでしまった. それらのゲノム量がそのしきいを越えて増加するにつれて, その細胞の大きさは異常な程度にまで増加しなければならなかった. このような事態は, それぞれの遺伝子産物を大量に生産せねばならないというはっきりとした必要をつくり出した. それぞれのシストロンの直列的に重複したコピーは, この必要をみたすために用いられねばならなくなり, 過度の遺伝的冗長さを除去することが不可能になった. このような系を確立することによって, この生物は将来にわたって進化する機会を実質的に犠牲にしたのである.

言い換えれば，膨大な遺伝的冗長さをもったままゲノムは凍結されたのである．こうした経過を経ることによって，このような系統は，進化上の袋小路に到達したということは明らかである．肺魚に起きたことは，両棲類有尾目のサンショウウオやイモリにも起きたということが後章で示される．事実，この側枝系統(第18章で述べた空椎類の系統)は両棲類の段階で完全に停止したのである．

c) 機能的に多様化した重複遺伝子を獲得する方途としての4倍体化の有効性

表4に挙げたコイ科の9種の魚のうち3種(ニゴイの一種 *Barbus barbus*，コイの一種 *Cyprinus carpio*，金魚の一種 *Carassius auratus*)は，最小の遺伝的冗長さをもった2倍体種から進化してきた4倍体種であるということはほぼ確かである．しかし，表4からわかるように，これら3種のコイ科の魚ですべての遺伝子座が倍加しているという証拠は，4倍体のサケ科の魚におけるほどには明らかでない(Bender & Ohno, 1968; Klose et al., 1969)．ニゴイの一種 *Barbus barbus* とコイと金魚とは，ずいぶん以前に2倍体化の過程を完了した，かつては4倍体であった生物だというのが私たちの説明である．だから，淘汰有利性をもたらし得なかった重複遺伝子座のいくつかは，その後生活機能に恐らく関わらなくなってしまったのであろう．多くの4価染色体がサケ科の4倍体個体の減数分裂でみられるが(図18)，コイ科のこれら3種の4倍体の魚では2価染色体しかみられない．

2倍体-4倍体関係の別の例は表3に示されているように，ニシン目の魚で見出されている．キュウリウオ科(サケ亜目)のスメルトはもちろん，ニシンやアンチョビのようなニシン目の魚も2倍体種であるが，サケ目の他の魚は明らかに4倍体種である．4倍体のものとしては，サケ科のマスやニシン，コクチマス科のホワイトフィッシュ，カワヒメマス科のグレイリングなどがある．2倍体のゲノムは22％から40％に及び，4倍体のゲノムは60％から90％に及んでいる．2倍体の染色体腕の数は48本から60本であるが，4倍体のそれは100本から160本である(Klose et al., 1968)．図25に示されているカリフォルニア産カタクチイワシ(アンチョビ)の核型と，図18(第16章)に示したニジマ

スの核型とを比較されたい．図18に示されているように，多くの4価染色体が，これら4倍体種の減数分裂の過程でもまだ見出される．このことは，これらの4倍体のサケ類の魚の起源は比較的最近のことであり，まだ2倍体化の過程を完全には終えていないということを示すものである．

第16章ですでに述べたように，研究されたほとんど全ての遺伝子産物に関して，これらの4倍体種は，同じ目の2倍体の魚だけでなく，鳥類や哺乳類と比較しても，2倍量の遺伝子座をもっている．4倍体になることは，有意義な遺伝子重複を達成する実に有効な手段なのである．

4倍体化による進化は，コイ類やサケ類のような現代化した魚で起こったので，同じことがデボン紀の太古の魚でも起こったということは明らかである．爬虫類，鳥類，哺乳類の祖先種は魚類または両棲類のどちらかの段階で，少なくとも1回，4倍体進化を経たのであるということが私たちの主張である．この信念は，4倍体になることによってすべての遺伝子座を同時に重複させ，同時重複によって周期的に補足されない限り，直列重複というものは無意味であるということを示唆する本章と以前の章で提出された証拠に基づくものである．

d) 陸棲脊椎動物の多系統起原の可能性

総鰭類系統の肺魚目の肺魚は莫大な遺伝的冗長さのあるゲノムをもつという点ですべての他の魚から目立っているように，サンショウウオやイモリやアカエライモリのような有尾両棲類も次章で示されるように，同じ理由ですべての他の陸棲脊椎動物から際立っている．このことは，イクチオステガ類から両棲類へ進化したのは，扇鰭類系統の葉状鰭をもった魚の1種類だけではなくて，むしろはっきりと異なる2種類があったのだろうと考えさせるものである．一つは迷歯類系統になったものであり，そこからカエルや爬虫類や鳥類や哺乳類が由来したが，もう一つのものは空椎類の側枝系統を生み出したものであり，これは有尾両棲類を生み出したのち袋小路に入りこんでしまった．その上，より原始的な硬骨魚類のあるものに関する次の発見は，実際両棲類に進化した扇鰭目の魚には数種あったのではなかろうかと考えさせるものである．だから，陸棲脊椎動物に関しては，多系統起源の可能性が考えられてしかるべきである．

一方では鳥類で,他方では爬虫類の二つの目の生物で共有されている一つの顕著なゲノムの特性は,微小染色体をもつということである.点状の微小染色体は小さなバクテリアくらい(直径1μ以下)の大きさであって,おびただしい数のこれらの微小染色体は,鳥類,トカゲ類,ヘビ類,カメ類の2倍体ゲノムの構成成分である.おそらく単孔類を除くどのような哺乳類も,どのような両棲類も,またどのような真骨類の魚も,微小染色体をもたない.しかし大変驚くべきことに,私たちは,取り残された遺物である3種の太古型の魚に微小染色体がたくさん存在することを見出した.それらは,全頭亜綱のギンザメ,軟質目のチョウザメ,全骨亜綱のガーパイクである.ギンザメは進化的に大変めずらしいものである.それは,軟骨性の頭蓋骨をもち,板鰓類のサメやエイがするように体内受精を行なうが,硬骨魚類のように鰓蓋をもっている.軟質類と全骨類の魚は最も古い硬骨魚類であって,そのために,水中から出て最初の両棲類となった,デボン紀の総鰭類の魚のもっていたある特徴を依然として保存している.これらの体表は重い菱形の鱗で被われ,鰾は陸棲脊椎動物の肺の

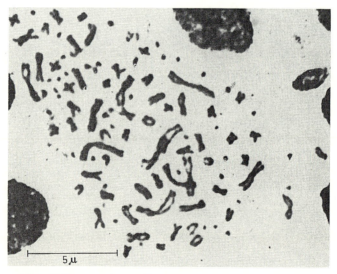

図26 北米産チョウザメの一種 *Scaphirhynchus platorhynchus*(2n=112)の2倍体の有糸分裂中期像.112本の染色体のうち48本はまさしく点状微小染色体である.

ように咽喉に接続し,呼吸を現に助けているか,あるいは過去に助けていたものであり,脊骨は尾部で上側にそっている(不相称鰭の尾, heterocercal tail).

図26でみられる北米産チョウザメの2倍体の中期の染色体像は,爬虫類の種(とくにカメ類)の像であるとしても容易に通用するものである.爬虫類や鳥類の微小染色体は,爬虫類の双弓類や無弓類の系統で新たに生成したのかもしれないということは否定しえないのであるが,爬虫類の双弓類や無弓類の系統を最後に生みだした特定の扇鰭目の魚の祖先型がすでに微小染色体をもっていたということも多分考えられる.

文　献

Atkin, N. B., Ohno, S.: DNA values of four primitive chordates. Chromosoma 23, 10-13 (1967).

Bender, K., Ohno, S.: Duplication of the autosomally inherited 6-phosphogluconate dehydrogenase gene locus in tetraploid species of Cyprinid fish. Biochem. Genet. 2, 101-107(1968).

Boveri, T.: Zellen-Studien. Über das Verhalten der chromatischen Kernsubstanz bei der Bildung der Richtungskörper und bei der Befruchtung. Jena Z. Med. Naturw. 24, 314-401(1890).

Chen, T.: Comparative karyology of selected deep sea and shallow water teleost fishes. Ph. D. Dissertation, Yale University 1967.

Deeley, E. M.: An integrating microdensitometer for biological cells. J. Sci. Instr. 32, 263-267(1955).

Hinegardner, R.: Evolution of cellular DNA content in teleost fishes. Am. Naturalist 102, 517-523(1968).

Klose, J., Wolf, U., Hitzeroth, H., Ritter, H., Atkin, N. B., Ohno, S.: Duplication of the LDH gene loci by polyploidization in the fish order *Clupeiformes*. Humangenetik 5, 190-196(1968).

—, —, —, —, Ohno, S.: Polyploidization in the fish family *Cyprinidae*, order *Cypriniformes* II. Duplication of the gene loci coding for lactate dehydrogenase (E. C.: 1.1.1.27) and 6-phosphogluconate dehydrogenase (E. C.: 1.1.1.44) in various species of *Cyprinidae*. Humangenetik 7, 245-250(1969).

Minouchi, O.: Notiz über die Chromosomen von *Tethyum plicatum* Les. (Ascidia). Z. Zellforsch. 23, 790-794(1936).

Muramoto, J., Ohno, S., Atkin, N. B.: On the diploid state of the fish order *Ostariophysi*. Chromosoma **24**, 59-66(1968).

Nogusa, S.: A comparative study of the chromosomes in fishes with particular considerations on taxonomy and evolution. Mem. Hyogo Univ. Agr. **3**, 1-62(1960).

Ohno, S., Atkin, N. B.: Comparative DNA values and chromosome complements of eight species of fishes. Chromosoma **18**, 455-466(1966).

—, Muramoto, J., Christian, L., Atkin, N. B.: Diploid-tetraploid relationship among Old-World members of the fish family *Cyprinidae*. Chromosoma **23**, 1-9(1967).

—, —, Stenius, C., Christian, L., Kittrell, W. A., Atkin, N. B.: Microchromosomes in Holocephalian, Chondrostean and Holostean fishes. Chromosoma **26**, 35-40(1969).

Quiroz-Gutierrez, A., Ohno, S.: The evidence of gene duplication for S-form NADP-linked isocitrate dehydrogenase in carp and goldfish. Biochem. Genet. **4**, 93-99(1970).

Post, A.: Vergleichende Untersuchungen der Chromosomenzahlen bei Süßwasserteleosteern. Z. Zool. Syst. Evolut.-forsch **3**, 47-93(1965).

Rees, H., Hazarika, M. H.: Chromosome evolution in *Lathyrus*. In: *Chromosomes today*, Vol. 2, pp. 158-165. (Darlington, C. D., Lewis, K. R., Eds.). Edinburgh: Oliver & Boyd 1969.

Roberts, F. L.: A chromosome study of 20 species of *Centrarchidae*. J. Morphol. **115**, 401-418(1964).

Taylor, K. M.: The chromosomes of some lower chordates. Chromosoma **21**, 181-188(1967).

Wolf, U., Ritter, H., Atkin, N. B., Ohno, S.: Polyploidization in the fish family *Cyprinidae*, order *Cypriniformes* I. DNA-content and chromosome sets in various species of *Cyprinidae*. Humangenetik **7**, 240-244(1969).

第20章
両棲類から鳥類と哺乳類への進化ならびに爬虫類段階での大自然の実験の突然の終結

1. カエル対サンショウウオ

表5に,無尾目(初期両棲類の迷歯類の主要系統から由来したもの)のカエルとヒキガエルが,有尾目(空椎類の側枝)と比較されている.この表からすぐわ

かるように，二つのグループのゲノム量は，それぞれが異なる進化系統に属していくという事実を反映している．

肺魚の祖先種で起こったのと同じ事態が有尾類でも起こったと考えられる．これら二つのグループにおいては，直列重複だけでもたらされたゲノムの漸進的な増加が逆戻りできない値を越した結果，ゲノムは膨大な遺伝的冗長さを保持したまま凍結したに相違ない．有尾類は比較的少ない染色体数，すなわち22という低い値から高くて38という染色体をもつという特徴を保有している．しかし，個々の染色体は非常に大きい (Frankhauser & Humphrey, 1959; Donnelly & Sparrow, 1963; Kezer et al., 1965). 表5に示されている6種の有尾類のうち，最小のゲノムでも有胎盤哺乳類のゲノムの7倍であり，最大のものは哺乳類のものの27倍にも達している (Allfrey et al., 1955; Joseph Gall, 私信). アカエライモリ (*Necturus maculosus*) は，ゲノム量だけでなく，2倍体染色体数でも，南米産の肺魚 *Lepidosiren paradoxa* にかなり似ている．一方は両棲類，他方は魚類のこの2種は同じ染色体数をもっているが，この両棲類のゲノム量は2780%であり，この魚類のそれは3540%である(表3と表5).

同じ属(ヨーロッパイモリ *Triturus*)に分類される2種のイモリは似た染色体組をもっている．すなわち，トサカイモリ (*T. cristatus*) では $2n=24$ で，ミドリイモリ (*T. viridescens*) では $2n=22$ である．しかし，後者のゲノムは前者のゲノム量のほぼ2倍である(表5). 有尾類と肺魚類の双方で，ゲノム量の大規模な増大はほとんど直列重複によってもたらされたということに疑いの余地はまったくない．両棲類の空椎類系統は明らかに脊椎動物進化上の袋小路に入り込んだ側枝である．

有尾類とは極めて対照的に，無尾類は全体として妥当な大きさのゲノムを保持している．表5に列挙されているゲノムのうち，最小のものは有胎盤哺乳類のゲノム量の40%であるが，異腔亜目 (Anomocoela) に属するヒキガエルの一種 *Scaphiopus* は，ヒトや他の有胎盤哺乳類ゲノム量のわずか20%のゲノムをもっていることが明らかにされている (Klaus Rothfels, 私信).

20%という値はあらゆる脊椎動物ゲノム量の最小値を表わし，この大きさ

表5

種 名 有尾目 Urodela (Caudata)	染色体数 (2n)	ゲノム量 (%)†
Axolotl mexicanum(メキシコ産サンショウウオ)	26 または 28	939
Plethodon cinereus(アカセサンショウウオ)	26 または 28	705
Triturus cristatus(トサカイモリ)	24	830
Triturus vividescens(ミドリイモリ)	22	1300
Amphiuma means(アンヒューマ)	28	2700
Necturus maculosus(アカエライモリ)	38	2780
種 名 無尾目 Anura (Salientia)		
Pipa pipa(コモリガエル)	22	±40
Xenopus laevis(アフリカ産ツメガエル)	36	±80
Bufo americanus(アメリカ産ヒキガエル)	22	140
Odontophrynus cultripes(ハガエル)	22	±70
Odontophrynus americanus(アメリカハガエル)	44(4n)	±125
Ceratophrys dorsata(ツノガエル)	104(8n)	±250
Rana catesbiana(ウシガエル)	26	180
Rana pipiens(トノサマガエル)	26	220

† 有胎盤哺乳類の半数体ゲノム量を100としたときの半数体ゲノム量.

のゲノムは現存の特殊化した真骨魚類の多種多彩な種の特徴であることを思い出してほしい(表3).現存のカエルとイモリで観察されているゲノム量の著しい差異は,直列配列型の重複と倍数体化の両方によってもたらされたものと考えられる.すでに第16章で述べたように,ツノガエル科に属する3種のカエルは倍数体系列を形成している.それらのゲノム量は,2倍体種であるハガエル(Odontophrynus cultripes)の70%という値から始まって,8倍体種であるツノガエル(Ceratophrys dorsata)の250%まで増加している(Becak et al., 1967).コモリガエル(Pipa pipa)とアフリカツメガエル(Xenopus laevis)は同じピパ科(Pipidae)に属しているが,後者のゲノム量は前者の約2倍である.染色体数の差異を考慮すると,恐らくピパ科のメンバーには2倍体-4倍体の関係がある可能性が考えられる(Niel B. Atkin, 私信).他方,アカガエル科(Panidae)に属するウシガエル(Rana catesbiana)とトノサマガエル(Rana pipiens)はほぼ同じ2倍体染色体組をもっているので,この2種間で観察されているゲノム量の差異はすべて直列重複によるものである(Di Berardino, 1962).

現存の両棲類は，そう遠くない過去に繰り返し起こった直列重複と倍数体進化の両方を共に経験したであろうから，デボン紀の太古の魚類から始まった遺伝子重複による自然の偉大な実験は，石炭紀とペルム紀を通じて，両棲類の主要な迷歯類系統で引き続き起こったと考えることは無理のない推論であろう．

2. 双弓類に属する爬虫類と鳥類

有羊膜卵の創生と偶然時を同じくして，遺伝子重複による偉大な実験は突然終結してしまったと考えられる．魚類と両棲類の性染色体は形態的には外観上区別できない形のまま維持されてきたと思われるが，このことは染色体性性決定機構が未分化の状態に止まったままであることを示唆している．一方，爬虫類は十分安全に保護された染色体性性決定機構を獲得したようである．これは，現存の多くの爬虫類で1対の対立した性決定染色体(雄異型配偶子性の場合のXとY，雌異型配偶子性でのZとW)が，図27に示されているように，最早形態的に同型でないという事実に，反映されている．異型配偶子性の性決定因子(XX/XY系での雄決定因子YとZZ/ZW系の雌決定因子W)は特殊化したものであり，この結果，もとの相同染色体，すなわちX染色体とZ染色体よりかなり小さくなっている(Becak et al., 1962; Kobel, 1962; Becak et al., 1964; Gorman & Atkins, 1966)．安全に保護された染色体性性決定機構をもつようになった結果，爬虫類は新しい遺伝子座の獲得の方途として倍数体化を用いることが不可能になったのである．この段階から後の脊椎動物進化での遺伝子重複は，不等交叉，不等交換その他の方途による直列重複によってのみ行なわれたのであろう．直列重複に全面的に依存した遺伝子重複はどちらかというと有意な結果をもたらさないので，遺伝子重複による自然の偉大な実験は爬虫類段階で突然に終結してしまったと思われる．

エンボロメア(ごく初期の迷歯類に属した両棲類の分枝)が，約2億8000万年前の石炭紀の初めに爬虫類への進化の歩みをふみだしたとき，いろいろなゲノムのうち，たった二つのクラスが選択され，それぞれのゲノムは以後変更を被らずに残存してきたことを以下に述べる事実が示している．現存の爬虫類の

表6
双弓類系統の爬虫類

目	種	染色体数(2n) ( )内は微小染色体数	ゲノム量 (%)†
有鱗目 Squamata	アメリカ産カメレオン Anolis carolinensis	36 (24)	60
	Gerrhonotus multicarinatus	46 または 48 (26)	65
	ボア(王蛇) Boa constrictor amarali	36 (20)	60
	南アメリカ産キセノドン Xenodon merremii	30 (14)	67
	南アメリカ産ハブ Bothrops jaraca	36 (20)	60

鳥　類

目	種	染色体数(2n) ( )内は微小染色体数	ゲノム量 (%)†
キジ目 Galliformes	ニワトリ Gallus gallus domesticus	78 (60±)	45
ハト目 Columbiformes	カワラバト Columba livia domesticus	±80 (60±)	55
オウム目 Psittaciformes	セキセイインコ Melopsittacus undulatus	±58 (36)	44
スズメ目 Passeriformes	カナリア Serinus canarius	±80 (60±)	59

† 有胎盤哺乳類の半数体ゲノム量を100としたときの半数体ゲノム量.

うち,有鱗目のヘビとトカゲ,ワニ目のワニとアリゲーターは双弓類の系統から由来するものである.鳥綱に属するものも,双弓類系統に属するジュラ紀の爬虫類から進化してきたことを思い出しておこう.

表6からわかるように,ゲノムの大きさに関しては,一方ではヘビとトカゲ,もう一方では鳥がそれぞれかなり均一なグループを構成している.ヘビとトカゲ類のゲノム量は有胎盤哺乳類のものの60％と67％の間に分布しており,鳥類のゲノム量は哺乳類ゲノムの44％から59％の間にある(Atkins et al., 1965).有鱗目の爬虫類と鳥類とのメンバー間の類似性はゲノム量だけではない.前章で述べた微小染色体が,爬虫類のこのグループと鳥類との両者の2倍体染色体組に存在している.

図27は,ガラガラヘビ(Crotalus cerastes, 2n=36)の雌個体の核型とカナリア(Serinus canarius, 2n=80±)の雌の核型とを比べたものである.ガラガラ

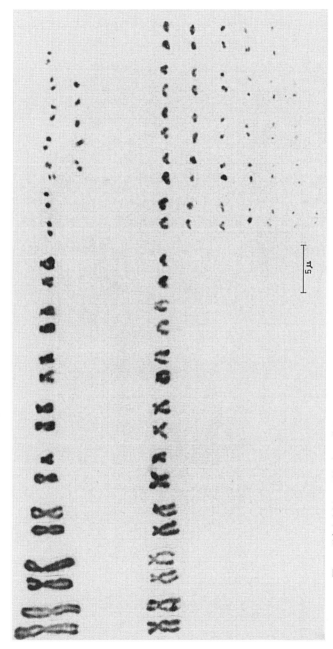

図 27 現存爬虫類の双弓類系統を代表するガラガラヘビ (Crotalus cerastes, 2n=36) の雌個体の核型と,双弓類系統に属するジュラ紀の爬虫類から由来した鳥類を代表するカナリア (Serinus canarius, 2n=80±) の雌個体の核型との比較.上段:ガラガラヘビ:左から4番目の染色体対が異型 ZW 対である.下段:カナリア:約30対の微小染色体がある.この種でも,左から4番目の対が異型 ZW 対である.両種の Z 染色体の絶対的な大きさはほぼ同じである.

ヘビは10対の微小染色体をもち,カナリアは約30対の微小染色体をもっている.これ以外にも,まだ共通の特徴がある.すべての鳥類で働いているZZ/ZW型の雌異型配偶子性(Yamashina, 1951)は,クサリヘビ科(Viperidae),マムシ科(Crotalidae),コブラ科(Elapidae)の毒ヘビ類でも広く用いられている(Becak et al., 1962; Kobel, 1962; Becak et al., 1964). さらに,毒ヘビと鳥のZ染色体の絶対的な大きさはほぼ同じであり,Z染色体はゲノムの約10%を占めている.この二つのグループのW染色体は,特殊化した,小さな要素である(Ohno, 1967). 鳥類のゲノムが,祖竜類に似た爬虫類型祖先の時代から,大きく変わらなかったということは,ほとんど間違いないであろう.

最初の爬虫類の時代以後,爬虫類の進化に分岐が起こって,二つの系統が生じたに相違ない.双弓類系統に属した石炭紀の爬虫類の幾種かのものは,ゲノム量(有胎盤哺乳類の約50%)と微小染色体の存在とが特徴であるようなゲノムをもっていた.この系統での性決定機構は恐らく雌異型配偶子性(ZZ/ZW系)型のものであったろう.この系統のゲノムは変更を被らずに存続してきた.有鱗目に属する爬虫類と鳥類のメンバーはこの系統に由来するものである.遺伝子重複による自然の偉大な実験の結果,種々の度合の遺伝的冗長さを備えた多様なゲノムが魚類と両棲類の段階で生じたに相違ない.多様なゲノムのうち,この特定ゲノムが祖先型爬虫類によって選択された理由はどのようなものであっただろうか.

このタイプのゲノムは,何回もの直列重複を繰り返すことによってではなく,4倍体化によって,ゲノム量が増大したものであるので,ほかのタイプのゲノムのどれよりも,大きな可能性を秘めたゲノムであったと私は理解している.ゲノム量として最小のものをもつ2倍体種が4倍体になると,ゲノムの大きさはほぼ50%のレベルに増大する(前章の表4参照).したがって,4倍体種(コイと金魚)に起こったことは,双弓類の系統に属するある種の爬虫類が由来してきた,魚類または両棲類の祖先種にも起こったであろう.トカゲとヘビのゲノム(60%から67%の値)は鳥類のゲノム(44%から59%)より少しばかり大きい.ヘビやトカゲのゲノムに含まれている余分の遺伝的冗長さは,4倍体化

の後に繰り返し起こった直列重複によるものであろうと考えられる．

3. 爬虫類の単弓類系統

哺乳類を生みだした単弓類の進化系統は，爬虫類に属する現存種を残していないが，爬虫類の進化過程で二つの分岐が実際に起こり，単弓類系統のメンバーに間違いなく含まれたと思われる爬虫類の幾種かはごく早い時期から哺乳類のゲノムとほぼ同じ大きさのゲノムをもつという特徴を備えていただろうと考えられる．このことは，ウミガメやアリゲーターの研究から明らかにされている．

ワニ目のアリゲーターとワニは双弓類系統に属しており，この系統から鳥類が生まれ，有鱗目のメンバーもこの系統に含まれるのであるが，このワニ類のゲノムはヘビやトカゲや鳥類のゲノムとまったく異なっている．アリゲーターとワニの2倍体染色体組は微小染色体を含んでおらず，この点で爬虫類との類似性がほとんどなく，むしろ哺乳類に似ている．2倍体の染色体数は，南アメリカ産のメガネカイマン (*Caiman sclerops*) の42という高い値から，ナイルワニ (*Crocodylus niloticus*) と他の2種での32という低い値までの範囲に分布している (Cohen & Clark, 1967)．まったく偶然の一致だが，メガネカイマンの2倍体染色体組はラット (*Rattus norvegicus*) の2倍体組とほぼ同じである (図28)．さらに，メガネカイマンのゲノムは有胎盤哺乳類のゲノムに近い大きさであって，82%という値が観察されている．双弓類に属する爬虫類は，ゲノムの特性からみて，2種類存在していたことが極めてはっきりしている．一つの種類はヘビとトカゲと鳥類を生みだした．もう一つはアリゲーターとワニを生みだした．ジュラ紀の恐竜類はすべて双弓類系統に属するものであったが，この類でもゲノムは恐らく二つに区別しうるクラスに分岐していたと思われる．一つはヘビやトカゲあるいは鳥類に似たゲノムをもつものであり，もう一つはアリゲーターやワニあるいは有胎盤哺乳類に類似したものである．

カメ目に属する動物は無弓類系統から由来した．この類は染色体組に，トカゲやヘビや鳥類と同じように，微小染色体を含んでいるが，ゲノム量は哺乳類

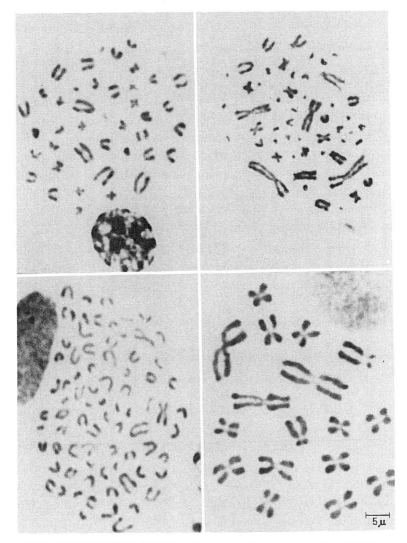

図28 双弓類系統の側枝を代表するメガネカイマン(Caiman sclerops, 2n=42)と無弓類系統を代表するアナホリガメ(Gopherus agassizi, 2n=52)の有糸分裂像と、単弓類系統から由来した2種の有胎盤哺乳類の有糸分裂像との比較。上段左: メガネカイマン, 2n=42; 上段右: アナホリガメ, 2n=52(微小染色体を含む); 下段左: イヌ(Canis familiaris), 2n=78(雌個体). 二つのX染色体だけが中部動原体染色体である; 下段右: ハイハタネズミ(Microtus oregoni), 2n=17(雌個体). 雌は通常XOである.

のゲノムに似ているという点で特に興味あるものである．カメ類の染色体数は50台から60台に分布している傾向があり，そのうち20余りが微小染色体であると考えられる(Becak *et al.*, 1964)．図28に示されているアナホリガメ(*Gopherus agassizi*, 2n=52)の有糸分裂中期像はまた，図26に示されているチョウザメの一種の像と著しい類似性のある特徴をもっている．しかし，アナホリガメのゲノムはかなり大きく，哺乳類の89％である．まったく違う科に属する他のカメは，哺乳類ゲノムの80％の大きさのゲノムを保有している(Atkins *et al.*, 1965)．

双弓類系統から由来した種と無弓類から由来した種についての上述の知見に基づいて，古生代の石炭紀後期の獣歯類から由来した単弓類系統のゲノム量は，アリゲーターやワニやカメのゲノム量とほぼ同じまま維持されてきたと私たちは推論している．

この特定ゲノムが初期爬虫類によって選ばれ，変更を被らずに安定な状態で存続していたのはどのような理由によるのだろうか．このゲノムもまた，4倍体化によって倍化したゲノムであるという理由から，将来の進化に大きな可能性をもちうるものであったというのが私の見解である．ゲノム量として最小のものをもつ2倍体種が，魚類あるいは両棲類の段階で4倍体化して，終局的に鳥類の出現へと導いたクラスのゲノムが作り出された．一方，直列重複を繰り返してゲノム量が40〜50％の値にまで既に増大していた2倍体種で4倍体化が起こって，哺乳類の出現へと終局的に導いたクラスのゲノムが生み出された．魚類または単弓類系統に属した両棲類型爬虫類の祖先で起こったことが，かなり最近になって，サケ科の4倍体種の魚で起こったと考えられる．

ともかく，自然の偉大な実験によってもたらされた多様なクラスのゲノムのうち，2種類だけが爬虫類段階まで残存してきたことは明らかである．鳥類は爬虫類型の祖先からZZ/ZW系の性決定機構を受け継いだと考えられるが，哺乳類ではXX/XY系が働いている．性決定機構に関しても，爬虫類の進化過程で二つの分岐が起こったと考えられる．

4. 哺乳類

有胎盤哺乳類のいろいろな種のゲノム量を DNA 量の測定から決めようとした初期の試みは，多少困惑させる結果をもたらした．DNA の絶対量に再現性のある値がほとんど得られなかったのである．ウシ精子当りの半数体 DNA 量は，Mirsky と Ris (1949) の測定によれば $2.80 \text{ mg} \times 10^{-9}$ であるが，他方 Leuchtenberger ら (1951) は同じ材料で $3.49 \text{ mg} \times 10^{-9}$ という値を報告している．

Mandel と彼の協同研究者ら (1950) は，ヒト，ウシ，ヒツジ，ブタ，イヌのそれぞれの 2 倍体核はおよそ $7.0 \text{ mg} \times 10^{-9}$（半数体値あるいはゲノム値は $3.5 \text{ mg} \times 10^{-9}$）の DNA を含んでいて，この値より大きくもないし，小さくもないことを明らかにした最初の研究者たちであった．最近，Atkins ら (1965) は，顕微分光測光法を用いて，有胎盤哺乳類におけるゲノムの大きさが一定かどうかという問題を再検討した．四つの目をそれぞれ代表する多様な染色体数をもつ次の 6 種を選び，DNA 量が測定された．すなわち，霊長目のヒト (*Homo sapiens*, $2n=46$)，食肉目のイヌ (*Canis familiaris*, $2n=78$)（図 28），奇蹄目のウマ (*Equus caballus*, $2n=64$)，齧歯目のマウス (*Mus musculus*, $2n=40$)，ゴールデンハムスター (*Mesocricetus auratus*, $2n=44$)，ハイハタネズミ (*Microtus oregoni*, $2n=17/18$)（図 28）の 6 種である．ヒト，イヌ，ゴールデンハムスター，マウスの間には，DNA 量の有意な差異はなかった．10% 低い DNA 量をもつハイハタネズミが唯一の例外であった．この種 (Ohno *et al*., 1963) は，有胎盤哺乳類で最小の 2 倍体染色体数をもっているという点で，同じ亜科に属する他のメンバー *Ellobius lutescens* ($2n=17$) (Matthey, 1953) と同じ特徴を共有している．染色体数のこのような大きな減少は，転写されない DNA 塩基配列に相当する異質染色質分節の実質的な消失を伴ったと考えられる．ハイハタネズミで観察された 10% 低い DNA 量は，このような生活機能に必須でない異質染色質の消失によって説明できるだろう．事実，有胎盤哺乳類で観察されているゲノム量の小さな差異（±10% 余り）は，必須でない異質染色質の量に帰しうるものである．Schmid と Leppert (1968) はハタネズミ亜科 (Microtinae) に属する齧歯類 13 種のうち，ヒトのゲノムより少しだけ大きいゲノムをもつ種は，

少し小さいゲノムをもっている種よりも，多くの異質染色質分節を含んでいることを明らかにした．

ゲノム量の均一性は，哺乳類の他の二つの亜綱，すなわち後獣類と原獣類のメンバーをも含めた範囲で成立している．Bick と Jackson (1967) は単孔類の2種，すなわち2倍体染色体数が 70 のカモノハシ (*Ornithorhynchus*) と 63 の染色体をもつハリモグラ (*Tachyglossus aculeatus*)，それに有袋類の一種であるカンガルーネズミ (*Potorous tridactylus*, $2n=13/12$) の DNA 量を測定した．これらの DNA 値は，それぞれ，有胎盤哺乳類を代表するラット (*Rattus norvegicus*) の値の 98.6％, 93.3％, 81.0％ であった．単弓類の進化系統のゲノム量が，哺乳類の三つの分枝，すなわち原獣類（単孔類），後獣類（有袋類），正獣類（有胎盤類）において，実質的な変化を被らずに存続してきたことは明らかである．

文　献

Allfrey, V. G., Mirsky, A. E., Stern, H.: The chemistry of the cell nucleus. Advances in Enzymol. **16**, 411-500 (1955).

Atkin, N. B., Mattinson, G., Becak, W., Ohno, S.: The comparative DNA content of 19 species of placental mammals, reptiles and birds. Chromosoma **17**, 1-10 (1965).

Becak, W., Becak, M. L., Nazareth, H. R. S.: Karyotypic studies of two species of South American snakes (*Boa constrictor amarali* and *Bothrops jararaca*). Cytogenetics **1**, 305-313 (1962).

—, —, —, Ohno, S.: Close karyological kinship between the reptilian suborder *Serpentes* and the class *Aves*. Chromosoma **15**, 606-617 (1964).

—, —, Lavalle, D., Schreiber, G.: Further studies on polyploid amphibians (*Ceratophrydidae*). II. DNA content and nuclear volume. Chromosoma **23**, 14-23 (1967).

Bick, Y. A., Jackson, W. D.: DNA content of monotremes. Nature **215**, 192-193 (1967).

Cohen, M. M., Clark, H. F.: The somatic chromosomes of five crocodilian species. Cytogenetics **6**, 193-203 (1967).

di Berardino, M. A.: The karyotype of *Rana pipiens* and investigation of its stability during embryonic differentiation. Develop. Biol. **5**, 101-126 (1962).

Donnelly, G. M., Sparrow, A. H.: Karyotype and revised chromosome number of *Amphiuma*. Nature **199**, 1207 (1963).

Fankhauser, G., Humphrey, R. R.: The origin of spontaneous heteroploids in the progeny of diploid, triploid, and tetraploid axolotl females. J. Exptl. Zool. 142, 379-422 (1959).

Gorman, G. C., Atkins, L.: Chromosomal heteromorphism in some male lizards of the genus *Anolis*. Am. Naturalist 100, 579-583 (1966).

Kezer, J., Seto, T., Pomerat, C. M.: Cytological evidence against parallel evolution of *Necturus* and *Proteus*. Am. Naturalist 99, 153-158 (1965).

Kobel, H. R.: Heterochromosomen bei *Vipera berus* L. (*Viperidae, Serpentes*). Experientia 18, 173-174 (1962).

Leuchtenberger, C., Vendrely, R., Vendrely, C.: A comparison of the content of desoxyribose nucleic acid (DNA) in isolated animal nuclei by cytochemical and chemical methods. Proc. Natl. Acad. Sci. US 37, 33-38 (1951).

Mandel, P., Métais, P., Cuny, S.: Les quantités d'acide désoxypentose-nucléique par leucocyte chez diverse espèces de Mammifères. Compt. rend. 231, 1172-1174 (1950).

Matthey, R.: *Les chromosomes des vertébrès*. Lausanne (Switzerland) 1949.

—: La formule chromosomique et le probléme de la détermination sexuelle chez *Ellobius lutescens* Thomas. *Rodentia-Muridae-Microtinae*. Arch. Julius Klaus-Stift. Vererbungsforsch. Sozialanthropol. u. Rassenhyg. 28, 65-73 (1953).

Mirsky, A. E., Ris, H.: Variable and constant components of chromosomes. Nature 163, 666-667 (1949).

Ohno, S.: *Sex chromosomes and sex-linked genes* (Labhart, A., Mann, T., Samuels, L. T., Eds.), Vol. I. Monographs on Endocrinology. Berlin-Heidelberg-New York: Springer 1967.

—, Jainchill, J., Stenius, C.: The creeping vole (*Microtus oregoni*) as a gonosomic mosaic I. The OY/XY constitution of the male. Cytogenetics 2, 232-239 (1963).

Schmid, W., Leppert, M. F.: Karyotyp Heterochromatin und DNS-Werte bei 13 Arten von Wühlmäusen (*Microtinae, Mammalia, Rodentia*). Arch. Julius Klaus-Stift. Vererbungsforsch. Sozialanthropol. u. Rassenhyg. 43, 88-91 (1968).

van Brink, J. M.: L'expression morphologique de la Digamétie chez les Sauropsidés et les monotrèmes. Chromosoma 10, 1-72 (1959).

Yamashina, Y.: Studies on the chromosomes in 25 species of birds. Genetics 2, 27-38 (1951).

第21章
ヒトはどこから由来したのか

1. ゲノム量の均一性と重複遺伝子座の数

哺乳類でゲノム量が一定しているということは，すべての哺乳類が本質的には同一のゲノムを備えており，一つの種のゲノムに含まれる大抵の遺伝子座は他の種のゲノムにも含まれているということを意味している．たとえば，今日まで調べられたすべての有胎盤哺乳類は，そのゲノム中に乳酸脱水素酵素(LDH)サブユニットに対する三つの別個の遺伝子座をもっている．AおよびBサブユニットは，いろいろな組織でつくられるが(Markert, 1964)，Cサブユニットは性的に成熟した精巣でのみつくられる(Goldberg, 1962)．哺乳類でみられるこのような状況は，真骨類の魚でみられる状況ときわめて対照的である．最小のゲノム量をもついくつかの真骨類の魚はLDHに対してただ一つの遺伝子座しかもたないが(Markert & Faulhauber, 1965)，マスやサケのような4倍体真骨類は，LDHサブユニットに対して，8個程度の別座の遺伝子をもっている(Massaro & Markert, 1968)．同様に，すべての有胎盤哺乳類には，NADP依存イソクエン酸脱水素酵素はもちろんのこと，細胞上清型とミトコンドリア型の各々のNAD依存リンゴ酸脱水素酵素に対してそれぞれ1個の遺伝子座をもつという特徴があるようである．他方，真骨類の魚では，4倍体種は，それぞれの酵素の細胞上清型について，二つの別個の遺伝子座をもっている(Bailey et al., 1969; Quiroz-Gutierrez & Ohno, 1970; Wolf et al., 1970). ヒトのヘモグロビン α 鎖のアミノ酸配列は，ヒトのヘモグロビン β 鎖の配列(84個の違い)よりも，マウス α 鎖(17個の違い)やウマ α 鎖(18個の違い)の配列により似ているが，この事実は，共通の祖先型ヘモグロビン遺伝子から α 鎖と β

鎖遺伝子を生みだした重複は，原始食虫目が出現するずっと以前(7000万年以上前)に起きていたということを示すものである．事実，大自然の遺伝子重複に関する偉大な実験は，私たちの祖先種がまだ魚や両棲類であったころに，すでになされていたと考えられる．

多様な哺乳類のいろいろな種は，連関していない重複遺伝子座の数だけでなく，直列的に重複した遺伝子座の数に関してもほぼ同じであるということは，大変興味深い注目すべきことである．ヒト(Natvig et al., 1967)でも，マウス(Herzenberg et al., 1967)でも，ほぼ10個の密接に連関した遺伝子座の群がIgG, IgA, IgMなどの異なったクラスの免疫グロブリンのH鎖を支配している．1対の連関していない遺伝子座がκとλの2種類の免疫グロブリンL鎖を支配していると一般に信じられている．ヒトのκ鎖をヒトのλ鎖と比較すると，大まかにいってほぼ40％の相同性があるが，ヒトのκ鎖をマウスのκ鎖と比較すると，相同性は60％程度にまで増加する(Lennox & Cohn, 1967)．恐らく，1対の免疫グロブリンL鎖遺伝子をつくり出した重複も，原始食虫目の出現以前の段階で起こったと考えられる．

新しい遺伝子座を獲得する手段として直列重複だけに依存することは，繰り返し述べてきたように，あまり有意味なことではない．しかし，羊膜性卵の発生と偶然時を同じくして，それ以後倍数化によるゲノム量の増加が不可能になると，新しい遺伝子座の生成は，その後完全に直列重複の機構だけにたよらねばならなくなった．倍数体進化が不可能となるやすぐに，自然淘汰は，過度の直列重複が起こらないように働きはじめたと考えられる．この考えから，なぜゲノム量が爬虫類段階で安定化し，なぜ有胎盤哺乳類の多様化した種がほとんど同じ数の密接に連関した重複遺伝子をもつのかということが説明されるであろう．直列型の遺伝子重複が無際限に起こりうるなら，幾種かの有胎盤哺乳動物は，他の種よりも非常に多くの直列重複した遺伝子をゲノムに保持することになるであろうと予期されるからである．

鳥類のゲノムは，哺乳類のゲノムのたった半分の大きさしかない．それにもかかわらず，大抵の酵素や非酵素性タンパク質に関して，鳥類は哺乳類とほぼ

同数の重複遺伝子座をもっていると考えられる．たとえば，鳥類もLDHのA, B, Cサブユニットに対応する三つの別個の遺伝子座をもっており，さらにNADP依存イソクエン酸脱水素酵素と細胞上清型とミトコンドリア型のNAD依存リンゴ酸脱水素酵素をもっている．このことは多分，鳥類の祖先型もまた，哺乳類の祖先型と同様に4倍体進化を行なったという事実によるのであろう．ゲノム量における2倍の差異は，直列重複によって蓄積された遺伝的重複だけに厳密によるものであろう．

鳥類のLDHのB, Cサブユニットは1対の密接に連関した遺伝子座によって支配されているということが明らかにされている(Zinkham & Isensee, 1969). 哺乳類もまた，LDHのB, Cサブユニットに対する1対の遺伝子座をもっているので，鳥類系統の4倍体ゲノムと哺乳類系統の4倍体ゲノムとは，直列的に重複した遺伝子座の蓄積に関しては同じ制限のもとにあったと考えられる．

2. 有胎盤哺乳類の多様化は既存遺伝子座の突然変異だけに依存していただろうか

直列重複による新しい遺伝子座の生成は，ここ7000万年もの間，厳密に禁じられてきたとしても，有胎盤哺乳類はその種分化のために，既存遺伝子座の突然変異だけにたよる必要はなかった．多くのグループの動物群における進化の特徴の一つに，その体型の一部を失い，保持している部分を適応放散の過程で特殊化させるという傾向がある(Rensch, 1959). 構造遺伝子のレベルでは，禁制突然変異の集積により，その構造遺伝子が生活機能に関与しなくなるか，不必要な遺伝子座を欠失させてしまうかのいずれかが，恐らく哺乳類進化に役立ったであろう．

哺乳類のおおもとのゲノムは充分なセットの重複遺伝子をもっていたので，ある重複遺伝子セットにおける一つ以上の重複遺伝子が生活機能との関わりを失うようなことが，しばしば種分化過程に併存したかもしれない．ヒトは胎児ヘモグロビンとして，β鎖の代りに特別のγ鎖を利用しているが，多くの他の有胎盤哺乳類は，β鎖を胎児ヘモグロビンと成体ヘモグロビンとの両方に利用

している．表面上，ヒトのヘモグロビンγ鎖の遺伝子座は，直接の祖先種での新たな直列重複によって生じたと考えられる．しかし，α, β, γ鎖のアミノ酸配列を比較してみると，γ鎖遺伝子は非常に早い時期に独立した遺伝子であるということが明らかになる．ヒトのβ鎖とγ鎖とでは39個ものアミノ酸置換の差異があるが，ヒトのβ鎖と霊長類以外の有胎盤哺乳類のβ鎖との間の知られている差異は，ラクダと比較したときの5個という最も少ない置換から，ウシと比較したときの26個という最も多い置換の間に分布しているにすぎない(Eck & Dayhoff, 1966)．有胎盤哺乳類の共通の祖先(7000万年前の原始食虫目)は，ヘモグロビンβ鎖とγ鎖に対する1対の遺伝子座をすでにもっていたに相違ない．その後の適応放散の間に，有胎盤哺乳類の大部分の分枝で，γ鎖遺伝子座は生活機能をもたなくなったに相違ない．

膵臓のキモトリプシノーゲンは，多くの有胎盤哺乳類において単一の遺伝子座によって支配されているが，ブタやヒツジや偶蹄目の他の動物は例外であって，キモトリプシノーゲンAとBとに対応する，二つの別々の遺伝子座をもっている(Neurath et al., 1967)．原始食虫類に属した祖先種は，もともとキモトリプシノーゲンAとBに対して1対の遺伝子をもっていたが，両遺伝子は今では偶蹄類でのみ機能的な状態で保持されていると考えられる．マスやサケのような4倍体の魚も二つのキモトリプシノーゲン遺伝子を備えているということをここで想い出して頂きたい(第16章)．

自然淘汰が直列重複による新しい遺伝子座の創生にきびしい制限を課してきたとはいえ，有胎盤哺乳類においては少数の新しい遺伝子座が，多分直列重複によって新たに創り出されたであろう．ヒトと同様にウシでも，胎児ヘモグロビンは成体ヘモグロビンとは異なっている．胎児ヘモグロビンは，β鎖の代りに，別のβ鎖に似たポリペプチド鎖を用いている．しかし，ウシでのこの胎児型β様ポリペプチド鎖は，ヒトのγ鎖とは相同ではない．それというのも，この胎児型β様ポリペプチド鎖は，ヒトγ鎖(40アミノ酸の差異)に対するよりも，自らのβ鎖(23アミノ酸の差異)に対してむしろよく似ているからである(Eck & Dayhoff, 1966)．胎児β様ポリペプチド鎖遺伝子をもとのβ様遺伝子

から創出させた直列重複は，比較的最近になって，ウシの祖先種の中で生じたと考えられる．

ヘモグロビンβ鎖遺伝子座を含む直列重複は，ヒトのδ鎖遺伝子座を生みだした．ヒトのβとδとの差異は，10個のアミノ酸の置換の差であるにすぎない．このことは，この特定の重複がヒトの直接の祖先種で起こったことを示唆している．事実，ヒトニザルだけがδ鎖遺伝子をもっているらしい(Hill et al., 1963)．

祖先型の哺乳類は，機能的な多様化を高い度合いで遂げていない重複遺伝子の多くのセットを保持して，進化をはじめたと思われる．したがって，有胎盤哺乳類は，ある重複遺伝子セットのそれぞれの重複遺伝子を特殊化する機会を備えていたわけである．既存の重複遺伝子のたえまない特殊化は，安定化したゲノムの枠組みの中で有胎盤哺乳類が享受した，すさまじい適応放散に非常に貢献したというのが私の考えである．

1852年頃にSchroffは，ウサギのある個体は目の瞳孔を拡げるアルカロイドであるアトロピンの投薬に反応しないことを発見していた．その後，この抵抗性は，アトロピンエステラーゼ酵素の存否に依存し，ウサギがこの酵素をつくるかつくらないかは遺伝的に定まっているということが明らかになった(Sawin & Glick, 1943)．有胎盤哺乳類は，エステラーゼ活性をもつ酵素の合成を支配する多くの遺伝子座をもっている．遺伝子座に冗長なコピーがあるので，哺乳類は必要が生じたとき，一つの遺伝子座を変化して特定のエステラーゼ遺伝子を生成しうるのである．Clyde Stormont(私信)は，特定のエステラーゼ遺伝子座の五つの対立遺伝子のうち，一つだけがアトロピンエステラーゼの合成を支配する能力を獲得したということをウサギで示した．同様に，有胎盤哺乳類の数種のエステラーゼ遺伝子のうちのいずれでも，変化して，アトロピンエステラーゼとかコカインエステラーゼのような高い基質特異性をもつエステラーゼの合成を支配する，特殊化した遺伝子座となることができる．

3. 将来の必要性を先取した進化の機構

ヒトニザルからのヒトの誕生は，進化途上予期されなかった進歩であったろうか．これは，脊椎動物の進化を考えるときに，必ず問われる最後の質問である．手を使いこなし，丈夫な首の筋肉に支えられて垂直に頭を保つ二足歩行の姿勢をとりうるヒトの能力は，特別に新奇な結果であるとは思えない．それというのも，体型に関する同様にすばらしい変化が，進化途上幾度も生じてきているからである．たとえば，5本指のある普通の足から出発して，ウマはそのひづめのある中指を使って，敏しょうに走る能力を獲得した．物を取り扱うのに有効な道具となったゾウの長い鼻も，同様にすばらしいものである．

ヒトの独自性は，疑いもなくそのすばらしい知性にある．だから，知性というものをまず定義しなければならない．自然淘汰はしばしば生物のゲノムに過去に経験した出来事をうまく処理する行動上の応答を備えさせてきた．だから，ある種の鳥類や魚類においてすら，一連の出来事が，非常に複雑な交尾と営巣の行動パターンをひき出すのである．過去の進化過程で習得したことを基に，ゲノムはきまった行動パターンを支配する1組の遺伝子を保有するようになったので，このような行動パターンは遺伝性のものである．ヒトもまたしばしば，ある種の一連の出来事に対して予測可能な，すなわち定まった行動パターンでもって反応するのだが，このような本能的行動はその知性の反映ではない．

学習過程は，生物体がゲノムに備わった行動上の応答では対処しえないような出来事に遭遇したときに，活動をはじめるのである．明らかに，すべての脊椎動物は経験により学習することができる．赤い光がひらめくたびに電気的ショックを与えると，金魚ですら，赤い光をみるやいなや泳ぎ去ることをすばやく学習する．個体に集積される学習量は寿命に比例するはずである．ヒトは60歳以上にもなれば，数年しか生きることのできないマウスよりも，もっと多くのことを学習しているということは明らかである．しかし，寿命がこのように重要な要素であるならば，ゾウはことのほか知性があるということになる．

すべての脊椎動物は学習能力をもっているけれども，大抵のものは，彼らが学習したものをその同胞や子孫に伝えることができない．これは通信・伝達の

問題である．表情のある顔，物を取り扱う手，さまざまな音を用いて音声を発する能力などは，獲得した知識の交換に十分な通信伝達系を発達させるための明らかな必要条件である．通信を受けとる側では，若者は無限の好奇心と，成人を模倣しようという飽くことのない欲求をきっと備えているだろう．数年にわたる長い養育期間と，男性と女性との永続的な結合に根ざす家族単位の形成は，若者が成人から受けとる学習量を大いに増進させるのである．

現存の大型ヒトニザルの行動の観察から，進歩した通信伝達のためのこれらの前提条件の芽胞が，私たちの遠い祖先種にすでに含まれていたと考えられる．互いに通信し合う能力が高まった結果として，ヒトが主に知性を獲得したのであるならば，大型ヒトニザルからのヒトの誕生は進化における大飛躍ではない．なぜなら，このようなことは，大脳半球を占めるニューロンの数の増加を含む解剖学的特徴の向上的な修正だけによって達成されえたからである．大脳の大きさの増加する傾向は，すでに哺乳類進化の最も早い段階ではじまっていた．

ヒトの知性は，ヒトが原因と結果を判別し，見かけ上独立している現象を結合させて，その下に横たわる原因を発見し，観察を同化して概念を形成することを可能にする．

狩猟や食物採集をするというような初歩的な文化の発達は，私たち自身の種が誕生する以前にはじまっていたと考えられる．旧人類(*Homo neanderthalensis*)や原人類(*Homo pithecanthropus*)でさえ，この種の文化をもっていたが，さらに数千年が経過して，農業の実践がはじまると(約1万年前)，このことがその後の永続的な生活共同体の確立へと向わせた．私たちが理解しているような文明は，ほんの5000年ほど前に世界の隔離されたいくつかの地域で発達しはじめた．象形文字や音標文字や数を表わす記号の発明が，人間の心が秘めていた可能性を開花させ，その全能力の展開へと向わせたのは，そのとき以後にすぎない．これらの隔離された文明の中心から野蛮な周辺の生活共同体へ向って文明の伝播が顕著に起こったのは，ほんの2000～3000年前のことであった．

ほんの数千年では，最もきびしい自然淘汰ですら，人間の生来の知性を顕著に改善しうるものではない．その上，人間が文明生活をはじめる頃までに，人

口は大きくなりすぎていて，自然淘汰の働きに従わなくなっていた．文明の発生以来，高い知性を選択的に育て上げるということが行なわれたとか，知的資質のすぐれたものが知的資質の劣った同時代人よりも多くの子孫を残したとかという証拠はほとんどない．要するに，ヒトの集団または種の特徴としての生来の知性の程度あるいは学習するという遺伝性の能力は，文明の誕生以来なんら変化してきていないと結論せざるをえない．有史以来，野蛮な周辺部族が幾度となく文明の中心を亡ぼし，そうすることによって，亡ぼされたものの生き方を学習した．非文明人は，文明人とほぼ同じだけの精神的能力をもっていたように思われる．

洞穴に居住していた私たちの祖先のゲノムは，近代人に無限の複雑さをもつ音楽を作曲させたり，深遠な意味のある小説をかかせたりすることを可能にさせている遺伝子の一つまたは二つ以上のセットをもっていたのだろうか．一般には，肯定的な答えを与えざるをえない．その上，このような知性はヒト (*Homo sapiens*) という種の特徴ではなく，むしろヒト属 (*Homo*) の特徴であると思われる．旧人類 (*Homo neanderthalensis*) は死者を埋葬し，その墓場を花で飾るだけの憐みの情をもっていた．ヒト属を誕生させた進化過程の最も魅力的な局面が，ここに横たわっているのである．

初期のヒト(属)は，棲息していた時代の環境に対処するのに必要以上に十分な知的能力をすでに備えていたかのようである．では，ヒト(属)のゲノムにすぐには必要ではないが，将来の必要性を先取したような系を最初に備えさせた機構とはいったい何であったろうか．幸いにも，脊椎動物は未来の必要性を先取した，よく知られている系をもっている．これは，試験管内で合成される人工的な抗原をも含めて莫大な数のグループの抗原に，特異的に応答する免疫システムのことである．生物の進化の歴史において，自然淘汰作用としても出会ったことがなさそうな抗原にも応答して特異的な抗体分子が生産されている (Cohn, 1969).

このような系が存在するのは，遺伝子重複によって生じた遺伝的冗長さのおかげであるということはほとんど疑う余地がない．ウサギのゲノムは，基質特

第21章 ヒトはどこから由来したのか

異性の近いエステラーゼの数個の遺伝子座を保持しているので、寛容突然変異がランダムに集積されていくと、たまたま、この重複遺伝子の特定座のある対立遺伝子が特別の性質をもつようになる．このようにしてアトロピンエステラーゼ遺伝子が生じた．ウサギがその歴史において一度もアトロピンに出会わなかったとしても生じたことであろう．

ここで、将来の必要性を先取することのできる系の大雑把な始まりを考えてみよう．もしゲノムが、存在している抗原のうちの最も共通なものに対して働く、むしろ非特異的抗体分子の生成を支配する数千の遺伝子コピーを保持するようになると、その後の突然変異によって、これらのコピーは遂には多様化して、いろいろの抗体の生成を支配するようになり、その生物は莫大なグループの抗原に対処する能力を獲得するようになるだろう．しかし、このようなシステムは、将来の必要性を先取する機能を果たしえないのである．なぜなら、自然淘汰は、ある遺伝子生産物が生物のすこやかな生存にとって重要であるときに限り、その遺伝子の機能的に重要な部分の塩基配列を有効に保存するからである．潜在的に重要であるが現在無用の遺伝子は、自然淘汰から無視されるであろう．無視されている間に、その性質はゆっくりと、しかし着実に、突然変異のランダムな集積によって変化していくであろう．

ゲノムがほんの少数の遺伝子しか保持せず、その遺伝子のそれぞれは現に利用されているが、そのそれぞれの増幅したコピーが受精後、個体発生過程でつくられるという場合には一体どうなるだろうか．個体の発生過程で体細胞に分布した多くのコピーは、突然変異の集積と相互間の遺伝子内組換えによって、さまざまの塩基配列を獲得することであろう．体細胞分裂が繰り返されていくうちに、それぞれの個体のある体細胞クローンは現在では無用であるが、将来有用となるかもしれない遺伝子をもつようになるだろう．このようにして、将来の必要性を先取するシステムが確立されるが、その先取する能力はゲノムに含まれていた始源型の遺伝子の数と塩基配列によって制限されている．

免疫グロブリンサブユニットの遺伝子の場合、H鎖はもちろん、それぞれのL鎖の可変領域と定常領域は、第15章で述べたように、別々の遺伝子座によ

って支配されているということを示す観察がふえてきている．L鎖とH鎖との抗体特異性を決定する可変領域の遺伝子が，体細胞中で上に述べたような方途で増幅を行なうということは恐らくありうるであろう．

大脳でのニューロンの入り組んだネットワークの確立は，樹状突起と軸索終末とにおけるそれぞれのニューロン間の細胞表層の識別に依存しているのだろう．個体発生過程で，なぜAニューロンはBニューロンとは結合するが，Cニューロンとの結合を回避するのであろうか．このような選択性は，ニューロンAとBとの細胞表層タンパク質の間にたまたま存在していた相補的な親和性のためであるという可能性が考えられる．そこで，ニューロンのもとの細胞は急速な増殖期の間に多様化していろいろのアミノ酸配列をもった細胞表層タンパク質をつくり出すという点で，それぞれのニューロンはクローン的に由来したものであると帰結し得る．したがって，細胞表層タンパク質に関しては，ニューロンはいろいろのクローンの集りである．一つのニューロンの中でさえ，樹状突起における細胞表層タンパク質は，必ずその軸索終末の細胞表層タンパク質とは異なるアミノ酸配列をもっているに違いない．

ニューロン細胞の表層タンパク質のさまざまなアミノ酸配列を生成する機構は，形質細胞のそれぞれのクローンがいろいろの抗体分子を生成する方法と同じ原理にもとづいて働いているに違いない(Cohn, 1969)．すべての脊椎動物だけでなく，ニューロンを備えている多くの無脊椎動物のゲノムは，ニューロンの細胞表層タンパク質に関して，それぞれ数に差異はあるにせよ，始源型遺伝子をもっていなければならない．しかし，それぞれの始源型遺伝子の多くのコピーを体細胞分裂過程で産生することは，より最近の発明であろう．進化途上このような発明が起こった時期に依存して，この体細胞遺伝子増幅機構の有無が，脊椎動物と無脊椎動物とを区別し，哺乳類を他の脊椎動物から区別し，さらにヒトニザルやヒトを他の哺乳動物から区別することすらできるのだろう．

ゲノムに含まれる始源型遺伝子は，本能的な，遺伝的にすでに仕組まれている行動反応に対して直接関係があると期待されるが，他方，生物は始源型遺伝子の体細胞増幅と変更によって学習能力を増してきているのだろう．

第21章 ヒトはどこから由来したのか

私たちの洞穴生活時代の祖先たちのゲノムは適当な数の始源型遺伝子をもっており，そのそれぞれはその多くのコピーがランダムな突然変異と遺伝子内組換えをニューロン中で行なうとき，未曾有の数のアミノ酸配列を生ずるのに最適な塩基配列をもっていただろう．このようにして，最初のヒト (*Homo sapiens*) は，数千年後に生ずるはずの将来の必要性を先取して，無限の複雑さを有する大脳をすでに備えていたのであった．

文　献

Bailey, G. S., Cocks, G. T., Wilson, A. C.: Gene duplication in fishes: Malate dehydrogenases of salmon and trout. Biochem. Biophys. Res. Commun. **34**, 605–612 (1969).

Cohn, M.: Anticipatory mechanisms of individuals. In: *Control processes in multicellular organisms* (Wolstenholme, J. E. W., Knight, A. J., Eds.). CIBA Foundation Symposium 1969.

Eck, R. V., Dayhoff, M. O.: *Atlas of protein sequence and structure*. National Biomed. Res. Foundation, Silver Spring, Maryland, 1966.

Goldberg, E.: Lactic and malic dehydrogenases in human spermatozoa. Science **139**, 602–603 (1962).

Herzenberg, L. A., Minna, J. D., Herzenberg, L. A.: The chromosome region for immunoglobulin heavy-chains in the mouse. Cold Spring Harbor Symposia Quant. Biol. **32**, 181–186 (1967).

Hill, R. L., Buettner-Janusch, J., Buettner-Janusch, V.: Evolution of hemoglobin in primates. Proc. Natl. Acad. Sci. US **50**, 885–893 (1963).

Lennox, E., Cohn, M.: Immunoglobin genetics. Ann. Rev. Biochem. **36**, 365–406 (1967).

Markert, C. L.: Cellular differentiation—an expression of differential gene function. In: *Congenital malformations*, pp. 163–174. New York: The International Medical Congress 1964.

—, Faulhauber, I.: Lactate dehydrogenase isozyme patterns of fish. J. Exptl. Zool. **159**, 319–332 (1965).

Massaro, E. J., Markert, C. L.: Isoenzyme patterns of salmonoid fishes: Evidence for multiple cistrons for lactate dehydrogenase polypeptides. J. Exptl. Zool. **168**, 223–238 (1968).

Natvig, J. B., Kunkel, H. G., Litwin, S. P.: Genetic markers of the heavy-chain subgroups of human gamma G globulin. Cold Spring Harbor Symposia Quant. Biol. **32**, 173–180 (1967).

Neurath, H., Walsh, K. A., Winter, W. P.: Evolution of structure and function of proteases. Science **158**, 1638-1644 (1967).

Quiroz-Gutierrez, A., Ohno, S.: The evidence of gene duplication for S-form NADP-linked isocitrate dehydrogenase in carp and goldfish. Biochem. Genet. **4**, 93-99 (1970).

Rensch, B.: *Evolution above the species level.* New York: Columbia Univ. Press 1959.

Sawin, P. B., Glick, D.: Inheritance of "atropinesterase", a blood enzyme of the rabbit. Genetics **28**, 88 (1943).

Wolf, U., Engel, W., Faust, J.: Zum Mechanismus der Diploidisierung in der Wirbeltierevolution: Koexistenz von tetrasomen und disomen Genloci der Isozitrat-Dehydrogenasen bei der Regenbogenforelle (*Salmo irideus*). Humangenetik.

Zinkham, W. H., Isensee, H.: Linkage of lactate dehydrogenase B and C loci in pigeons. Science **164**, 185-187 (1969).

訳者あとがき

　私は，1967年から1969年にかけて米国 Cold Spring Harbor にあった Carnegie 研究所遺伝部の A. D. Hershey 博士のもとでの研究に加わり，幾種類かの細菌およびそのファージから DNA 分子を抽出し，これを均一な断片とし，そのヌクレオチド組成の分布を研究しました．そのときの結論は，DNA を構成する4種類のヌクレオチドの分布は決してランダムではなく，むしろよく似た塩基組成からなる部分があつまってブロックを形成しているということでした．一方，ファージ DNA 分子の一部分を欠失させると，必ず一定部域の重複により DNA 量がもとの量にまで復帰する変異を見出していましたので，細菌やファージのような原核性生物の DNA も，部域的な重複によって DNA 量を増加させたブロックの集合として考えていました．そこで，真核性生物の DNA をも含めて，そのなりたちを考えるということは，分子進化の問題を考えるということになりますので，分子遺伝学を専門とする私には難問ではありましたが，大変関心をそそる問題でありました．

　1969年暮に帰国しましたが，その当時，進化途上でのタンパク質分子のアミノ酸置換に関する中立説が，国立遺伝学研究所の木村資生博士により提唱されていましたので，これを DNA 上の塩基置換の問題としてとりあげ，その紹介をもかねて，分子進化に対する私の模索中の見解を"DNA の進化"という題の小論にまとめ，雑誌"自然" 1972年6月号に発表し，その続篇の執筆を考慮していました．

　1973年秋に本書の著者である大野 乾(すすむ)博士が来日され，第2次性徴発現機構を主題として，高等動物の遺伝子調節機構に関する講演を大阪大学医学部で行なわれました．進化における遺伝子重複の重要な役割に関する氏の明快な論旨に深く心をうたれ，早速その折に知った本書"遺伝子重複による進化"を大阪

大学の近藤宗平教授からお借りして,一気に読み耽ったことを思い出します.そこには,遺伝子重複と大進化を関連づけようとした,かつての小論の種々の模索に対する明快な回答が用意されていました.私は小論の続篇を執筆する代りに,本書を翻訳することを思い立ち,当時ファージDNAの重複・欠失変異に関する研究の共同研究者であった梁永弘氏に相談し,氏の協力をあおぐことになりました.

1974年に木村資生,太田朋子両博士は,分子進化に関する以下の5原則を発表され,いずれも一般に受け容れられるものとなりました. (1) 特定のタンパク質に関しては,その機能と高次構造を変化させない限り,1座位当り,1年当りのアミノ酸置換速度は生物種によることなく一定である. (2) 機能的に重要でないタンパク質分子ほど,機能的により重要なものよりも速く進化する. (3) タンパク質分子の構造と機能をあまり変化させないアミノ酸置換は,変化させるものよりも高頻度で生ずる. (4) 遺伝子重複は新しい機能をもつ遺伝子の出現に先行しなければならない. (5) 有害な突然変異体の除去淘汰と,中立またはやや有害な変異体の固定は,明らかに有益な変異体の正の淘汰(Darwin淘汰)よりも頻繁に生じている.以上の5原則の中で,大野氏の提起された重要な概念,"遺伝子の創造における遺伝子重複の重要な役割"と"自然淘汰の保守的な本性"が中立説を補完する原則として(4),(5)に採用されています.また原著の出版後7年も経過しているにもかかわらず,随所に斬新な洞察がみられ,そのうちのいくつかは正に的中していたことを現在知ることは,訳者として大きな喜びです.たとえば,"フレームシフト突然変異による新しい遺伝子の出現"(p.128-129)などはϕX174などのウイルスゲノムでごく最近確認されています.

なお,翻訳にとりかかるのがおくれた上,3年もの長い年月を費したこともあって,原著者と合意の上で,今日の批判にも耐えうるように,数個所にわたって,原著に訂正・加筆を行なったことをつけ加えておきます.

1977年9月6日

山 岸 秀 夫

＃引

配列はヘボン式ローマ字による．ただしフェ，フィはそれぞれ fe, fi と表記して配列した．

A

アフリカツメガエル(*Xenopus laevis*)　21, 22, 97, 99, 100, 210
アイソザイム　66, 108, 113, 115, 116, 123
アメリカハガエル(*Odontophrynus americanus*)　158, 162, 164, 210(表5)
アミノ酸　13, 14(表1)
アナホリガメ(*Gopherus agassizi*)　216(図28), 217
アンチコドン　16, 17, 37, 38, 39, 41
アンチョビ(*Engraulis mordax*)　198(表3), 200, 201(図25), 204

B

バクテリオファージ　34, 173
bar(棒眼)座　150
微小管タンパク質　48, 120, 121
微小染色体　206, 212-214(表6, 図27), 215-217(図28)
bobbed 突然変異　103, 150

C

チンパンジー(*Pan troglocytes*)　58, 192(図24), 193
チロシンアミノトランスフェラーゼ　134
チロシナーゼ　47, 48, 60, 61
チトクロム *c*　44, 80, 122
調節遺伝子　131-139, 167-169
調節タンパク質　136

チョウザメ(*Scaphirhynchus platorhynchus*)　206(図26), 207

D

大腸菌(*Escherichia coli*)　17, 29, 55, 66, 133-135, 168
電気泳動　36, 38, 81, 82, 84(図8), 113(図10)
動原体　25, 26
同質4倍体　158
同所性モデル(種分化の)　91

E

猿人(オーストラロピテクス, *Australopithecus*)　6, 89, 193
塩基配列(転写されない)　27, 28, 218
エステラーゼ　105, 106, 225, 229

F

フェニルケトン尿症　48
フィブリノペプチド　52, 54
不稔性障壁　67, 71, 72, 91
不等交換(染色分体間の)　141-144(図5), 149, 150, 202, 211
不等交叉(減数分裂過程の)　102(図9), 103, 146-149(図16), 150, 202, 211

G

ガラガラヘビ(*Crotalus cerastes*)　212
ガラクトセミア　49
原人類(ピテカントロプス, *Pithecanthropus*(*Homo erectus*))　89, 92,

194, 227
原核性生物　20, 24, 29, 65, 132, 134
ゲノム　24, 42, 96, 152, 153, 154, 160, 171, 173-175, 221, 222
ゲノム量(脊椎動物の)　29, 195-207(表 3, 4), 209, 210(表 5), 212(表 6), 214, 215, 217-219
ゴリラ(*Gorilla gorilla*)　52, 193
ゴールデンハムスター(*Mesocricetus auratus*)　48, 49, 175, 218
グルコース-6-リン酸脱水素酵素 (G-6-PD)　66, 74, 106, 107
逆位(染色体の)　67, 68, 72, 73, 160

H

8倍体種(カエルの)　158, 210(表 5)
ハイブリッド(分子形成)法(核酸の)　21, 22, 29, 43, 97, 99, 132, 174
肺魚(Dipnoa)　86, 152, 153, 181(図 20), 182, 197, 198(表 3), 203, 205, 209
ハイハタネズミ(*Microtus oregoni*)　216(図 28), 218
ハプトグロビン　127, 128, 146, 149
Hardy-Weinberg 平衡　164
ハタネズミ(亜科)(Microtinae)　93
ヘモグロビン　6, 30, 40, 43, 44(図 4), 52, 53(図 6), 57, 66, 107, 122-124, 137, 143(図 15), 149-151, 166, 224, 225
ヘテロ接合の有利性　56, 105, 151
ヒマラヤ種　47, 48, 60
被囊類(ホヤ)　178, 179(図 19), 195
ヒストン　29-31, 54, 132, 136
ヒト(*Homo sapiens*)　25, 43, 52-54(図 6), 57, 58, 62, 74, 82, 88, 90, 104, 111, 122, 124, 126, 137, 144-146, 149, 157, 167, 191-194, 218, 221-231
ホルモン　30, 48, 133, 134

I

1染色体性　167, 172
遺伝子内組換え　81-85, 116, 229
遺伝子の増幅　229
遺伝子量比　107, 108, 150
遺伝子量補整(X染色体に連関した遺伝子群の)　27, 73, 107
遺伝子量効果(調節遺伝子の)　167
遺伝子多型　56-58, 82, 87, 145
生きた化石　85-87
イクチオステガ(*Ichthyostega*)　182, 183(図 21), 205
インデューサー　133, 134
イヌ(*Canis familiaris*)　74, 90, 216(図 28), 218
異質染色質(ヘテロクロマチン)　27, 28, 218, 219
異質4倍体　161
異所性モデル(種分化の)　90

J

自己複製(核酸の)　7, 9-12
ジスルフィド結合(SS 架橋)　36, 45, 46, 117, 125
冗長性(遺伝子の)　96, 97, 99, 116, 119, 150, 151, 195, 203, 204, 205, 214, 228
冗長性(コドンの)　15, 36, 37, 55
条鰭類の魚(Actinopterygian fish)　180

K

解読(あいまいな)　39, 40
過剰染色体　172, 173
過剰抑制　168
核小体オルガナイザー　21, 22, 26, 97, 103, 104, 152
鎌型貧血症　57
カメ目(Chelonia)　187, 215, 216(図 28), 217
カナリア(*Serinus canarius*)　212, 213(図 27), 214

索引

カレイ(*Pleuronichthys verticalis*) 199 (表3), 200
活性(中心)部位(域) 44, 45, 51, 96, 117-119, 121
形質導入(ウイルスによる) 174, 175
結合(ヌクレオチドの) 7, 9, 11
キモトリプシン 45, 46(図5), 116-118 (図11), 119, 166
キモトリプシノーゲン 46, 116-119, 136, 224
金魚(*Carassius auratus*) 82, 112, 113 (図10), 199(表4), 226
近親交配 52, 89
キツネザル(Lemuroid) 6, 63, 191
コドン 15-17, 36-41
甲皮類(Ostracoderm) 124, 128, 137, 179
コイ科(Cyprinidae) 200, 204
コルヒチン 48, 120, 121
繰返し複製(DNAの) 147
クローン選択説 126
空椎類(Lepospondyls) 183(図21), 204, 205, 208, 209
恐竜(類)(Dinosaurs) 185, 186, 215
旧人類(ネアンデルタール人, *Homo neanderthalensis*) 92, 194, 227, 228
旧世界ザル 63, 191

L

Lamarckの幻影 88, 177

M

マウス(*Mus musculus*) 5, 29, 48, 55, 60, 68-70(図7), 74, 82, 126, 144, 175, 218, 221, 226
メガネカイマン(*Caiman sclerops*) 215, 216(図28)
迷歯類(Labyrinthodont) 185, 205, 208, 211

メクラウナギ類(Hagfish) 123, 124, 137, 179, 180, 197, 198(表3), 200
免疫グロブリン 30, 57, 58, 67, 74, 111, 145, 149-151, 222
メラニン色素 47
minute突然変異(ショウジョウバエの) 103
ミオグロビン 43, 44(図4), 122, 123
モロコシ(*Sorghum*) 155
無顎綱(Agnatha) 137, 179
無弓類(系統)(Anapsida) 187, 207, 215-217(図28)

N

ナメクジウオ(*Amphioxus*) 179, 196, 198(表3)
軟質類の魚(Chondrostean fish) 197, 198(表3), 203, 206
ニジマス(*Salmo irideus*) 82, 162, 163 (図18), 166, 204
乳酸脱水素酵素(LDH) 42, 45, 74, 108-110, 115, 165, 202, 221, 223

O

オペレーター 133

P

ポリシストロン性mRNA 17, 39, 65, 133
ポリゾーム 20

R

ラクダ科(Camelidae) 93
ラクトース(*lac*)オペロン 66, 133, 168
ラット(*Rattus norvegicus*) 55, 74, 82, 136
連関(遺伝子の) 65, 73, 144, 149, 152
レンリソウ(*Lathyrus*) 203
レセプター 135-137, 139, 152

リボゾーム　20
リボゾーム RNA(rRNA)　19, 21, 22, 96-98, 100-104, 152
リボゾームタンパク質　98
6-リン酸グルコン酸脱水素酵素(6-PGD)　66, 82, 84(図8), 106, 112, 113(図10), 202
ロバ(*Equus asinus*)　54, 71, 143, 160
Robertson型融合(転座)　68, 69, 71-73, 90, 162

S

サイクリック AMP　134
最小量ゲノム(脊椎動物の)　196, 197, 209
サケ(亜)目(Salmonoidea)　162, 165, 166, 197, 204
3倍体個体
　鳥類の——　156
　爬虫類の——　156
　サンショウウオの——　157
サンフィッシュ(*Lepomis cyanellus*)　199(表3), 200
3染色体性　167, 171, 172
サンショウウオ類(有尾目)　100, 152, 153, 157, 205, 208, 210
サプレッサー突然変異　38
世代時間　92
性決定機構(染色体性の)　155, 156, 211, 214, 217
性(決定)染色体　25, 211
生殖細胞　6, 27, 157
　——系列　5
繊維芽細胞　5
染色体
　アメリカハガエル(*Odontophrynus americanus*)の——　159(図17)
　アナホリガメ(*Gopherus agassizi*)の——　216(図28)
　アンチョビ(*Engraulis mordax*)の——　201(図25)
　ガラガラヘビ(*Crotalus cerastes*)の——　213(図27)
　ハイハタネズミ(*Microtus oregoni*)の——　216(図28)
　ヒト(*Homo sapiens*)の——　24(図3)
　北米産チョウザメ(*Scaphirhynchus platorhynchus*)の——　206(図26)
　イヌ(*Canis familiaris*)の——　216(図28)
　カナリア(*Serinus canarius*)の——　213(図27)
　カレイ(*Pleuronichthys verticalis*)の——　201(図25)
　マウス(*Mus musculus*)の——　70(図7)
　メガネカイマン(*Caiman sclerops*)の——　216(図28)
　ニジマス(*Salmo irideus*)の——　163(図18)
　サンフィッシュ(*Lepomis cyanellus*)の——　201(図25)
　タバコネズミ(*Mus poschiavinus*)の——　70(図7)
先祖がえりと先祖がえり突然変異　61
シカネズミ(*Peromyscus*)　68, 72, 74, 82
色覚　62, 63
真核性生物　20, 23-25, 30, 132
進化の機構(先取した)　226, 228
真骨魚類(Teleost fish)　182, 197, 206, 221
真正染色質(ユークロマチン)　27
新世界ザル　63, 191
始祖鳥(*Archaeopteryx lithographia*)　61
自然突然変異率　77, 78

索　引

総鰭類の魚(Crossopterygian fish)　7, 183
相補性(塩基間の)　9, 33
双弓類(系統)(Diapsida)　187, 214-217 (図28)
組織適合性遺伝子　83, 174
ショウジョウバエ(*Drosophila*)　1, 97, 99, 103, 150
集団の大きさ　81, 91
主・従(仮)説　101, 103, 153
収斂進化　59, 60, 119

T

タバコネズミ(*Mus poschiavinus*)　67, 70(図7), 90
体細胞クローン　229
多系統起原(陸棲脊椎動物の)　205
多面効果(遺伝子の)　48
単孔類(Monotremes)　190, 206, 219
単弓類(系統)(Synapsida)　187-189, 215-217(図28)
テナガザル(*Hylobates lar lar*)　58, 192 (図24), 193
転移 RNA(tRNA)　12-18, 20, 34, 38-41, 79, 99, 103, 144
トリプシン　45, 46(図5), 116-118(図11), 119, 166
トリプシノーゲン　46, 116-119, 136, 224
突然変異
　中立——　51, 52, 54, 55, 81, 86, 91
　同義——　36, 37, 55, 79
　復帰——　61-63
　フレームシフト——　34, 43, 62, 128, 129
　反復——　59, 60
　寛容——　51, 77-83, 85, 87, 92, 95, 229
　禁制——　2, 41-49, 52, 77-81, 96, 100, 115, 116, 119, 121, 123, 223
　好ましい——　47, 51, 55, 59
　構造遺伝子の——　34, 37, 43
　ミスセンス——　35, 43, 78, 81, 85
　ナンセンス——　35, 43, 62, 78, 79, 129
　tRNA の——　38-41, 42

U

ウマ(*Equus caballus*)　39, 40, 52-54 (図6), 71, 124, 142, 143(図15), 144, 160, 218, 221
ウサギ(*Oryctolagus cuniculus*)　48, 60, 74, 126, 145, 225, 229
ウシ(*Bos taurus*)　68, 69, 83, 90, 117, 118(図11), 218, 224, 225
ウズラ(*Coturnix c. japonica*)　84(図8)

W

ワニ目(Crocodylia)　187, 212, 215, 217

Y

ヤツメウナギ類(Lamprey)　123, 124, 137, 179(図19), 180, 197, 198(表3)
溶原化　145, 173, 174
幼形進化　178, 179, 196
4倍体の2倍体化　161-166
4倍体種(カエルの)　158, 162, 164
4倍体種(魚の)　113, 162, 165, 166, 204, 205, 217, 224
4染色体遺伝　164
有鱗目(Squamata)　187, 212(表6)
鼬竜類(Ictidosaurs)　186(図22), 189
有袋類(Marsupials)　85, 190, 219
有羊膜卵　99, 184, 185

Z

全骨類の魚(Holostean fish)　197, 198 (表3), 203, 206
"前生命"状態(核酸の)　10, 11, 18

■岩波オンデマンドブックス■

遺伝子重複による進化　　　S. オオノ

　　　1977年11月22日　第1刷発行
　　　1999年 4月 8日　第4刷発行
　　　2015年 1月 9日　オンデマンド版発行

訳　者　山岸秀夫　梁　永弘
発行者　岡本　厚
発行所　株式会社　岩波書店
　　　　〒101-8002　東京都千代田区一ツ橋2-5-5
　　　　電話案内　03-5210-4000
　　　　http://www.iwanami.co.jp/

印刷／製本・法令印刷

ISBN 978-4-00-730169-8　　Printed in Japan